Wladimir Michailowitsch Tschernousenko

Tschernobyl: Die Wahrheit

Deutsch von
Christian Beyerle
Stefanie von Kalckreuth
Hainer Kober
und Wiebke Schmaltz

Rowohlt

Die Originalausgabe erschien 1991
unter dem Titel «Chernobyl: Insight from the Inside»
im Springer-Verlag GmbH & Co. KG, Heidelberg
Umschlaggestaltung Ingrid Albrecht
(Fotos: Alexander I. Salmygin, Kiew)
Redaktion Dr. Ernst F. Hefter und Jens Petersen

Übersetzung

Hainer Kober S. 7–123
Dr. Wiebke Schmaltz S. 125–187
Christian Beyerle S. 189–209
Stefanie von Kalckreuth S. 301–330

1. Auflage August 1992

Für die Menschen, die durch die
Sonderzone gegangen sind, und für diejenigen,
die seit 1986 auf strahlenverseuchtem
Gebiet leben.

Vorwort

Die Mythen von Tschernobyl
und warum ich dieses Buch geschrieben habe

> In Kernkraftwerken ereignen sich Unfälle.
> Zwischen 1971 und 1986 gab es in vierzehn Ländern
> 152 solcher Unfälle.
>
> *Aus Informationen der Internationalen*
> *Atomenergie-Organisation*

> Es genügt nicht, daß ein paar Experten nach der Lösung
> eines Problems suchen, sie finden und anwenden.
> Beschränkt man das Wissen auf eine Elitegruppe,
> zerstört man den Geist der Gesellschaft und betreibt
> ihre intellektuelle Verarmung.
>
> *Albert Einstein*

Ich muß zur Entlarvung einiger gefährlicher Mythen beitragen. Nach der Katastrophe von Tschernobyl hat sich die öffentliche Meinung zum Thema Kernkraft noch stärker als vorher polarisiert. Am einen Ende des Meinungsspektrums stehen die Vertreter der Kernindustrie, die trotz der wachsenden Zahl von Reaktorunfällen die Meinung propagieren, die Entwicklung der Kernenergie müsse mit unvermindertem Tempo vorangetrieben werden. Am anderen Ende finden wir die «Grünen» und andere Kernkraftgegner, die die sofortige Abschaltung aller in Betrieb befindlichen Reaktoren und ein Verbot für den Bau neuer Kernkraftwerke verlangen.

Nach meiner Auffassung vereinfachen beide Gruppen in unzulässiger Weise.

In der Geschichte der technischen Zivilisation hat es häufiger Situationen gegeben, in denen die Menschen nicht umhin konnten, gefährliche industrielle Technologien zu entwickeln. Die Kernkraft ist natürlich das extremste Beispiel. Wir müssen uns wohl mit den Tatsachen und unserem enormen Energiebedarf abfinden, dürfen andererseits aber auch nicht vergessen, daß der Versuch, bei den Sicherheitsvorkehrungen in so gefährlichen technischen Anlagen Einsparungen vorzunehmen, zu erhöhten Risiken führt. Solche Risiken können schreckliche Tragödien heraufbeschwören und Katastrophen verursachen, die sich über nationale Grenzen hinaus auswirken. Vielleicht stimmt es, daß ein

Kernkraftwerk, das sicher und ohne Zwischenfall arbeitet, eine der umweltfreundlichsten Industrieanlagen überhaupt ist. Doch ein einziger Unfall wie der von Tschernobyl kann alle diese Vorteile auf Jahrhunderte hinfällig machen.

Wenn wir also der Meinung sind, daß wir gegenwärtig nicht das Know-how und die Mittel für einen absolut zuverlässigen Strahlenschutz haben, dann sollten wir uns besser heute besinnen und innehalten, denn morgen kann es zu spät sein.

Leider ist die öffentliche Meinung im In- und Ausland bereits durch Mythen in die Irre geführt worden, die man in die Welt gesetzt hat, Mythen, die die Ursachen und die Größenordnung der Katastrophe von Tschernobyl und ihre Folgen für Millionen von Menschen betreffen. Wahrscheinlich gehen diese Mythen auf die Artikel zurück, die im Mai 1986 in der sowjetischen Presse erschienen. Da versicherte man der Öffentlichkeit, die «Helden von Tschernobyl» seien «in die Zone eingedrungen» und hätten «die Situation überprüft», «den Reaktor in Block 4 unter Kontrolle gebracht» und «die Situation unter Kontrolle gebracht».

In Wirklichkeit verfügte man noch nicht einmal über die Mittel, den Reaktor unter Kontrolle zu bringen – von der Situation ganz zu schweigen. Der Reaktor war tot, sein radioaktiver Kern von der Explosion bereits zerrissen. Fast die gesamte Radioaktivität, die er freisetzen konnte, war schon am 10. Mai 1986 entwichen. Die Radionuklide aus dem ausgebrannten Reaktor, Millionen Curie, verteilten sich über die Oberfläche der Erde. Eine nukleare Katastrophe von transnationalen Ausmaßen hatte sich ereignet.

Das war nicht der Zeitpunkt, das Kernkraftwerk zu retten, sondern die Menschen – all jene Menschen, die in weitem Umkreis um die 30-Kilometer-Zone lebten. Doch die mit der Schadensbeseitigung (der «Liquidation der Folgen des Unfalls im Kernkraftwerk Tschernobyl») beauftragte Regierungskommission konzentrierte ihre ganze Aufmerksamkeit hartnäckig auf die winzige 10-Kilometer-Sonderzone. In dieses kleine Gebiet wurden alle Hilfsmittel geschafft, dazu Tausende von nicht ausgebildeten, ungeschützten Soldaten und Reservisten. Die Politiker hatten beschlossen, daß die drei verbleibenden Blöcke des Kraftwerkes wieder ans Netz gehen sollten, koste es, was es wolle.

So entstanden die Mythen von Tschernobyl. Eine Welle der Desinformation überschwemmte die sowjetische Presse und schwappte von dort in die westlichen Medien über.

Für eine neue Welle von Mythen sorgte der offizielle Bericht der sowjetischen Vertreter der Atomindustrie auf der Konferenz der IAEO (Internationale Atomenergie-Organisation) im August 1986. Er war gespickt mit verschwommenen Formulierungen, ungeprüften Daten und falschen Schlußfolgerungen hinsichtlich der Ursachen und des Ausmaßes der Katastrophe. Offenbar war die IAEO sehr zufrieden mit ihm. Alle Anzeichen sprachen dafür, daß die Verantwortlichen dieser Organisation mit den Schlußfolgerungen des Berichts völlig einverstanden waren.

Und es entstehen immer neue Mythen. Als sich die Tragödie zum fünften Mal jährte, waren Hunderte von Büchern und Artikeln über Tschernobyl erschienen. Eine Kategorie dieser Publikationen stammt von Autoren, die über keine Fachkenntnisse verfügen und in erster Linie ihren Gefühlen Ausdruck geben. Sie alle versuchen, den einen oder anderen Aspekt der Katastrophe zu beleuchten, und konzentrieren sich gewöhnlich auf die ersten Tage oder Wochen. Die zweite Kategorie besteht aus Veröffentlichungen, die zwar von Fachleuten geschrieben worden sind, jedoch von solchen, die keine Gelegenheit hatten, die Situation in Tschernobyl persönlich zu untersuchen, oder die sich nur kurz am Ort des Geschehens aufgehalten haben – allerdings erst nach 1987 und häufig nur zu dem Zweck, sich mit dem Sarkophag im Hintergrund fotografieren zu lassen.

Diese Bilder präsentierten sie dann in ihren Büchern als Dokumentation ihrer persönlichen Beteiligung. Die meisten Informationen über das Geschehen, die meisten ihrer «zuverlässigen» Daten haben sie der offiziellen sowjetischen Presse entnommen. Leider war die sowjetische Presse selbst in den Zeiten von Perestrojka und Glasnost alles andere als objektiv, so daß ihre Informationen keineswegs zuverlässig waren. Die Wahrheit über die Tragödie ist von einer sehr strengen Zensur unterdrückt worden. Der Welt sind «Potemkinsche Dörfer» vorgeführt worden, voller glücklicher Umsiedler. Ob unter den Zaren oder unter Stalin, Rußland hat es stets verstanden, glänzende Fassaden zu errichten – und wir wissen alle, daß das Fehlen von zuverlässigen Informationen oder von Informationen überhaupt eine ideale Voraussetzung für die Entstehung von Mythen schafft.

Mythos 1 (zu weiteren Einzelheiten vergleiche Kapitel 1–3): Die Konstruktion des RBMK-1000-Reaktors ist vorzüglich. Die Explosion wurde vom Bedienungspersonal verursacht.

Mythos 2 (vergleiche Kapitel 1): Die Radionuklide, die aus dem zerstörten Reaktor entwichen sind, machen lediglich 3 Prozent der insgesamt 192 Tonnen Uran-Beschickung des Reaktors aus.

Mythos 3 (vergleiche Kapitel 3): Die technischen Änderungen, die man an den fünfzehn noch in Betrieb befindlichen RMBK-1000-Reaktoren nach dem Unglück vorgenommen hat, schließen jede Gefahr einer zweiten Katastrophe aus.

Mythos 4 (vergleiche Kapitel 1): Lediglich 31 Menschen sind an den Folgen von Unfall und Aufräumungsarbeiten gestorben.

Mythos 5 (vergleiche Kapitel 1 und 4): Angesichts der Strahlungssituation und vor allem des Strombedarfs war es zulässig und wichtig, sich auf die 30-Kilometer-Zone und die Dekontaminierung und Wiederinbetriebnahme der drei anderen Reaktoren in Tschernobyl zu konzentrieren.

Mythos 6 (vergleiche Kapitel 4): Schon vor der Havarie gab es einen geeigneten, wissenschaftlich begründeten Katastrophenplan nebst den nötigen technischen Mitteln, um mit einem nuklearen Unfall von solchen Ausmaßen fertig zu werden.

Mythos 7 (vergleiche Kapitel 5): Mit der Herstellung des Sarkophags war die Schadensbeseitigung im wesentlichen abgeschlossen. Der Sarkophag ist ein Grab voller hochradioaktiven Abfalls und ist für die Dauer von dreißig Jahren angelegt. Er ist vollkommen sicher und stellt keine Gefährdung für Menschen oder Umwelt dar.

Mythos 8 (vergleiche Kapitel 6): Die Arbeit in extrem strahlenverseuchten Bereichen wurde durch Roboter ausgeführt. Die Männer, die solche Bereiche betraten, waren mit angemessener Schutzkleidung ausgestattet.

Mythos 9 (vergleiche Kapitel 7): Als die «Liquidatoren» nach ihrer Arbeit in der Zone krank wurden und starben, wurde der Zusammenhang zwischen ihrer Krankheit und der Zeit, die sie in den Strahlenfeldern zugebracht hatten, anerkannt. Sie erhielten die notwendigen Medikamente und Behandlungen, während sich öffentliche Wohlfahrtseinrichtungen um ihre Familien kümmerten.

Mythos 10 (vergleiche Kapitel 8): Die Menschen, die außerhalb der 30-Kilometer-Zone in Gebieten lebten, die noch von der Emission der Radionuklide betroffen waren, wurden rechtzeitig vor der drohenden Gefahr gewarnt und erhielten eine Jodbehandlung. Das Zivilschutzsystem hat sich bewährt.

Mythos 11 (vergleiche Kapitel 9): Der von dem Akademiemitglied Ilin vorgeschlagene und offensichtlich von den Verantwortlichen der IAEO gutgeheißene Richtwert der «sicheren 35-rem-Lebenszeit-Dosis» für Menschen, die in kontaminierten Gebieten leben, ist wissenschaftlich begründet; Belastungen unterhalb dieses Wertes haben keine Gesundheitsschädigungen zur Folge.

Mythos 12 (vergleiche Kapitel 1, 8 und 9): Es gibt keinen Grund zu der Annahme, die Schilddrüsen von Zehntausenden von Kindern in der Ukraine, Weißrußland und Rußland hätten Strahlendosen erhalten, die hundertmal höher seien als die international zulässige Höchstdosis.

Mythos 13 (vergleiche Kapitel 11): Es besteht kein Grund zu der Annahme, daß in den betroffenen Gebieten die Strahlung, die entweder extern oder intern, durch Einatmen oder den Verzehr kontaminierter Nahrung, aufgenommen werde, eine ständig steigende Zahl von Krankheiten verursache.

Mythos 14 (vergleiche Kapitel 1 und 11): Die Strahlendosen, denen die Menschen in den kontaminierten Gebieten ausgesetzt waren, werden keine genetischen Defekte zur Folge haben.

Mythos 15 (vergleiche Kapitel 12): Der Unfall wird keine langfristigen Auswirkungen auf die Umwelt haben, wird Flora und Fauna nicht beeinträchtigen.

Mythos 16 (vergleiche Kapitel 13): Die Schutzmaßnahmen, die im Sommer 1986 in der 30-Kilometer-Zone getroffen wurden, haben das Eindringen von Radionukliden in das Oberflächen- und Grundwasser verhindert.

Mythos 17 (vergleiche Kapitel 13 und 15): Die radioaktive Verseuchung der Überflutungsgebiete des Pripjat und des Schlamms im Kiewer Stausee sind keine Bedrohung für das Dnjeprbecken oder gar für das Schwarze Meer.

Mythos 18 (vergleiche Kapitel 14): Die vorhandenen nationalen und internationalen Normen zum Schutz der Zivilbevölkerung vor radioaktiver Strahlung sind wissenschaftlich begründet und geeignet, Gesundheitsschäden künftiger Generationen zu verhindern.

Mythos 19 (vergleiche Kapitel 15): Im Falle einer weiteren nuklearen Katastrophe irgendwo in der Welt sind die wissenschaftlichen Kenntnisse und technischen Mittel vorhanden, um riesige Gebiete zu dekontaminieren.

Mythos 20 (vergleiche Kapitel 14 und 15): Die Lager für die festen und flüssigen radioaktiven Abfälle von Tschernobyl (und anderen Kernkraftwerken sowjetischer Herkunft), deren Radioaktivität sich insgesamt auf mehr als 20 Milliarden Curie beläuft, stellen keine Gefährdung der Erde dar.

Mythos 21 (vergleiche Kapitel 1 und 15): Die achthundert bis tausend «Gräber», die in der 30-Kilometer-Zone ausgehoben wurden, um mehr als 500 Millionen Kubikmeter hoch- und schwachradioaktiver Materialien und Bautrümmer zu beseitigen, bedeuten keine Gefahr für die Grundwasservorkommen der Erde.

Die vorstehende (unvollständige) Liste der Mythen zeigt, daß dieses Buch versucht, die wahren Tatsachen über die von April 1986 bis August 1991 getroffenen Maßnahmen zur Bewältigung der Tschernobyl-Katastrophe ans Licht zu bringen.

Ich habe mich bewußt entschieden, die Interviews wortgetreu wiederzugeben, obwohl in ihnen manchmal die Gefühle der Betroffenen die Oberhand gewinnen. Neben persönlichen Darstellungen, die Schrecken, Schmerz, Leid, Enttäuschung und Wut zum Ausdruck bringen, wird der Leser auch Berichte und Daten in wissenschaftlicher Form finden. Diese unterschiedlichen Aussagen und Darstellungen bieten eine angemessene Gesamtschau von Tschernobyl. Sie zeigen die vielen Aspekte der Tragödie.

Traditionell vertritt die Wissenschaft die berechtigte Auffassung, daß Daten nur dann als zuverlässig gelten, wenn sie sich von mehreren unabhängigen Gruppen verifizieren lassen und verifiziert worden sind. Dabei liegt die Betonung auf «mehreren» und «unabhängigen». Für viele der hier vorgelegten Informationen gilt das noch nicht. Die internationale wissenschaftliche Gemeinschaft hat bisher nur in einigen wenigen Fällen Gelegenheit gehabt, Messungen zu überprüfen, die sowjetische Wissenschaftler vorgenommen haben. Dieses Buch soll dazu beitragen, den wahren Sachverhalt publik zu machen. Es enthält eine Fülle bislang unveröffentlichter Daten, die ohne Vorurteile erörtert werden. Es liefert eine Grundlage für eine objektive Beurteilung der Fakten.

Die vorgelegten Daten betreffen alle Aspekte des Unfalls: die Verseuchung von Boden und Grundwasser, technische und wirtschaftliche Aspekte, biologische, medizinische und psychologische Befunde. Im Anhang der englischen Ausgabe findet der Leser weitere spezielle Details und Daten, die Behauptungen aus dem Text belegen und damit auch die Möglichkeit zu unabhängigen wissenschaftlichen Untersuchungen bieten.

Die hier veröffentlichten Informationen sind von unschätzbarem Wert für die Beurteilung der wirklichen Situation – was von besonderer Bedeutung ist, da Teile der Bürokratie bestrebt sind, die Veröffentlichung wichtiger Fakten zu verhindern. Wenn man bedenkt, daß das Wohlergehen von Millionen Menschen auf dem Spiel steht, ist dieses Verhalten besonders beklagenswert. Es hat bereits zu einer tiefen Vertrauenskrise im Verhältnis zwischen der Bevölkerung in den betroffenen Gebieten und den Behörden geführt. Diese unglückselige Situation ist hochrangigen Vertretern der ehemaligen sowjetischen Regierung nicht verborgen geblieben, und es sind – noch zu Zeiten der UdSSR – Gegenmaßnahmen eingeleitet worden, die das vorliegende Buch unterstützen soll.

Nach fünfjähriger Teilnahme an der sogenannten Schadensbeseitigung ist mir manches klargeworden. Ich weiß jetzt, daß von einer «Beseitigung der Unfallfolgen» keine Rede sein kann. Bedenkt man, in welchem Umfang eine ungeheure Zahl friedlicher Menschen und ein riesiges Gebiet (praktisch unser ganzer Planet) in Mitleidenschaft gezogen worden sind, dann kann man sich der Erkenntnis nicht verschließen, daß wir mit den Auswirkungen dieser Katastrophe für den Rest unseres Lebens zu tun haben werden.

Unser vordringliches Ziel muß es sein, die Situation der Menschen zu verbessern, die unter den unmittelbaren Auswirkungen der Katastrophe zu leiden haben und die noch immer in den kontaminierten Gebieten leben. Bislang sind nur erste zaghafte Schritte in diese Richtung getan worden. Es liegen noch sehr schwierige Zeiten vor uns. Eine großherzige humanitäre Beteiligung der internationalen Staatengemeinschaft ist zum Wohle aller Menschen erforderlich.

Tschernobyl – Paris – Heidelberg – London
August 1991
Wladimir M. Tschernousenko

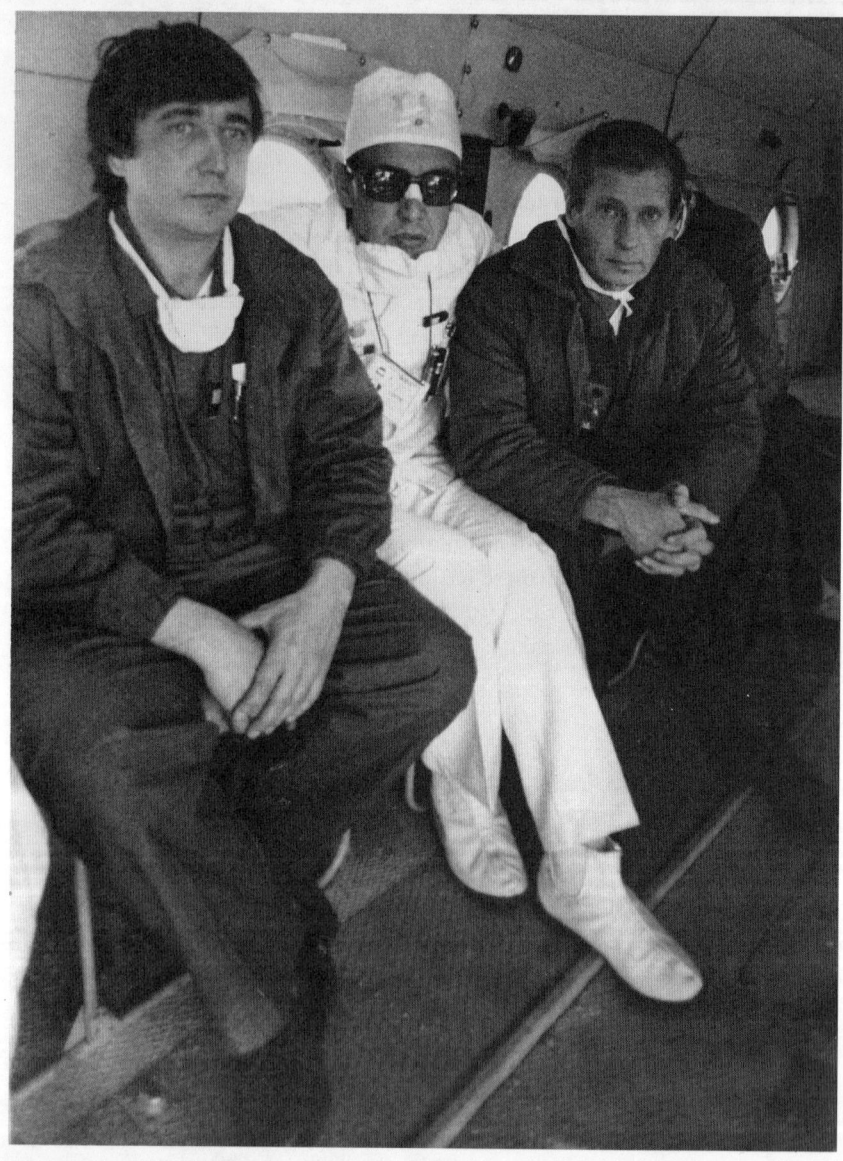

Die Leiter der Sondereinheit für die «Liquidation der Folgen des Unfalls
im Kernkraftwerk Tschernobyl».
Von links: J. Samoilenko, W. Tschernousenko, W. Golubew.

Inhalt

Abb. 2: Blick auf die Stadt Pripjat.
Am Horizont ist das Kernkraftwerk Tschernobyl zu erkennen.

Schwarzer Regen

Irgendwo im Himmel wurde ein Becher Gift ausgegossen.
Es fiel wie schwarzer Regen auf die rauchende Stadt.

Sinoje Sioda, ein Opfer der Strahlenkrankheit

Der Unfall, der sich am 26. April 1986 im Kernkraftwerk Tschernobyl
ereignete, ist, gemessen an seiner Größenordnung und dem Schaden,
den er angerichtet hat, eine der größten Katastrophen, die in den Annalen
der Menschheit verzeichnet sind. Er ist nicht nur eine nationale Tragödie,
die Kummer und Schrecken über das sowjetische Volk gebracht hat, sondern auch ein Ereignis mit ungeheuren ökologischen Auswirkungen für
die ganze Welt.
Nach Anfang 1990 gemachten offiziellen Angaben umfaßt das verstrahlte
Gebiet mehr als 100 000 Quadratkilometer. Und sogar heute, mehr als
sechs Jahre nach dem Unfall, werden immer neue radioaktiv verseuchte
Stellen entdeckt. Auch die finanziellen Aufwendungen für den Versuch,
die Folgen der Katastrophe zu beseitigen, erreichen eine schwindelerre-
gende Höhe: zwischen 1986 und 1989 wurden insgesamt 9,2 Milliarden
Rubel (ungefähr 27 Milliarden DM) ausgegeben. Nach vorläufigen Schät-
zungen werden bis 1995 33 Milliarden Rubel erforderlich sein.
Dutzende von Dörfern und Kleinstädten sind bereits verlassen worden.
Doch nach offiziellen Angaben gibt es noch Hunderte, in denen die radio-
aktive Verseuchung mehr als 15 Curie pro Quadratkilometer beträgt –
Ortschaften, in denen Hunderttausende von Menschen leben!

Hiroschima und Nagasaki

Montag, 6. August 1945, 8.15 Uhr: Die Uranbombe wird abgeworfen.[1]
Akira Ischida, 61 Jahre alt, Lehrer, Bewohner von Hiroschima,
erinnert sich 1989[2]:

Die Nacht zuvor war unruhig gewesen. Dreimal heulten die Luftschutzsirenen auf, doch es waren keine Bomber erschienen. Hiroschima war nicht bombardiert worden – und wir freuten uns wie Kinder. Plötzlich, die Explosion . . . Ich wurde zu Boden geschleudert und verlor das Bewußtsein. Als ich wieder zu mir kam, war überall Rauch, und ich lag unter Leichen. Es gelang mir, auf die Straße zu kriechen, aber die Straße gab es nicht mehr. Keine Gebäude, keine Fahrzeuge. Alles war geschmolzen: Zäune, Granit, Dachziegeln. Ich ging, ich kroch, ich sah viele tote Menschen. Sie waren zu Kohle verbrannt. Ich hörte das Stöhnen der Menschen, deren Haut weggebrannt war. Die Stadt war zur Wüste geworden, einer heißen Wüste, mit Trümmern übersät, über die halbtote Menschen krochen. Ich versuchte, mich gegen einen alten Baum zu lehnen. Er brach wie ein Kartenhaus zusammen: Der Stamm war innen zu Asche verbrannt . . .

Donnerstag, 8. August 1945, 11.02 Uhr: Die Plutoniumbombe «Fat Man» wird abgeworfen.[3]
Susumi Nischijama, 62 Jahre alt, Schriftsteller, Bewohner von Nagasaki,
erinnert sich 1989:

Ich weiß noch, daß ein durchdringender Lichtblitz meine Augen traf. Die Schockwelle erschütterte das Haus. Glücklicherweise wurden wir nicht unter ihm begraben. Das Haus blieb stehen. Wie wir später erfuhren, waren wir vier Kilometer vom «Ground zero» entfernt. Um zwei Uhr ging ich nach draußen. Alles, was brennen konnte, brannte. Plötzlich begann ein seltsamer Regen zu fallen – Asche fiel vom Himmel. Das war der schwarze Regen. Ich ging wie im Delirium. Nagasaki, unsere schöne Stadt, die wir mit Neapel verglichen hatten, war dem Erdboden gleichgemacht. Die Leichen im Fluß waren nicht zu zählen . . .

Tschernobyl

Samstag, 26. April 1986, 1.23.40 Uhr:
Explosion in Block 4 des Kernkraftwerks Tschernobyl.[4]
Wladimir Starowoitow[5], 31 Jahre alt, Betonarbeiter, Bewohner
des Dorfes Bukarowa bei Pripjat, erinnert sich:

Die Nacht war warm. Am folgenden Tag war Urlaubsbeginn. Einige von uns wollten am Teich angeln, dem Kühlwasserteich des Kraftwerks Tschernobyl. Da haben wir immer geangelt, weil das Wasser das ganze Jahr hindurch warm ist und es reichlich Fische gibt.
Ich befand mich in der Nähe von Block 4, ungefähr fünfhundert Meter weg, als ich plötzlich ein lautes Krachen hörte. Dann gab es ein

Abb. 3: Tschernobyl und Umgebung.

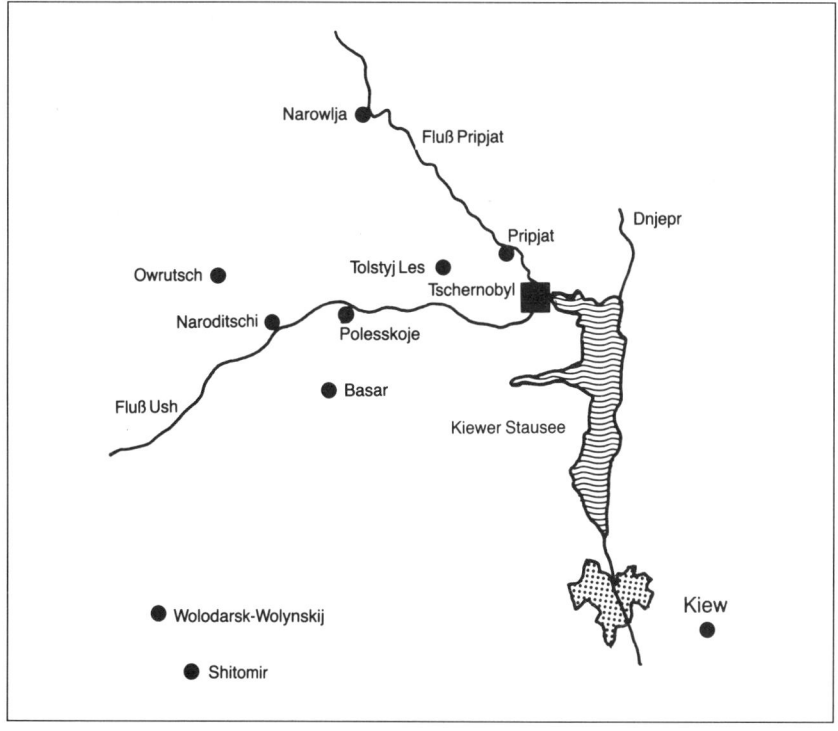

Geräusch wie von einer Explosion. Ich dachte, es sei das Dampfventil, das wir von Zeit zu Zeit hörten. Dann folgte sekundenschnell auf einen hellen, blauen Blitz eine enorme Explosion. Als ich zum Block hinübersah, bemerkte ich, daß nur noch zwei Mauern standen. Das Dach und die beiden anderen Mauern waren zerstört. Das Gebäude war nur noch ein Trümmerhaufen, Wasser strömte heraus, Asphalt brannte auf dem Dach von Block 3. Ein, zwei Minuten danach begann es zu regnen. Ich dachte erst, das ist normaler Regen, aber als ich in ein nahegelegenes Gebäude trat und in einen Spiegel blickte, sah ich, daß mein Gesicht mit Ruß bedeckt war. Da wurde mir klar, daß ich bei radioaktivem Regen im Freien gewesen war.

Es war keine Alarmsirene zu hören. Ich zog mein Hemd aus und wusch mich.

Nach ungefähr zwanzig Minuten fühlte ich mich hundeelend. Zu diesem Zeitpunkt waren bereits Feuerwehrautos am Unglücksort eingetroffen, und ich sah Feuerwehrleute auf den Dächern. Als ich mit der Kontrollstation telefonierte und den Leuten meldete, daß es mir schlecht ging, sagten die: «Sie befinden sich in der Fallout-Zone. Machen Sie, daß Sie da wegkommen!» Ich erklärte ihnen, ich könnte mich nicht mehr bewegen – meine Beine trugen mich

nicht mehr, und dann verlor ich das Bewußtsein.

Ich kam im Medizinischen Zentrum 126 von Pripjat wieder zu mir. Es ging mir miserabel. Meine Temperatur kletterte auf 40 Grad. Sie hängten mich an einen Tropf und flößten mir fünf Beutel von irgendeiner Lösung ein. Da fühlte ich mich viel besser. Dann lieferten sie die Jungs ein, die in dieser Nacht Dienst gehabt hatten, und die Feuerwehrleute. Es war, als wäre ein Krieg ausgebrochen.

Die erste Gruppe von uns wurde am 26. April um neun Uhr abends mit dem Flugzeug nach Moskau gebracht. Ich war in der zweiten Gruppe. Man fuhr uns am nächsten Tag, am 27. April, um zwölf Uhr mittags mit dem Bus zum Borispol-Flughafen in Kiew. Von dort beförderte uns ein Sonderflugzeug nach Moskau, in die Klinik 6.

Zwei oder drei von uns waren in jedem Krankenzimmer. Zuerst ging es uns nicht besonders schlecht. Wir besuchten uns sogar gegenseitig. Doch dann kam die Krise.

Vom 9. Mai an begannen die Jungs zu sterben. Es war entsetzlich. Dann verteilten sie uns einzeln auf die Zimmer und sagten uns, wir dürften nicht umhergehen. Uns war sowieso nicht danach zumute. Wir fühlten uns schrecklich schwach und schwindelig. Die Haare begannen uns auszufallen. Unerträgliche innere Schmerzen begannen uns zu quälen. Ich wünschte mir, daß alles bald vorbei wäre.

Zuerst starb einer der Feuerwehrleute. Dann einige Mitarbeiter vom Kraftwerk. Sie sagten uns nicht, wer gestorben war. Aber die Soldaten, die im Krankenhaus Dienst taten, hielten uns auf dem laufenden. Es war kein öffentliches Krankenhaus, sondern gehörte zum Ministerium, das für den Betrieb der Kernkraftwerke verantwortlich war.[6] Man hatte die Soldaten eingesetzt, um für die Dekontamination in den Fluren und den Krankenzimmern zu sorgen. Sie erzählten uns, bei unserer Einlieferung seien wir verschmutzt gewesen und hätten geleuchtet.

Die Soldaten berichteten uns später, sie hätten in dem Krankenhaus Dias von Seeleuten gesehen, die Verbrennungen auf Atom-U-Booten erlitten hatten, und von Arbeitern in Kernkraftwerken, in denen es früher zu Explosionen gekommen war. Diese Leute hatten Dosen von 10 bis 15 Gray[7] erwischt und starben später alle. Und nun warteten wir, bis wir an die Reihe kamen . . . Ich blieb bis zum 15. September 1986 in dem Krankenhaus.

Niemand sagte mir, welche Dosis ich erhalten hatte. Als ich in Moskau immer wieder nachfragte, teilten sie mir unter dem Siegel der Verschwiegenheit mit, ich hätte 3,8 Gray. Später, in Kiew, wurde ich von einer Kommission von Vertrauensärzten untersucht. Da sah ich zufällig die Zahl 5,4 Gray. Wieder einige Zeit später schlich ich mich eines Nachts in das Stationszimmer, holte meine Krankenkartei mit den Ergebnissen der Chromosomenanalyse heraus und sah meine wirkliche Dosis: 6,8 Gray. Jemand hat mir gesagt, das sei eine tödliche Dosis. Ich möchte leben. Ich bin noch sehr jung . . .

Jetzt bin ich schwerbehindert. Ständig bin ich krank. 1988 wurde an meinen Beinen eine plastische Operation vorgenommen, aber die Verbrennungen und Geschwüre an den Beinen lassen mir keine Ruhe. Pausenlos wühlt der Schmerz in den Muskeln – als würde sie jemand mit dem Schraubstock zusammenpressen. Meine Knochen tun weh und knakken. Bei jedem Wetterumschwung spüre ich im ganzen Körper Höllenschmerzen. Langsam verliere ich das Augenlicht.

Fünf- bis sechsmal im Jahr komme ich ins Krankenhaus. Ich leide unter allgemeiner Schwäche. Ich weiß, daß die Ärzte ihr Bestes tun, aber sie haben nicht die richtigen Medikamente. Das sind phantastische Leute.

Ich habe gehört, es gäbe Spezialbehandlungen und -ausrüstungen im Westen. Man hätte sie uns angeboten, aber unsere Regierung hätte abgelehnt. Wir alle brauchen Hilfe – medizinische, soziale und finanzielle.

Die Jungs, mit denen ich im Krankenhaus war, haben bescheidene Renten, von denen ihre Familien nicht leben können.

In den Tagen der Katastrophe hat man sie Helden genannt. Sie haben das Feuer gelöscht, sie waren auf den Dächern, als die Belastung über 1000 Röntgen pro Stunde[8] betrug, sie hatten am Bau des «Sarkophags» mitgewirkt, sie haben das Land gerettet. Heute erinnert sich niemand mehr an sie. Sie sind krank und sterben.

Die Mitarbeiter des Kernkraftwerks Tschernobyl haben eine Liste ihrer inzwischen verstorbenen Kollegen aufgestellt. Es sind mehr als hundert. Die vielen tausend Menschen, die 1986/87 in der Sonderzone[9] waren, sind heute wahrscheinlich auch tot. Und eine Menge von denen, die noch leben, sind erwerbsunfähig wie ich. Nehmen wir nur Bukarowa, das in der 10-Kilometer-Zone liegt. Die Einwohner wurden am 4. Mai 1986 evakuiert, zuerst in das Gebiet von Tolstyj Les[10], dann in die Gegend von Makarowskij. Alle diese Menschen – Kinder und Erwachsene – sind heute krank.

Ich lebe bei meiner Mutter, die 1923 geboren wurde. Auch sie ist sehr krank. Wir ernähren uns von einem kleinen Gemüsegarten. Ich habe einen Bruder und zwei Schwestern. Zur Zeit des Unglücks war mein Bruder in der Armee. Meine Schwester, Jahrgang 1957, arbeitete in der Nacht des Unfalls im Zementwerk von Bauabschnitt 3 in der Nähe des Kraftwerks. Niemand warnte sie vor dem Unglück. Als sie mit der Nachtschicht fertig waren, wußten sie nicht, was geschehen war. Gegenwärtig wohnt meine Schwester im Gebiet von Wolodarskij. Sie hat Leber- und Gallenbeschwerden, ein Herzleiden und Kopfschmerzen. Ihre beiden Töchter – die eine vor, die andere nach dem Unfall geboren – sind sehr krank. Meine Schwester bittet mich, ihr Medikamente zu besorgen, aber man bekommt nirgends welche, höchstens auf dem Schwarzmarkt – und da sind sie so teuer, daß ich sie mir, bei meiner Rente, nicht leisten kann.

Auch meine ältere Schwester lebte in der Sonderzone, im Dorf Tschistogolowka. Die Einwohner dieses Dorfes wurden am 4. Mai 1986 ebenfalls evakuiert. Ihre jüngere Tochter, die zur Zeit des Unfalls zwei Jahre alt war, hatte tagelang in der Sandkiste im Garten gespielt. Ihr zehnjähriger Sohn ging am 26. April wie gewöhnlich in Pripjat zur Schule. Niemand hat sie über den Unfall informiert oder vor der Gefahr gewarnt. Erst später am Tag, als Panzer und Soldaten mit Gasmasken in Pripjat erschienen, erfuhren die Menschen, daß der Block brannte. Die Kinder und Erwachsenen aus der Schule liefen zur Brücke, um das Feuer zu beobachten – sie lag nur einen Kilo-

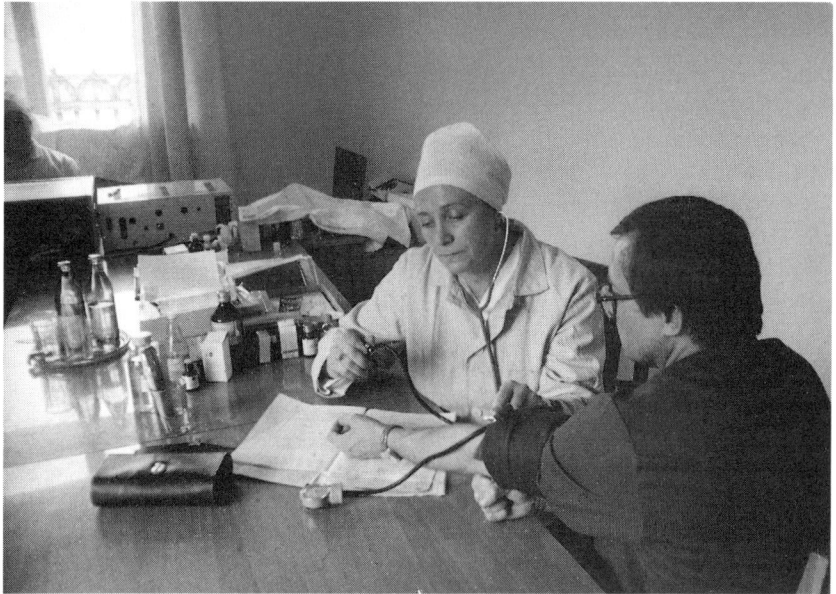

Abb. 4: Ärztliche Untersuchung beim Kraftwerk Tschernobyl
(Foto vom 5. Juni 1986).

meter von Block 4 entfernt. Heute sind sowohl meine Nichte als auch mein Neffe krank. Sie haben Ekzeme an Händen und Beinen, sie leiden unter Leber- und Magenbeschwerden, sie haben Anämie und Kopfschmerzen.
Seit der Zeit des Unfalls sind sie kein einziges Mal untersucht worden. Sie haben am 26. oder 27. April keine Jodbehandlung bekommen. Später, in Kiew, hat man ihnen Blutproben entnommen, aber keine Ergebnisse genannt. Meine Schwester verbringt ihre ganze Zeit damit, sich um Medikamente zu bemühen.

Janow, einer meiner Freunde, der vom 26. bis zum 27. April 1986 am Kontrollpunkt des Kraftwerks Dienst getan hat, ist Patient in der Abteilung 1 des Krankenhauses. Er hat bei der Evakuierung von Pripjat geholfen und war für alle Busse verantwortlich, die dabei eingesetzt wurden. Er ist einer ziemlich hohen Strahlenbelastung ausgesetzt gewesen. Die Mitarbeiter von der Dosimetrie sagten später, die Strahlung habe 200 bis 400 Röntgen pro Stunde betragen. Auch er litt unter einem akuten Strahlensyndrom. Seine beiden Töchter sind nach dem Unfall geboren worden. Beide sind sehr krank. Die Familie gibt ihr ganzes Geld für Medikamente aus. Das Akademiemitglied Ilin[11] behauptet – und die Zeitungen pflichten ihm bei –, daß es in der Zivilbevölkerung nicht einen einzigen Fall von Strahlenkrankheit gäbe. Doch warum fühlen sich dann so viele Menschen genauso schlecht wie ich? Warum ist es so schwierig, eine Krankenhausbehandlung zu bekommen?

Ich bin in einer besseren Situation, weil ich zu den ersten dreihundert Menschen gehörte, bei denen die Strahlenkrankheit diagnostiziert wurde, während allen übrigen die Diagnose verweigert wurde. Frau Guskowa[12] kam mehrfach von Moskau herüber. Sie reiste mit der Kommission an, die die anfänglich getroffene Diagnose der Strahlenkrankheit aufhob. Jetzt kriegen die Jungs keine geeignete Krankenhausbehandlung mehr. Vor kurzem habe ich gehört, daß sie die Strahlenklinik in Kiew schließen wollen. Was wird aus uns, wenn das geschieht?

Zur Konstruktion der RBMK-Blöcke

In Tausenden von Artikeln und Hunderten von Büchern sind die verschiedensten Aspekte der Katastrophe von Tschernobyl erörtert worden. Jüngsten Daten zufolge hat es den Anschein, als seien – in unterschiedlichem Maße – praktisch alle Gebiete der Erde betroffen.

Nach wie vor sind die verbleibenden fünfzehn RBMK-Reaktoren, die (an den in Abbildung 5 markierten Standorten) weiterhin in Betrieb sind, Anlaß zu ernster Sorge. Mehrere unabhängige Untersuchungen zu den Gründen der Katastrophe in Block 4 des Kernkraftwerks Tschernobyl haben gezeigt, daß beim Entwurf und der Konstruktion der (radio-)aktiven Zone sowie der Kontroll- und Sicherheitssysteme des RBMK-Reaktors nicht weniger als 32 Verstöße gegen die nuklearen Sicherheitsbestimmungen begangen wurden. Doch da alle nuklearen Einrichtungen in der Sowjetunion einem Monopol und strenger Geheimhaltung unterworfen waren, blieben solche Projekte jeder Kritik entzogen. Die Konstruktionsmängel der Reaktoren wurden deshalb nicht beseitigt, sondern vertuscht.

Abb. 5: Standorte der RBMK-Reaktoren.
In Klammern die Zahl der Reaktoren in Betrieb / im Bau.

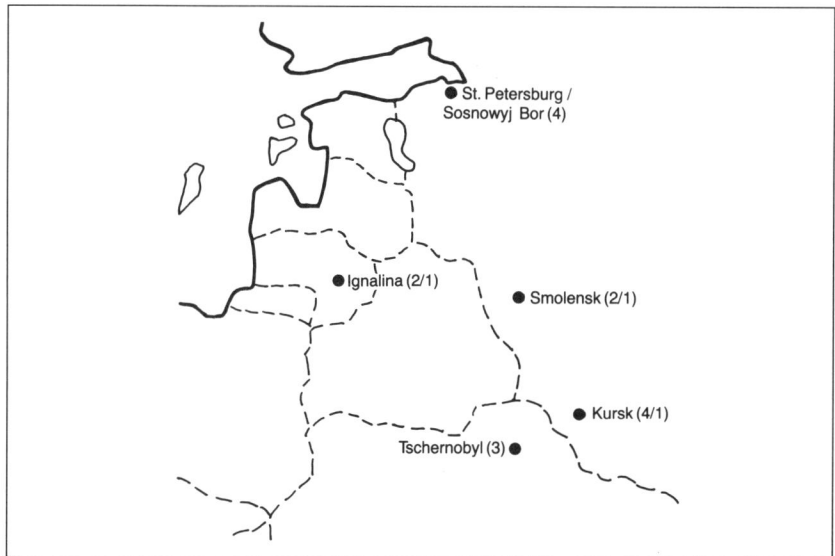

Die RBMK-Reaktoren sind graphitmoderierte Druckröhren-Siedewasser-reaktoren. Sie werden also durch Graphitstäbe gesteuert und mit Wasser gekühlt.

Die «Brennkammer», der Reaktorkern oder kurz Kern, befindet sich in einem Betonbehältnis mit den Maßen 21,6 x 21,6 x 25,5 Meter. Der Kern, zwölf Meter im Durchmesser und sieben Meter hoch, ruht einige Meter über dem Boden der Brennkammer auf einem Metallgerüst. Er wird durch ein Helium-Stickstoff-Gas gekühlt. Von oben gesehen sind etwa 1700 separate Kassetten in einem schachbrettartigen Muster angeordnet. Sie enthalten die einzelnen (mit Uranpellets gefüllten) Brennstoffstäbe und werden mit Wasser gekühlt. Diese Konstruktion gestattet es, verbrauchte Brennstäbe gegen frische auszuwechseln, ohne den Reaktor abzuschalten.

Die in den Brennstäben durch die Kettenreaktion erzeugte Wärme wird durch das bis zum Siedepunkt erhitzte Wasser aus dem Kern abtransportiert. In Separatoren wird der Dampf vom Wasser getrennt und in die Generatorturbinen eingespeist. Beim Betreiben des Generators kühlt sich der Dampf ab und kondensiert zu Wasser, das zurückgepumpt und von neuem zur Kühlung des Kerns und zum Hitze- und Energietransport verwendet wird.

Die Metallummantelung (aus einer Zirkoniumlegierung) der Brennstäbe verhindert, daß radioaktive Spaltprodukte des Brennstoffs in den Kühlkreislauf gelangen. Die durch die Hitze geförderte Korrosion führt aber zu Schäden, gewöhnlich feinsten Rissen, durch die im Laufe der Zeit leichte Teilchen in den Kühlkreislauf austreten können, wenn nicht hinreichend oft und präzise Materialprüfungen vorgenommen werden. Zusammen mit den Korrosionsprodukten vergiften diese Teilchen das Kühlwasser und machen es radioaktiv. Um die aus diesem Effekt entstehenden Gefahren zu reduzieren, werden sicherheitshalber noch Systeme installiert, die solche Sedimente herausfiltern und den pH-Wert des Wassers regulieren sollen.

In Ein-Kreis-RBMKs kann der die Generatorturbinen treibende Dampf radioaktiv werden (aufgrund der Neutronenaktivierung des Sauerstoffs und der gerade erwähnten Beiträge). Daher ist dieser Bereich eines RBMK-Kernkraftwerks strengen Sicherheitsmaßnahmen unterworfen.

Eine offiziellere Stellungnahme findet sich in dem unveröffentlichten Bericht von A. A. Jadrichinskij, einem Inspektor für nukleare Sicherheit der Staatlichen Atomenergie-Aufsichtsbehörde der UdSSR (Kurtschatow-Institut für Atomenergie, Moskau, Februar 1988): «Der nukleare Unfall in Block 4 des Kernkraftwerks Tschernobyl und die Sicherheit der RBMK-Reaktoren.» Daraus die folgenden Auszüge. Die angegebenen stark vereinfachten Rechenbeispiele sollen das Ausmaß der Katastrophe veranschaulichen.

Verantwortlich für den nuklearen Unfall in Block 4 des Kraftwerks Tschernobyl . . . sind eklatante Sicherheitsmängel, die dem wissenschaftlichen Berater und dem Chefkonstrukteur bei der Planung des Reaktorkerns (Core) sowie der Kontroll- und Schutzmechanismen des Reaktors unterlaufen sind, und ihre Verstöße gegen die Richtlinien der Staatlichen Atomenergie-Aufsichtsbehörde.

Eine genaue Überprüfung der RBMK-Konstruktion, durchgeführt im Kernkraftwerk Kursk, ergab 32 solcher Verstöße gegen Sicherheitsbestimmungen.

Die Strahlenemission (bei dem Unfall) betrug nicht weniger als 80 Prozent des Kerns (mit insgesamt 192 Tonnen). Das sind $6,4 \times 10^9$ Curie.[13] Wenn wir diese Zahl durch die Gesamtbevölkerung der Erde teilen ($4,6 \times 10^9$ Menschen), dann erhalten wir etwa 1 Curie pro Person.

Die Strahlenintensität der Emission bei der Katastrophe von Tschernobyl übertraf die Höchstwerte, die man als Folge eines entsprechenden Unfalls angenommen hatte, um das 16- bis 27fache. Bei solch einem Szenario – Schmelzen der Brennstäbe und Zerstörung der Sicherheitsmechanismen – war man davon ausgegangen, daß höchstens 3 bis 5 Prozent des (hochradioaktiven) Kerninhalts freigesetzt würden.

Es ist praktisch unmöglich, alle radioaktiven Substanzen aus dem Untergrund und den oberen Bodenschichten im kontaminierten Gebiet zu entfernen. Es hat auch keinen Sinn, auf den natürlichen Zerfall der Strahlung zu hoffen. Die Strahlung, die die vom Reaktor emittierten Substanzen abgeben, wird sich in den ersten hundert Jahren um das Fünffache verringern – von 5×10^{12} auf 1×10^{12} – und in tausend Jahren um das Tausendfache auf 1×10^9.

Eine Vorstellung von der Größe der Gefahr gewinnt man, wenn man berechnet, wieviel Wasser erforderlich ist, um das radioaktive Material auf die maximal zulässige Konzentration zu verdünnen. Die 15 m³ radioaktive Stoffe, die von Block 4 emittiert worden sind, müßten heute mit $15 \times 5 \times 10^{12}$ m³ = 75 000 km³ Wasser verdünnt werden. In hundert Jahren wären $15\,000\,\text{km}^3$ erforderlich. In tausend Jahren $15\,\text{km}^3$. Zum Vergleich: Die Gesamtausflußmenge aller Flüsse der Erde beträgt knapp $40\,000\,\text{km}^3$.

Katastrophen von der Größenordnung des Unfalls in Tschernobyl haben schädliche Folgen für die Gesundheit der Bevölkerung, führen zu Gebietsverlusten ohne jegliche militärische Intervention, richten Schäden in Höhe von Billionen Rubeln[14] an und sind deshalb mit dem Hinweis auf den Elektrizitätsbedarf kaum zu rechtfertigen.

Die gefährlichen Konstruktionsfehler, die schließlich zu einem nuklearen Unfall dieser Größenordnung führten, sind auf zwei Ursachen zurückzuführen: erstens die Geheimhaltung und die fehlende Rechenschaftspflicht unserer Kernkraftexperten und zweitens ihre mangelnde Bereitschaft, sich Diskussion und Kritik zu öffnen. Für keines der in der UdSSR vorhandenen Kernkraftwerke sind die technischen Pläne zu erhalten. Die sowjetische Atomindustrie präsentiert ihre Projekte als Produkte von fast genialem Zuschnitt und hat deshalb natürlich

das Bedürfnis, Konstruktions- und Sicherheitsmängel ihrer Reaktoren zu vertuschen, damit sie unbemerkt bleiben und – was noch viel schlimmer ist – jahrelang oder gar jahrzehntelang nicht behoben werden. Die Wirtschaftlichkeit des Reaktorbetriebs geht eindeutig auf Kosten der nuklearen Sicherheit.

Wir dürfen es nicht länger hinnehmen, daß sich hohe Repräsentanten der Wissenschaft und wissenschaftlicher Organisationen über Gesetze oder Sicherheitsvorschriften hinwegsetzen und sich staatlicher Kontrolle entziehen. Dabei darf es keine Rolle spielen, wie viele es sind, wie bedeutend ihre Stellung ist oder welche Ehrungen ihnen zuteil geworden sind. Eine staatliche Sicherheitskontrolle, die diese Bezeichnung verdient, darf nur den gesetzgebenden Körperschaften unterstellt sein.

Die Not unserer Landsleute und die Schande, die uns in den Augen der Welt aus dem Zustand unserer Atomindustrie erwächst, sollten uns dazu zwingen, den Tschernobyl-Unfall einer wirklich eingehenden, objektiven, unabhängigen offiziellen Untersuchung zu unterziehen.

RBMK-Reaktoren: Ein erheblicher Teil der Kernenergie-Kapazität der ehemaligen UdSSR, etwa 50 Prozent = 16 Millionen Kilowatt (kW), werden von RBMK-Reaktoren erzeugt, die in folgenden Kernkraftwerken (KKW) in Betrieb sind:

4000 MW[15] KKW Sosnowyj Bor mit vier Blöcken;

4000 MW KKW Kursk mit vier Blöcken;

3000 MW KKW Tschernobyl mit 3 Blöcken (früher vier);

2000 MW KKW Smolensk mit 2 Blöcken;

3000 MW KKW Ignalina mit 2 Blöcken.

Dieser Reaktortyp ist aus den industriellen Uran-Graphit-Reaktoren des sibirischen Kernkraftwerk-Typs entwickelt worden, der 0,6 Millionen kW liefern konnte. Die wissenschaftliche Leitung des RBMK-Projekts liegt beim Kurtschatow-Institut für Atomenergie. Die Konstruktionsarbeit wurde im wesentlichen vom Wissenschaftlichen Forschungs- und Entwicklungsinstitut für Elektrotechnik geleistet. Die allgemeine Planung und der Bau oblagen dem S.-Ja-Shuk-Institut «Gidroprojekt». Die Verantwortlichen des Projekts konnten die Regierung von der vollkommenen nuklearen Sicherheit des RBMK überzeugen – obwohl es Zweifel an dieser Sicherheit gab.

Die Ukraine

Nach 1986 teilten die Menschen in den am stärksten betroffenen Gebieten der Sowjetunion ihr Leben in zwei Zeitabschnitte: den Abschnitt vor und den Abschnitt nach Tschernobyl. Manche sagten: «Das war vor dem Krieg», womit sie meinten, daß das Jahr 1986 in Hinblick auf die Gefahren für Gesundheit und Unversehrtheit Kriegszeiten glich. Die Äußerung erinnert auch an die Panik, die die Menschen empfanden, als mehrere verstrahlte Städte evakuiert wurden und als man die Kinder in sichere Landesteile verschickte.

Reihenuntersuchungen in den Gebieten Kiew, Shitomir und Tschernigow in der Ukraine, die man 1989 durchführte, offenbarten, daß die Gesundheit jedes zweiten Bewohners dieser Gebiete zerstört ist.

Unmittelbar nach der Katastrophe war eine beträchtliche Zahl von Milizsoldaten in Tschernobyl im Einsatz. Sie wirkten an der Evakuierung der Bevölkerung aus der 30-Kilometer-Zone mit und bewachten die verlassenen Dörfer und Städte. Sie mußten lange Zeit in Regionen mit gefährlicher Strahlenbelastung verbringen. Kein Wunder, daß viele von ihnen heute unter den Folgen dieses Aufenthaltes in der Gefahrenzone leiden.

Abb. 6: Skizze der Ukraine.

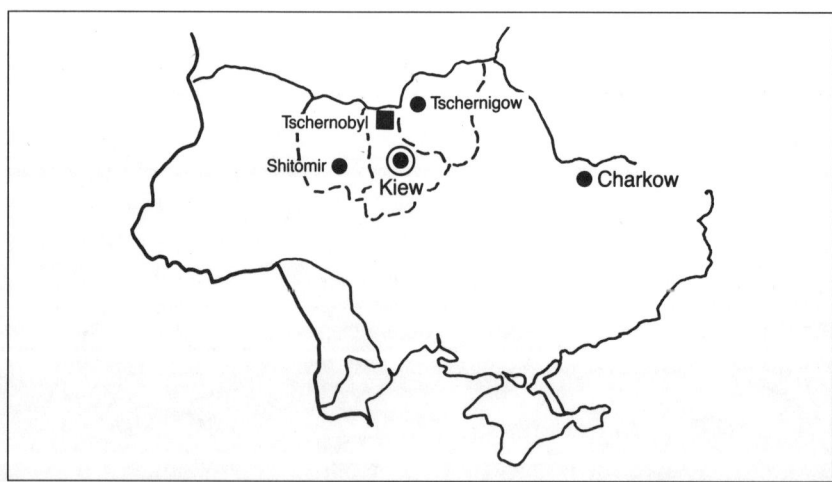

Die Gesundheitskommission: Unveröffentlichte Daten des ukrainischen Gesundheitsministeriums aus Untersuchungen zum Gesundheitszustand der Bevölkerung der Gebiete Kiew, Shitomir und Tschernigow im Jahre 1988. Die Daten wurden im Januar 1989 zusammengestellt. Auf den Druck der Öffentlichkeit hin legte das Gesundheitsministerium der UdSSR (ungefähr zwei Jahre nach dem Unfall) ein Allunionsverzeichnis an, in dem medizinische Daten und Statistiken zum Gesundheitszustand der Bevölkerung in den durch den Fallout betroffenen Gebieten ausgewiesen wurden.

Tabelle 1: Die Krankheiten, unter denen die erwachsene Bevölkerung von Kiew, Shitomir und Tschernigow 1988 litt.

Nr. Krankheit	Zahl der Fälle	
	Kiew	Tschernigow und Shitomir
1. Neoplasmen	1 445	2 005
2. Erkrankungen des endokrinen Systems	2 442	3 046
3. Psychische Störungen	2 535	3 051
4. Erkrankungen des Nervensystems	5 116	7 037
5. Blutleiden	25 589	36 065
6. Erkrankungen der Atemwege	17 089	21 048
7. Erkrankungen des Verdauungstraktes	8 799	11 863
8. Erkrankungen des Bewegungsapparates	5 998	9 152
9. Hyperplasie der Schilddrüse	7 230	7 220
Das ergibt zusammen:	76 243	100 487

Moskowskije Nowosti Nr. 31, 30. Juli 1989.
Auszug aus Informationen des Büros für Innere Angelegenheiten des Exekutivkomitees Kiew. Sie betreffen den Gesundheitszustand der Angestellten dieser Organisation, das heißt der Milizionäre, die in der Zeit nach dem Unfall in Tschernobyl Dienst taten:

57 Angestellte leiden unter dem Strahlensyndrom, 4750 an «vegetativer Distonie (der Blutgefäße)».[16] In den 1500 Fällen, in denen chronische Leiden vorliegen, darunter Erkrankungen der Atemwege, des Herzens und der Blutgefäße, Magen- und Darmleiden, sind die Beschwerden akuter geworden...

Abb. 7: Tschernobyl. Roboter werden zum Einsatz vorbereitet
(Foto vom Juni 1986).

Politik versus Schadensbeseitigung

Als im Laufe der Zeit immer mehr Informationen über das Ausmaß der
Katastrophe durchsickerten, wurde praktisch jedem Sowjetbürger die
Situation klar. Die Konzentration aller Maßnahmen auf die 30-Kilometer-
Zone ging weniger auf eine objektive Notwendigkeit als auf politische
Motive zurück. Es gab keinen zwingenden Grund, die anderen Blöcke
des Kernkraftwerks Tschernobyl wieder ans Netz zu schließen – ihr Bei-
trag zur Energieversorgung der Sowjetunion war nicht so bedeutend.
Statt diesen Aufwand zu betreiben, der der politischen Demonstration
diente, hätte man die Notwendigkeit erkennen müssen, das Leben der
Menschen in den riesigen Gebieten zu retten, auf die der Fallout der
Explosion mit seinen radioaktiven Isotopen, von Cäsium bis Plutonium,
herunterging.

Wassilij Omeltschenko, 41 Jahre alt, Absolvent des Polytechnischen Instituts Kiew. Seit Mai 1986 hat er an der Schadensbeseitigung in Tschernobyl teilgenommen. Er hat an der Einrichtung der mobilen Fertigungsstätten für Dekontaminationsflüssigkeit mitgewirkt. Außerdem hat er im Ukrainischen Versorgungsamt gearbeitet, das Material und technische Geräte für die Sperrzone bereitstellte. Wohl niemand hat so lange in Tschernobyl Dienst getan und sich so intensiv am Notstandsprogramm in der «Zone» beteiligt wie Omeltschenko.[17]

T: Was veranlaßt jemanden wie Sie, der eine ziemlich hohe Position erlangt hat, mit solchen beunruhigenden Informationen über die Vorgänge innerhalb und außerhalb der Zone an die Öffentlichkeit zu treten?
O: Ich werde nur über das sprechen, was ich persönlich weiß und tatsächlich erlebt habe. Ein einziger Grund veranlaßt mich, diese Informationen bekanntzugeben: die Hoffnung, daß meine Enthüllungen die Verantwortlichen dazu bringen, vernünftige Entscheidungen über die erforderlichen Maßnahmen in der 30-Kilometer-Zone zu treffen – und zwar nicht nur die Zone betreffend, sondern alle Arbeiten zum Containment und zur Schadensbeseitigung in Tschernobyl.
T: Sie sagen: «Informationen, die den Verantwortlichen helfen, vernünftige Lösungen zu finden». Was für Entscheidungen sind denn während der ersten fünf Jahre nach dem Unfall getroffen worden, wenn es immer noch einen Bedarf an Informationen gibt, um zu vernünftigen Lösungen zu kommen?
O: Soweit ich sehen kann, sind die Notmaßnahmen der ersten Stunde rein politischer Natur gewesen. Sie dienten politischen Zwecken. Niemand hat an die wirtschaftlichen Folgen gedacht. Niemand hat sich überlegt, was für einen Preis der Staat würde zahlen müssen, um diese politischen Ziele zu erreichen.
Vor allem halte ich es für falsch, daß man versucht hat, das Kraftwerk in so kurzer Zeit und mit solcher Eile wieder in Betrieb zu nehmen, wie es 1986 und in den folgenden Jahren geschehen ist. Die Kosten für den Staat lagen weit über jenen 9,5 Milliarden Rubel, die man offiziell genannt hat. Ich denke da vor allem an die Gesundheitsschäden bei den Leuten, die an den Notmaßnahmen beteiligt waren. Sie waren ungeheuerlich.
T: Welche besonderen politischen Gesichtspunkte lagen all diesen Entscheidungen zugrunde?
O: Ich denke, das Bild, das man der Welt präsentieren wollte, war, daß ein Unfall von solcher Größenordnung bei uns ausgeschlossen ist, daß der Staat leicht mit den Folgen eines

Unfalls fertig wird. Das war die Haltung, die man an den Tag legte – obwohl man von Anfang an wußte, daß die Kosten kolossal sein würden. Man traf diese politische Entscheidung, um zu vertuschen, daß es eine Katastrophe von globalen Ausmaßen war – um zu zeigen, daß der Staat sie meistern konnte, und um auf diese Weise die Stabilität des herrschenden politischen Systems unter Beweis zu stellen.

Man hätte jedoch die Kräfte auf die Rettung der Menschen und nicht auf die des Kraftwerks konzentrieren müssen. Alle verfügbaren Mittel steckte man in die Instandsetzung des Kraftwerks, die Arbeit in der Zone, die sich später als völlig wirkungslos erwies, und zuerst und vor allem in die sogenannte strukturelle Deaktivierung.

T: Das bedeutet?

O: Den Einsatz schwerer Maschinen, um alle extrem radioaktiven Trümmer in sogenannte Zwischenlager zu schaffen. Mit anderen Worten, man hob eine Grube aus und versenkte das ganze Zeug darin. Es gab überhaupt keinen zwingenden Grund für solche Maßnahmen. Man hätte sich vielmehr um die besiedelten Gebiete kümmern müssen, von denen man wußte, daß sie in Mitleidenschaft gezogen waren. Beispielsweise Naro-ditschi. Alle Fachleute wußten im Mai 1986 bereits über die Lage dort Bescheid, und niemand hätte diesen Umstand verheimlichen dürfen. Die Richtung der Wolke mit den Emissionen aus dem zerstörten Block 4 und ihre Strahlungsintensität waren schon im Mai 1986 bekannt. Die Behauptung, die Situation sei nicht hinreichend klar gewesen, stimmt nicht ganz. Möglicherweise brauchte man noch genauere Daten, aber über die Richtung und die Ausmaße der radioaktiven Wolke herrschte hinlänglich Klarheit. Wir hätten 1986 alle unsere Mittel und Maßnahmen auf die Gebiete konzentrieren müssen, die einer hohen Strahlenbelastung ausgesetzt waren und in denen Menschen lebten. Wir hätten den betroffenen Bevölkerungsgruppen geeignete Nahrungsmittel zur Verfügung stellen und uns mit ihren sozialen Problemen befassen müssen. Das Kraftwerk hätte warten können. Es gab überhaupt keinen dringenden Grund, es wieder in Betrieb zu nehmen. Sogar der ukrainische Energieminister bestätigte in einer Rede auf einer Konferenz des «Grünen Lichts»[18], die der Volksdeputierte Schtscherbak einberufen hatte, das Kernkraftwerk Tschernobyl habe damals keine wichtige Rolle in der Energieversorgung gespielt.

Abb. 8: Blick vom Hubschrauber auf die Arbeiten am Sarkophag (Foto vom September 1986).

Ein klassisches Beispiel für einen absurden Fehleinsatz von Material und technischen Mitteln ist die Bombardierung des zerstörten Reaktors mit Blei. Das ist wirklich ein Musterbeispiel für die Art und Weise, wie Menschen, statt ihr Handeln auf die Ergebnisse von Laborexperimenten zu gründen, die gesamte Operation in ein Experiment von gigantischen Ausmaßen umfunktionieren. Nach den Unterlagen wurden 6000 Tonnen Blei in die Zone geschafft. Ich nehme an, daß sie ungefähr 3000 Tonnen Blei in den Reaktor abgeworfen haben (weil nach der Deaktivierung etwa 3000 Tonnen wieder der Volkswirtschaft zugänglich gemacht wurden). Das Ergebnis? Noch bevor das Blei den Reaktor erreichte, war es verdampft. Menschen und Umwelt wurden mit Blei vergiftet.

T: Was haben die Arbeiten in der Zone gekostet?

O: Von Anfang an hat niemand den Preis an Menschenleben berücksichtigt. Und warum auch? Man hatte die Entscheidung getroffen, das Kraftwerk wieder instand zu setzen, es wieder in Betrieb zu nehmen, zu zeigen, daß in unserem Gesellschaftssystem alles möglich ist. Und sie haben es bewiesen. Sie warfen die Menschen ins Feuer. Und wenn sie es für notwendig befunden hätten, noch mehr Menschen zu verbrennen, hätten sie auch das getan.

Von allen Notmaßnahmen ist für mich der folgende Aspekt am traurigsten: Die ukrainische Regierung hätte von Anfang an beteiligt sein müssen; alle Mittel hätten in den vom Unfall betroffenen bewohnten Gebieten eingesetzt werden müssen, anstatt sie für die erneute Inbetriebnahme des Kraftwerks zu verwenden.

T: Was muß geschehen?

O: Man muß augenblicklich das Kraftwerk Tschernobyl abstellen, denn solange es in Betrieb ist, müssen sich dort Leute aufhalten. Vielleicht wird man sogar noch mehr Personal benötigen. Zweitens sollte in der Zone ein wissenschaftliches Beobachtungsprogramm durchgeführt werden, wobei man für die Forschungsarbeiten nur so wenig Menschen wie möglich einsetzen darf.

Weißrußland

Die drei ehemaligen Sowjetrepubliken mit der schwersten Belastung durch radioaktive Nuklide sind Weißrußland, die Ukraine und Rußland. Man schätzt, daß auf russischem Gebiet 70 Prozent des emittierten Cäsiums 137, Strontiums 90 und Plutoniums zu finden sind. Untersuchungen weißrussischer Wissenschaftler haben gezeigt, daß fast ganz Weißrußland von Radionukliden verseucht ist. Selbst die nördlichsten Regionen des Gebiets Witebsk scheinen betroffen zu sein.

Abb. 9: Die sechs weißrussischen Gebiete und ihre Hauptstädte.

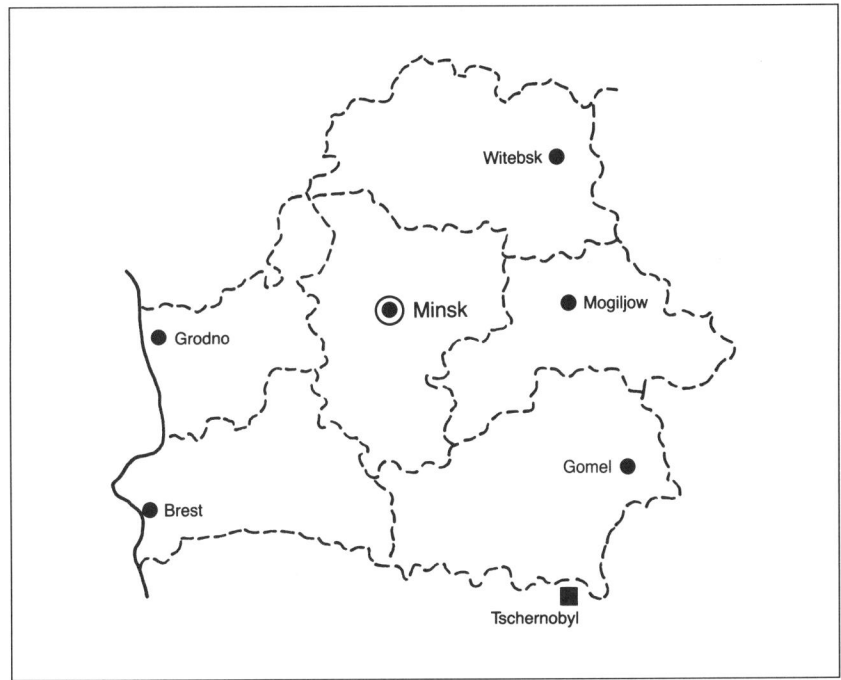

Die Weißrussische Akademie der Wissenschaften hat einen Bericht über Studien vorgelegt, die im Zusammenhang mit den Notmaßnahmen nach dem Tschernobyl-Unfall durchgeführt wurden. Aus ihm stammen die folgenden Auszüge (Abschnitt 1, 2 und 4). Unterzeichnet ist der Bericht von dem Akademiemitglied B. P. Platonow, dem früheren Präsidenten der Akademie der Wissenschaften der Weißrussischen Republik, und von E. F. Konoplja, ehemals Direktorin des Instituts für Strahlenbiologie der Weißrussischen Akademie der Wissenschaften und korrespondierendes Mitglied der Weißrussischen Akademie der Wissenschaften. Erschienen ist der Bericht im März 1989 in Minsk, Weißrußland.

1. Strahlung und Umwelt

Von dem Tschernobyl-Unfall am schwersten betroffen sind die Gebiete Gomel und Mogiljow. Das Gebiet Gomel ist heute mit langlebigen Radionukliden verseucht: Cäsium 137, Strontium 90 und Plutonium – die beiden letzteren finden sich hauptsächlich in der evakuierten Zone und in den unmittelbar angrenzenden Regionen – und in geringerem Maße mit Cäsium 134, Ruthenium 106 und Cerium 144. Cäsium 137/134 und, weniger häufig, Ruthenium 106 sind auch im Gebiet Mogiljow anzutreffen. Außerdem sind sie in den Gebieten Brest und Minsk entdeckt worden.

Im Herbst 1988 ist in vierhundert kleineren Städten und Dörfern der Republik – das heißt in Regionen, die von mehr als hunderttausend Menschen bewohnt werden – eine Belastung des Bodens mit Cäsium 137 von mehr als 15 Ci/km^2 gemessen worden.[19] Untersuchungen über das Ausmaß und den Charakter der Belastung mit Strontium 90 in Weißrußland zeigen, daß ihr Schwerpunkt in der evakuierten Zone liegt, wo in den oberen Schichten des Bodens Konzentrationen über der zulässigen Höchstgrenze zu finden sind. An einzelnen Stellen, besonders im Süden des Bezirks Narowlja, ist der Gehalt an Strontium 90 höher als 3 Ci/km^2.

Bei Abschätzungen der Belastung Weißrußlands mit Transuranen (Plutonium 239/240, Americium 241/242) muß betont werden, daß der Schwerpunkt in der 30-Kilometer-Zone liegt.

Will man die Plutoniumbelastung einstufen, darf man nicht vergessen, daß dieses Element ein langlebiges, feinverteiltes Aerosol bildet und gewöhnlich über die Atemwege in

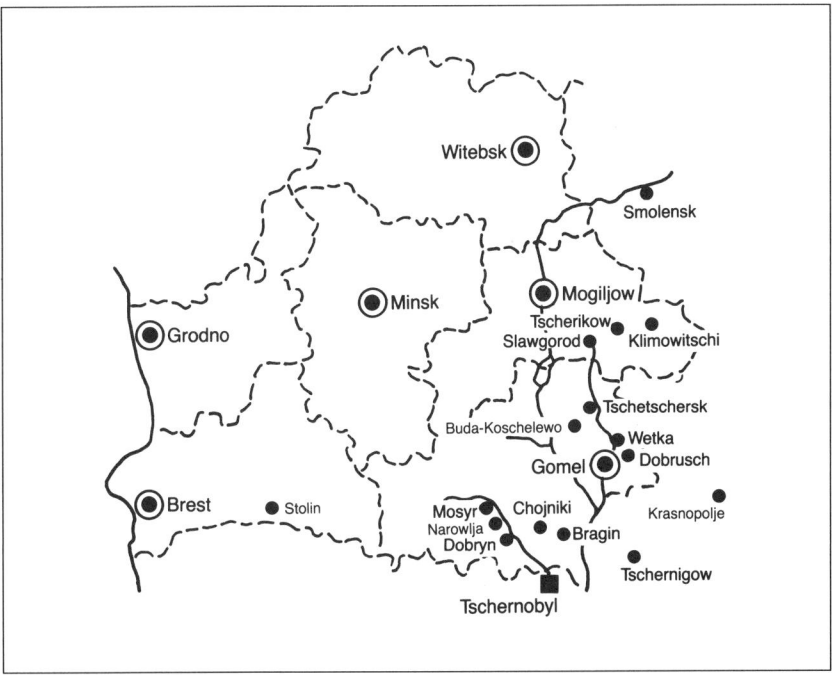

Abb. 10: Am stärksten ist der Ostteil Weißrußlands vom radioaktiven Fallout des Tschernobyl-GAUs betroffen.

den Organismus eindringt. Maximale Plutoniumkonzentrationen in der Luft treten im Frühling und Herbst während der Feldarbeiten auf. Die 24-Stunden-Mittel des in der Luft enthaltenen Plutoniums können infolge dieser Tätigkeit nicht nur in den Städten und Ortschaften am Rand der evakuierten Zone, sondern noch in erheblicher Entfernung von ihr ansteigen. In der Herbst- und Winterzeit, wenn die Öfen mit organischen Brennstoffen aus der Gegend beheizt werden, erhöht sich in diesen Gebieten zu bestimmten Zeiten und an bestimmten Orten die Plutoniumbelastung in der Luft erheblich.

Deshalb beträgt der Plutoniumgehalt der Luft gelegentlich

5×10^{-4} Bq/m^3 in Mosyr,
2×10^{-4} Bq/m^3 in Gomel,
9×10^{-5} Bq/m^3 in Brest und
1×10^{-5} Bq/m^3 in Minsk.[20]

Die Hintergrundstrahlung der Luft

hatte vor dem Unfall einen Wert von 2 bis 5 x 10^{-8} Bq/m^3, während die zulässige Höchstkonzentration in der Luft auf 1,1 x 10^{-3} Bq/m^3 festgesetzt ist.

Untersuchungen zur Verseuchung Weißrußlands haben gezeigt, daß sich die von dieser Belastung ausgehende Gefahr nicht nur durch die Menge der radioaktiven Isotope erfassen läßt, die sich in diesem oder jenem Gebiet abgelagert haben, sondern auch entscheidend von ihrer chemischen Beschaffenheit abhängt und durch die Form bestimmt wird, in der sie in den oberen Bodenschichten gefunden werden. Diese chemische Form entscheidet in erheblichem Maße über die Art der Wechselwirkung zwischen den Radionukliden und den Bodenbestandteilen und deshalb auch über ihre Mobilität und Umverteilung, das heißt, über die Art und Weise, wie sie sich in der obersten Schicht des Bodens, in Schlamm und Oberflächenwasser bewegen und wie sie vom Boden in Pflanzen und somit in die Nahrung und die biologischen Ketten gelangen.

Eine Untersuchung zur radioaktiven Belastung des Pflanzenlebens hat gezeigt, daß sie sehr ungleichmäßig verteilt ist, aber insgesamt dem Grad der Bodenkontamination entspricht. Forschungsarbeiten aus dem Jahre 1986 haben ergeben, daß praktisch der gesamte Boden der Republik mit Radionukliden verseucht ist, außer dem Nordteil des Gebiets Witebsk. Die Verseuchung der Republik ist sehr ungleichmäßig. Selbst in den extrem belasteten Bereichen von Narowlja, Choiniki und Bragin gibt es Orte, wo die Strahlenintensität bis zu zwanzig- und dreißigmal höher oder niedriger ist als an Stellen, die nur 0,5 bis 1 Kilometer entfernt liegen.

Die schwerste Kontamination erlitten die Wälder, die als natürliche Filter wirkten. Gebiete ohne Waldwuchs – Wiesen und Ackerland – sind in der Regel drei- bis fünfmal geringer belastet. 1988 haben sich die Strahlungsniveaus in den natürlichen Phytozönosen, den pflanzlichen Lebensgemeinschaften, stabilisiert und ändern sich jetzt nur allmählich, weil es sich um langsam zerfallende Isotope handelt.

Langlebige radioaktive Belastungen der natürlichen Phytozönosen beeinträchtigen ein Gebiet, das einem Fünftel der Gesamtfläche der Weißrussischen Republik entspricht. Dieses Gebiet liegt im Südosten der Republik und folgt der Linie Stolin – Loban – Schatilki – Buda-Koschelewo – Slawgorod – Tscherikow – Klimowitschi. Im Gebiet Minsk hat man einen großen Bereich radioaktiver Verseuchung im Bezirk Woloschinsk entdeckt. In den erwähnten Gebieten dürfen keine Pilze gesammelt, keine Beeren gepflückt und keine Kräuter für medizinische Zwecke verwendet werden.

Man hat in den Gegenden um Dobrusch, Wetka, Tschetschersk, Tscherikow sowie in den Gebieten Gomel und Mogiljow eine Kontamination der Phytozönosen von mehr als 50 bis 100 Ci/km^2 entdeckt – weit mehr, als die Grenzwerte der evakuierten Zone betragen.

Eine Besonderheit der Kontamination natürlicher Phytozönosen mit radioaktiven Zerfallsprodukten besteht darin, daß die Radionuklide noch immer in der obersten Schicht des Bodens konzentriert sind, das heißt bis zu einer Tiefe von 5 Zentimetern. Deswegen weisen die Pflanzen der natürlichen Phytozönosen eine hohe Konzentration an Radionukliden auf, selbst wenn der Boden nicht allzu stark verseucht ist.

Der Nuklidgehalt des Grundwassers hängt in hohem Maße von der Oberflächenkontaminierung ab. Die höchste Konzentration von Strontium 90 ist in Brunnen der Gegend von Nishe-Pripjat entdeckt worden, also in der unmittelbaren Nähe Tschernobyls, wo die Auswirkungen des Kraftwerks auch bei normalem Betrieb noch spürbar wären. Allgemein schwankt die Konzentration des Strontium 90 im Grundwasser dieses Gebietes zwischen $1,2 \times 10^{-11}$ und $8,0 \times 10^{-11}$ Ci/l (Curie pro Liter), während sie bei Cäsium 137 etwa $1,0 \times 10^{-10}$ Ci/l beträgt.

Aufgrund der durchgeführten Untersuchungen darf man annehmen, daß sich die Konzentrationen der Radionuklide im Grundwasser des Gebietes, das dem Einfluß des Kraftwerks Tschernobyl bei normalen Betriebsbedingungen unterworfen ist, in den nächsten Jahren nicht wesentlich von denen des Jahres 1988 unterscheiden werden. Lokale Radionuklid-Konzentrationen können im Oberflächenwasser und in Entwässerungskanälen auftreten – abhängig vom allgemeinen Verseuchungsgrad, von den besonderen geochemischen Bedingungen des Ortes und von den landwirtschaftlichen Arbeiten im Einzugsgebiet. In der besonders ungünstigen Situation, die in den Gebieten von Sosh und Nishe-Pripjat vorliegt – sie sind der normalen Aktivität (das heißt Emission) des Kraftwerks Tschernobyl unterworfen –, kann das Wasser der Flüsse Pripjat und Sosh hohe Cäsium-137-Werte erreichen. Im Falle des Pripjat beispielsweise 2 bis 20×10^{-10} Ci/l. Radionuklide können sich im Flußbett von Wasserläufen sammeln und zu einer langlebigen Verseuchungsquelle von Wassersystemen werden, die auch auf den Fischbestand übergreift. Das müssen Landwirte und andere Bewohner dieser Region beachten.

Die Untersuchungsdaten wurden mit Hilfe mathematischer Verfahren verarbeitet, die mit hinreichender

Genauigkeit alle Mechanismen beschreiben, durch die die Radionuklide unter natürlichen Bedingungen von einem Ort zum anderen bewegt werden. Auf dieser Grundlage wurde eine Vorhersage getroffen, die zeigte, daß sich die Strahlensituation in der Republik in den nächsten Jahren nicht wesentlich verändern und komplex bleiben wird. Die natürliche Dekontaminierung des Bodens durch vertikale Migration wird außerordentlich langsam vonstatten gehen. Obwohl ein erheblicher Anteil der Radionuklide in mobiler Form vorliegt, werden sie größtenteils während der kommenden Jahrzehnte in den oberen Bodenschichten bleiben, die beim Pflügen umgebrochen werden. Die zahlenmäßige Verringerung der Radionuklide in den oberen Bodenschichten wird vor allem durch folgende Faktoren zustande kommen: ihren natürlichen Zerfall, sekundäre Windeinflüsse, horizontale und vertikale Migration und die Verschleppung kontaminierten Materials in bislang unbelastete Gebiete – letzteres durch den Transport landwirtschaftlicher Produkte sowie die Bewegung von Maschinen und freilebenden Tieren.

Dabei ist auf drei Punkte hinzuweisen: Erstens wird der Plutoniumgehalt in den oberen Bodenschichten aufgrund seiner geringen Mobilität in den kommenden Jahren etwa gleichbleiben. Zweitens wird in zehn bis fünfzehn Jahren ein beträchtlicher Teil der Gesamtmenge der Transurane aus Americium 241 bestehen, das beim Zerfall von Plutonium 241 entsteht. Americium 241 ist eine hochgiftige Substanz, es ist mobiler als Plutonium und hat eine Halbwertszeit von 433 Jahren. Da sich die Konzentration der radioaktiven Stoffe in den oberen Bodenschichten auf natürlichem Wege nur langsam verringert, wird drittens über einen längeren Zeitraum mit einer erhöhten Konzentration dieser Substanzen in der Luft zu rechnen sein. Die erwiesene Beziehung zwischen dem Verseuchungsgrad und dem Zustand von Flora und Fauna bestimmt die Vorhersage: Die Verfassung der Lebewesen wird der Entwicklung der Strahlensituation entsprechen, wie wir sie für die kommenden Jahre beschrieben haben.

Will man die ökologischen Folgen radioaktiver Kontamination beurteilen, muß man berücksichtigen, daß ein bestimmter Prozentsatz der Radionuklide, vor allem in den südlichen Teilen der Republik, in Form «heißer» Teilchen vorliegt. Die Verbreitung von heißen Teilchen, die Teilchenkonzentration, die abgelagerten Teilchenarten und ihre vertikale Migration im Boden bestimmen ihre Konzentration in der bodennahen Luft, von der wiederum abhängt, in welchem Maße die Teilchen in den menschlichen Organismus, vor allem in die Lungen eindringen können. Letzterer Umstand ist zu berücksichtigen, wenn es um die Frage geht, ob Menschen in den kontaminierten Gebieten leben und arbeiten können.

2. Biologische und medizinische Aspekte

Bei Autopsien an Personen, die zwischen 1986 und 1988 in den Gebieten Gomel, Mogiljow und Witebsk starben, hat man im Gewebe Radionuklide mit verschiedenen Aktivitätsspektren gefunden. Die höchste Konzentration von Cäsium- und Ruthenium-Isotopen fand man in Muskeln und Milz. Strontium sammelte sich in Knochen, Plutonium in Lunge, Leber und Nieren. Dabei ist anzumerken, daß die bislang zusammengetragenen vorläufigen Daten keine eindeutige Beziehung zwischen der Konzentration von Radionukliden in Organen und Geweben und dem Verseuchungsgrad der betreffenden Gegenden erkennen lassen. Tatsächlich ist der Radionuklidgehalt in den Organen und Geweben bei Menschen aus verschiedenen Regionen des Gebiets Gomel im großen und ganzen identisch.

Auch im Gebiet Witebsk entsprechen die Radionuklidkonzentrationen im Organismus, obschon sie kleiner sind, nicht den regionalen Kontaminationsgraden dieses Gebiets. Ein Grund dafür könnte die Beschaffenheit der Nahrungsmittel sein, die in diese Region gebracht werden. Ferner könnten die Migration und Mobilität der Radionuklide so groß sein, daß die landwirtschaftlichen Produkte selbst an Orten mit geringer Kontamination verstrahlt sind, nur daß man sie dort vor dem Verbrauch möglicherweise nicht prüft. Schließlich könnte die gleichmäßige Konzentration der Radionuklide auf das Gleichgewicht bei der Aufnahme und Ausscheidung von Radionukliden durch den Organismus zurückzuführen sein.

Bei der Untersuchung der wichtigsten physiologischen Systeme ergaben sich durchgehende Funktionsveränderungen. Bei 10 bis 40 Prozent der Menschen aus verschiedenen Regionen der Gebiete Gomel und Mogiljow stellte man eine Lymphopenie fest. Anämie und Rückenmarksfehlbildungen wurden in erhöhtem Maße beobachtet. Bei 35 bis 67 Prozent von Personen aus verschiedenen Altersgruppen beobachtete man Veränderungen des Immunsystems. Dabei gab es nicht nur Anhaltspunkte für eine Schwächung der Abwehrkräfte, sondern auch vermehrte Anzeichen für das Vorkommen von Autoimmunkrankheiten. Festgestellt wurden ferner Funktionsstörungen der Schilddrüse und eine verstärkte Neigung zu Schilddrüsenhyperplasie sowie Änderungen der Wirkung von Hormonen in Organen und Geweben.

Wesentliche Veränderungen entdeckte man bei Erwachsenen und Kindern im Erbgut der Lymphozyten des peripheren Blutes und des Knochenmarks. Beobachtungen zur Dynamik des zytogenetischen Effektes[21] bei gerade entbundenen Müttern und Neugeborenen in den Gebieten Gomel und Mogiljow ergaben – nach Untersuchungen aus dem Jahre 1988 – eine Zunahme der Chromosomenmutationen insgesamt, vorwiegend in Form von Chromosomenaberrationen. Gegenüber den Zahlen aus dem Jahre 1986 stieg die Häufigkeit aberranter Zellen um 20 bis 100 Prozent. Ferner lag die Häufigkeit von Chromosomenaberrationen bei den Müttern um 50 Prozent höher als bei den Säuglingen. Man stellte auch eine höhere Strahlensensibilität der Lymphozyten von Kindern im Gebiet Gomel fest. Die dort vorherrschende Gamma-Strahlung von 0,3 bis 1,0 Gray führt bei den Lymphozyten von Kindern *in vitro* zu dem gleichen Ergebnis, wie es bei Kindern in ökologisch unbeeinträchtigten Gebieten registriert wurde.[22] Die Häufigkeit von Defek-

ten in den südlichen Bezirken der Gebiete Gomel und Mogiljow (10,08 ± 2,3 Prozent) übertrifft eindeutig die Zahlen der Kontrollgruppe (P < 0,05, das heißt, kleiner als 5 Prozent). Eine sorgfältige Untersuchung ist erforderlich, um die Ursachen für die Schwankungen der entdeckten Defekte festzustellen.

Diese Veränderungen in der Funktion, im Stoffwechsel usw. können zum Ausgangspunkt verschiedener pathologischer Prozesse werden. Eine Analyse der Daten verschiedener Gesundheitsinstitutionen zeigt, daß in den fraglichen Gebieten bei den Erwachsenen in der Bevölkerung folgende Syndrome vermehrt beobachtet wurden: Herz- und Kreislauferkrankungen, Krankheiten, die in Verbindung mit Bluthochdruck auftreten, koronare Herzkrankheit, Myokardinfarkt, Erkrankungen der Atemwege, chronische unspezifische Pneumonie[23].

Bei Kindern häufen sich chronische Entzündungen der Atemwege, neurozirkulatorische Dystonie, Anämie, Störungen der Schilddrüsenfunktionen und Erkrankungen des lymphatischen Gewebes. Auch Neurosen und verwandte Störungen treten vermehrt auf.

Die Zahlen offenbaren eine erhöhte primäre Arbeitsunfähigkeit bei Arbeitern und Büroangestellten, während die Steigerung bei landwirtschaftlichen Arbeitskräften geringer ist. Eine Analyse der einzelnen nosologischen Gruppen zeigt, daß die Invaliditätszunahme für den Zeitraum 1986/87 in den kontaminierten Gebieten auf koronare Herzkrankheiten, Schlaganfälle, chronische Erkrankungen der Atemwege zurückgeht, während die Häufigkeit von Bluthochdruck (trotz einer wachsenden Zahl von Schlaganfällen) abnahm.

Zweifellos liegt eine Ursache für die Verschlechterung der Gesundheitsstatistik in dem Umstand, daß die Verbesserung der medizinischen Versorgung mehr Krankheiten ans Licht gebracht hat. Dennoch müssen wir uns zunächst einmal die objektiven Veränderungen in der Struktur und Funktion zahlreicher Systeme (des Immun-, Blut-, endokrinen Systems und so fort) vor Augen führen, die durch Laboranalysen nachgewiesen worden sind. Zweitens ist zu berücksichtigen, daß sich die Gesundheitsstatistik in den letzten drei Jahren stetig verschlechtert. Drittens stimmen die Veränderungen bei den Tieren in den kontaminierten Gebieten und bei den untersuchten Menschen überein. Alle diese Faktoren verbieten es, eine direkte Beziehung zwischen der Strahlensituation und der Gesundheit der Bevölkerung auszuschließen. Zur Bestätigung können wir auf die Ergebnisse der epidemiologischen Untersuchung

verweisen, die von Institutionen der Weißrussischen Republik durchgeführt worden ist. Diese Untersuchung wurde 1984 in der Region Narowlja aufgenommen. Sie zeigt einen Anstieg der koronaren Herzkrankheit bei Führern landwirtschaftlicher Maschinen in den Altersgruppen 40 bis 50 und 50 bis 59 von 8,8 Prozent im Zeitraum 1984/85 auf 20,3 Prozent. In dieser Gruppe zeigte sich auch ein recht steiler Anstieg bei der Häufigkeit von Bluthochdruck (von 24,4 auf 40,1 Prozent).

Die Festlegung der «sicheren» Lebenszeit-Dosis auf 35 rem gibt Anlaß zur Sorge. Bis jetzt ist eine solche Dosis für den Fall einer ständigen externen und internen Strahlung noch nie akzeptiert worden – und selbst die Auswirkungen kleiner Dosen auf menschliche und tierische Organismen sind noch nicht annähernd geklärt. Man weiß nichts über die Spätfolgen ihrer möglichen Behandlung. Die Daten über die Auswirkungen einer verstrahlten ökologischen Umwelt, die das Institut für Strahlenbiologie der Weißrussischen Akademie der Wissenschaften gesammelt hat, lassen darauf schließen, daß in dieser Situation schon geringe Dosen die gleichen biologischen Effekte hervorrufen, wie sie durch eine rein externe Bestrahlung des Organismus von wesentlich höherer Intensität erzeugt werden.

Weit schlimmer wird die Situation noch durch den Umstand, daß die Gesundheitsbehörden diese Dosis zwar als zulässigen Höchstwert festlegen, aber nichts getan haben, um dafür zu sorgen, daß sie nicht überschritten wird. Vor allem hat man keine Vorschriften für die Arbeitsbedingungen festgelegt und nicht überprüft, was für Dosen die Menschen weiterhin aufnehmen. Letztere Frage ist ziemlich kompliziert. Neben den bekannten Problemen gilt es auch, das Vorkommen von Isotopen zu berücksichtigen, die Alpha- und Beta-Strahlung abgeben und für die man noch keine Höchstwerte festgelegt hat. Es sind genauere Untersuchungen dieser Strahlungsarten erforderlich, vor allem Daten über ihre Absorption beim Einatmen und ihre kombinierte Wirkung auf den Organismus. Von entscheidender Bedeutung ist der Einfluß der begleitenden ökologischen Faktoren, die die schädlichen Auswirkungen ionisierender Strahlung verstärken könnten.

Die bislang durchgeführten Berechnungen zur Strahlenbelastung lassen darauf schließen, daß die festgesetzten Höchstwerte überschritten werden könnten. Es ist anzumerken, daß bei Cäsium 137 eine Belastung von 10 bis 15 Ci/km^2 als Höchstmaß für ein Gebiet anzusehen ist, in dem eine uneingeschränkte, normale Lebensweise nicht zu einer Gesamtdosis von mehr als 35 rem führen soll . . .

4. Schlußfolgerungen

A. Die Strahlensituation in Weißrußland bleibt schwierig und wird sich in naher Zukunft nicht wesentlich ändern. Es ist sehr wichtig, auch weiterhin alle Anstrengungen zu unternehmen, um ein klares Bild von der radioaktiven Belastung und ihren Auswirkungen auf verschiedene pflanzliche und tierische Organismen sowie auf den Menschen zu gewinnen. Die laufenden Arbeiten müssen beschleunigt und erweitert werden, nicht nur in Hinblick auf Cäsium 137 und 134, sondern auch auf die Isotopen des Strontiums und anderer Transurane.

B. Es gibt verschiedene Gründe, warum zusätzliche Maßnahmen ergriffen werden müssen. Dazu gehören:
– die Langlebigkeit der Strahlenbelastung in der Umwelt, die zur Kontamination verschiedener Ökosysteme und landwirtschaftlicher Produkte sowie zu funktionalen und morphologischen Beein-

trächtigungen von Pflanzen, Tieren und Menschen führen wird;
– die Ineffektivität der Maßnahmen zur Schadensbeseitigung nach dem Tschernobyl-Unfall;
– das Ausmaß der Unfallfolgen für Weißrußland;
– die Notwendigkeit, den betroffenen Gebieten langfristig zu helfen;
– die Unklarheit in bezug auf langfristige Folgen.

Am vordringlichsten ist im gegenwärtigen Stadium die Umsiedlung von Menschen aus Gebieten, in denen die Cäsium-137-Kontamination größer als 15 Ci/km^2 ist. In Gebieten, in denen diese Belastung geringer ist, muß das gleichzeitige Vorkommen aller Isotopen berücksichtigt werden.

C. In Gebieten, in denen die Cäsium-137-Kontamination 15 Ci/km^2 erreicht, sollten wir unsere Aufmerksamkeit auf die Lebensbedingungen, die landwirtschaftliche Produktion und soziale Hilfsmaßnahmen konzentrieren. In diesen Gebieten werden belastete Nahrungsmittel produziert, die von den dort ansässigen Menschen ohne Einschränkungen verzehrt werden. Auf diese und andere Weise inkorporieren sie erhebliche Strahlendosen. Wir müssen auch die Gebiete ermitteln, in denen die Cäsium-137-Belastung zwischen 5 und 7 Ci/km^2 liegt, und möglichst rasch klären, welche anderen Radionuklide dort noch vorkommen. Wir müssen Sicherheitsbestimmungen für die Menschen erarbeiten, die in solchen Gebieten leben, und landwirtschaftliche Techniken entwickeln, die eine Verseuchung der Nahrungsprodukte verhindern.

D. Die vorliegenden experimentellen und klinischen Daten über die Beeinträchtigung lebenswichtiger Systeme des Organismus weisen deutlich auf die Gefahren hin, die der Gesundheit von Teilen der Bevölkerung und künftigen Generationen drohen. Die Daten lassen Anzeichen dafür erkennen, daß sich der Gesundheitszustand der Menschen in den kontaminierten Gebieten verschlechtert. Trotz unterschiedlicher Auffassungen gibt es noch keine verläßliche Basis, um künftige Entwicklungen vorherzusagen. Das gilt insbesondere für Prognosen über die Gesundheit von Menschen, die einer dauernden Strahlendosis von weniger als 35 rem ausgesetzt sind.

Hier ist daran zu erinnern, daß die Zahlen für Leukämie, Krebs und andere schwere Erkrankungen gestiegen sind – eine bekannte Tatsache, die den staatlichen Stellen jedoch keine Sorgen zu bereiten scheint. Bei vielen Betroffenen dagegen führt sie zu starken psychischen Belastungen. Die Behörden müssen sich endlich dazu entschließen, sichere Arbeitsbedingungen zu schaffen oder die Akkumulation von Strahlendosen zu kontrollieren.

Naroditschi

Eine der ukrainischen Gegenden, die von dem Unfall am stärksten in Mitleidenschaft gezogen wurden, ist das Gebiet Shitomir. Da die Menschen nicht unmittelbar über die Gefahr informiert wurden und keine Jodtabletten zur Vorbeugung verteilt wurden, nahmen die Schilddrüsen der Kinder von Naroditschi eine Strahlendosis von 30 bis 2500 rad auf. Bei den Einwohnern kontaminierter Gebiete und den Konsumenten «verschmutzter» Lebensmittel steigt die Krankheitshäufigkeit. Die Leiden, von denen am häufigsten berichtet wird, sind kardiovaskulärer, lymphoider und onkologischer Natur. Die Zahl der an grauem Star erkrankten Kinder wächst in ungeheurem Tempo.

Abb. 11: Der Bezirk Naroditschi und Umgebung.

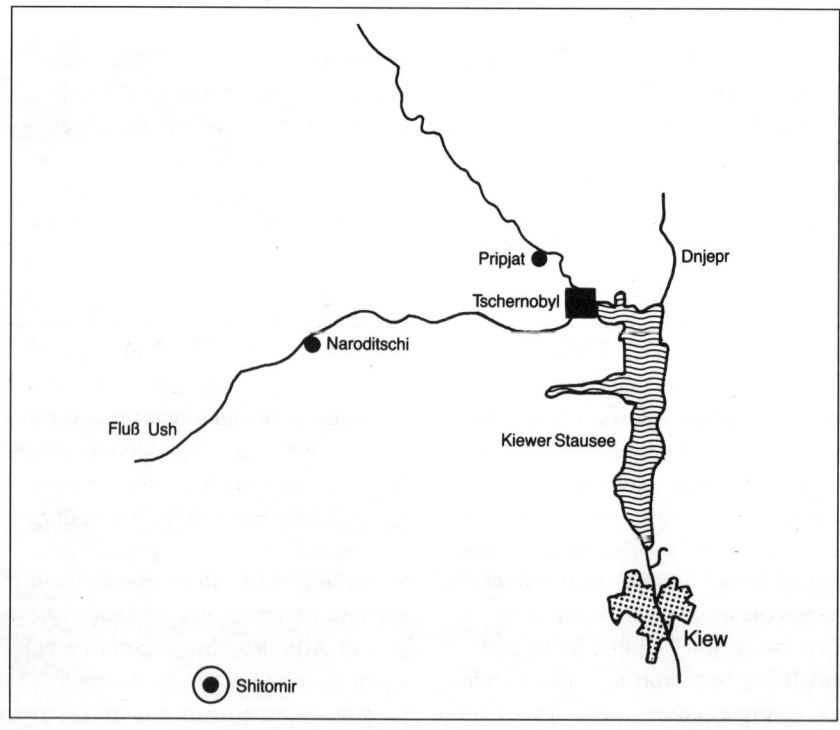

Bogdan A. Korschanowskij, Chirurg am Krankenhaus Naroditschi, Gebiet Shitomir, Ukraine.[24]

Ich bin Chefarzt der chirurgischen Abteilung und möchte von den Gesundheitsproblemen der Kinder hier berichten. Wir können die fünftausend Kinder in unserem Ort nach dem *Grad der Belastung ihrer Schilddrüse mit radioaktivem Jod* in fünf Gruppen einteilen:

Gruppe A (0–30 rad): 1473 Kinder;
Gruppe B (30–75 rad): 1177 Kinder;
Gruppe C (75–200 rad): 826 Kinder;
Gruppe D (200–500 rad): 574 Kinder;
Gruppe E (500–2500 rad): 467 Kinder.

Diese Dosen haben die Kinder in den ersten Tagen nach dem Unfall aufgenommen, und das ist nur die Dosis, die in der kleinen Schilddrüse konzentriert ist. Wie steht es aber mit dem ganzen Körper eines Kleinkindes? Wie reagiert er auf Strahlenschäden? Was für eine Dosis hat der ganze Körper abbekommen? Und es war nicht nur Jod. Es waren auch Schwermetalle, die man uns fast ein Jahr lang verschwiegen hat. Dann bekamen wir diese Zahlen, beinahe zwei Jahre später – und während dieser ganzen Zeit blieben unsere Kinder ohne Behandlung. Jetzt leidet fast jedes zweite Kind unter Schilddrüsenhyperplasie. Und alle Kinder, ob sie in der sauberen oder «verschmutzten» [kontaminierten] Zone leben, leiden unter Lymphadenitis, entzündlichen Lymphknotenschwellungen. Während die Diagnose *Erkrankung des lymphatischen Gewebes* 1985 nur bei vier kleinen Patienten gestellt wurde, waren es 1987 221. Bei Erwachsenen haben wir eine Zunahme der *koronaren Herzkrankheit* beobachtet: Ende 1986 waren es 518 Patienten, 1987 schon 757, 1988 sogar 807, und im ersten Viertel dieses Jahres hatten wir bereits 430 solcher Fälle.

Es folgen die Zahlen für *grauen Star bei Kindern*:

1984 – 24 Fälle;
1985 – 65 Fälle;
1986 – 178 Fälle;
1987 – 185 Fälle;
1988 – 59 Fälle (nur ein Teil des Jahres erfaßt)[25];
1989 – 195 Fälle (innerhalb der ersten drei Monate).

Als im Krankenhaus tätiger Chirurg möchte ich feststellen, daß sich das Immunsystem der Menschen verändert. Sie haben heute große Schwierigkeiten, selbst mit den leichtesten Infektionen fertig zu werden. Nur sehr langsam erholen sie sich von Lungenentzündungen. Die Krebserkrankungen nehmen zu. Auf meiner Station liegen zur Zeit acht Menschen mit Karzinomen im Mundbe-

Abb. 12: Kinder aus der Umgebung Tschernobyls bei der Abfahrt
in ein Lager der Jungen Pioniere (Foto vom Mai 1986).

reich. Sie sind in einem grauenhaften Zustand. Wir können ihnen nicht in die Augen sehen. Es ist schrecklich. Solche Fälle haben wir noch nie gehabt. Und es handelt sich um junge Menschen – unter fünfzig. Viele Kinder kommen mit Symptomen zu uns, die wir schwer diagnostizieren können. Neulich hatten wir einige Kinder mit Leibschmerzen. Wodurch werden diese Schmerzen verursacht, um was für Schmerzen handelt es sich? Die Untersuchungsergebnisse zeigen keinen Befund, aber die Kinder haben Schmerzen – sie schreien, stöhnen, kreischen. Sie stöhnen wie Erwachsene. Aber es sind Kleinkinder von drei und vier Jahren. Wir sind hilflos. Wir haben kein immunologisches Labor. Die septischen Infektionen bereiten uns große Probleme, weil der Körper sich nicht gegen sie wehren kann.

Krebserkrankungen des Mundes nehmen bei den Menschen zu, die in kontaminierten Gebieten leben. Das liegt daran, daß sie essen, was sie anbauen, und das dürfen sie nicht, da alles «verschmutzt» ist. Wir haben kaum «saubere» Milch hier – und es wird nur wenig angeliefert. In den Läden ist saubere Nahrung rar. Überhaupt kein Obst, sehr geringe Mengen Fisch oder Saft. Deshalb steigt die Zahl der Mund-, Speiseröhren- und Magenerkrankungen so stark an. Wir müssen etwas unternehmen. Wir müssen diese Menschen retten.

Politiker unter Anklage

Nachdem man vier Jahre lang das Ausmaß und die Folgen der Katastrophe totgeschwiegen und mit Hilfe einer rigorosen Pressezensur jeglichen Hinweis auf Strahlenbelastungen unterdrückt hatte, begann die Wahrheit Ende 1989 langsam durchzusickern. Die Menschen verlangten, die für den Unfall und die unzulänglichen Katastrophenmaßnahmen zuständigen Funktionäre zur Verantwortung zu ziehen und ihr Verhalten strafrechtlich zu verfolgen, weil es schreckliche Folgen für die Bewohner der betroffenen Gebiete heraufbeschworen hatte. Zu diesen Stimmen des Protestes gegen eine Politik, die praktisch auf einen Genozid hinausläuft, gesellten sich die Forderungen vieler Volksdeputierter, die neu in die verschiedenen parlamentarischen Gremien gewählt worden waren.

Wassilij Jakowenko, Schriftsteller, früher Mitglied des Zentralkomitees der Weißrussischen Kommunistischen Partei und des Ministerrates der Weißrussischen Republik, Präsidiumsmitglied des Weißrussischen Umweltverbandes, Vorsitzender der Sektion der Journalisten im Weißrussischen Schriftstellerverband, verfaßte 1989 in Minsk einen offenen Brief an den Generalstaatsanwalt der UdSSR, A. J. Sucharew, und an den Staatsanwalt der Weißrussischen Republik, G. S. Tarnawskij. Darin verlangt Jakowenko die Einleitung von Strafverfahren gegen bestimmte Personen, deren Verhalten seit Beginn der Notmaßnahmen in Tschernobyl er als kriminell bezeichnet. Ihre Taten, schreibt er, würden schwerwiegende Konsequenzen für die ganze Nation haben. Der Brief wurde von einer großen Gruppe sowjetischer Volksdeputierter unterstützt, unter ihnen die Schriftsteller A. Adamowitsch, Tsch. Aitmatow, W. Below, W. Bykow, I. Druze, J. Peters, W. Rasputin, J. Tschernitschenko, J. Schtscherbak, W. Jaworiwskij. Unterzeichnet wurde der Brief am 27. Oktober 1989 in Minsk, Weißrußland.[26]

Der Tschernobyl-Unfall hat – in einem Ausmaß, wie wir es seit dem Zweiten Weltkrieg nicht mehr erlebt haben – unsägliches Leid über das weißrussische Volk und die Bewohner vieler Gebiete Rußlands und der Ukraine gebracht. Die unmittelbare Gefahr machte es notwendig, die Bevölkerung aus der 30-Kilometer-Zone zu evakuieren. Das Ergebnis war eine massive Wanderbewegung von Menschen, die unter Strahlenkrankheit litten. Wieder erblickten wir Flüchtlinge – es war ein Augenblick, der in seiner Tragik an Kriegszeiten erinnerte. Allerdings war die «Front» nicht zu sehen; man spürte sie nur als metallischen Geschmack im Mund.

Von den ersten Tagen der Tragödie an war deutlich zu erkennen, daß man ständig versuchte, unseren Landsleuten diese heimtückische, allgegenwärtige Gefahr zu verheimlichen. Wir sahen, daß man auf die Gesundheit der Menschen überhaupt keine Rücksicht nahm.

Aus Angst, die Menschen durch eine schonungslose, schockierende Offenlegung der Wahrheit zur Zeit des Unfalls in Panik zu versetzen, haben weder das Weißrussische Gesundheitsministerium noch die Verantwortlichen des Exekutivkomitees der Stadt Minsk, noch die Vertreter der Ärzteschaft irgendwelche Maßnahmen ergriffen, um die Menschen der Hauptstadt vor der radioaktiven Wolke zu schützen.

Geheimhaltung in Zeiten höchster Gefahr bringt die betroffenen Menschen in noch schlimmere Not.

Im März 1987 legte eine Gruppe von Fachleuten des Staatlichen Landwirtschaftsinstituts der UdSSR und des Landwirtschaftsinstituts sowie des Gesundheitsministeriums der Weißrussischen Republik dem Ministerrat der UdSSR einen Antrag vor. Darin verlangten sie mit Nachdruck, in Gebieten, in denen die Belastung 40 Ci/km^2 übersteigt, alle landwirtschaftlichen Tätigkeiten einzustellen und die Bevölkerung zu evakuieren. Dieser Antrag wurde jedoch von dem Leiter der Tschernobyl-Notstandskommission, Boris Schtscherbina, abgelehnt. Er ging sogar so weit, die Strahlenwerte in den Städten und Dörfern, in denen die zulässigen Höchstwerte überschritten wurden, zur Geheimsache zu erklären.

Dank der Einstufung dieser Daten als «streng geheim» konnten sich hochrangige Funktionäre den Luxus erlauben, von nichts zu wissen. «Nichts zu wissen» ist eine sehr bequeme Daseinsform. Doch Ignoranz wird, wie Untätigkeit, zum Verbrechen, wenn sich Personen ihrer schuldig machen, die das Vertrauen der Menschen genießen.

Nach den Angaben von Ärzten hat überall in den betroffenen Gebieten, besonders bei Kindern, die Häufigkeit von chronischen Erkrankungen der Nase und des Rachenraums, des Magens und Darms, der Leber, der Milz und anderer Organe – sogar des Blutes – zugenommen. Legt man die offiziellen Statistiken zugrunde, die nach Meinung der ansässigen Fachleute das Problem eher verharmlosen, ist der Gesundheitszustand bei der Hälfte aller Kinder, die in den

Regionen Gomel und Mogiljow leben, unbefriedigend. Ihrem Blut fehlen wichtige Bestandteile, wodurch die Abwehrkräfte des Körpers geschwächt und das natürliche Immunsystem beeinträchtigt wird, so wie wir es von Aids her kennen. Vielleicht handelt es sich genau darum: Strahlen-Aids? Die Ärzte nehmen jedoch immer noch politische Rücksichten und sind nicht bereit, den Zustand der Kinder mit dem Tschernobyl-Unfall in Zusammenhang zu bringen. Wahrscheinlich haben sie die Anweisungen der Gesundheitsbehörden so sehr verinnerlicht, daß sie solche Gedanken noch nicht einmal im eigenen Kopf zulassen. Das sollten sie aber.

Der Zusammenhang ist offenkundig, ob direkt oder indirekt. Die Kinder können sich nur beschränkt im Freien aufhalten. Manchmal kommen sie (zu Hause oder in der Schule) überhaupt nicht nach draußen, sie werden nicht ausreichend ernährt, weil die einheimischen Lebensmittel «verschmutzt» sind und «saubere» Nahrung, vor allem Gemüse und Obst, nicht in ausreichendem Maße zur Verfügung steht. Deshalb hat ihr Zustand große Ähnlichkeit mit einer Anämie, wenn es auch keine Anämie ist.

Aus Laboruntersuchungen geht hervor, daß die Menschen anfällig für Autoimmunkrankheiten geworden sind.

Erwachsene in diesen Gebieten klagen vor allem über Kopfschmerzen und Schwindelgefühle. Nach Daten aus dem Bezirk Narowlja, die von Medizinern zusammengetragen wurden, um die Auswirkungen von Strahlung auf die Leistungsfähigkeit am Arbeitsplatz zu untersuchen, wurde in 20 Prozent der Fälle ein «vermindertes körperliches Aktivitätsniveau» festgestellt – ein Ergebnis, das vor dem Tschernobyl-Unfall nie verzeichnet wurde. Die Befunde wiesen auch eine deutlich gesteigerte Häufigkeit von Herz- und Kreislauferkrankungen bei Operateuren für landwirtschaftliche Maschinen aus und zeigten eine verstärkte Anfälligkeit der Bevölkerung insgesamt für Schlaganfälle, akute Erkrankungen der Ohren, der Nase und der Rachenorgane sowie für Bluthochdruck.

Es folgt die *Krebsstatistik für den Bezirk Slawgorod* (die Zahl der Fälle steht nach dem Jahr):

1981 – 14;
1982 – 12;
1985 – 11;
1986 – 25;
1987 – 48;
1988 – 70;
1989 – 34
(in den ersten sechs Monaten).

Diese Daten zeichnen ein noch erschreckenderes Bild, wenn man berücksichtigt, daß in den letzten zwei bis drei Jahren die Bevölkerung des Bezirks um 20 Prozent zurückgegangen ist. Der gleiche Trend zeichnet sich in den Krebszahlen anderer Regionen ab, unter anderem in Tscherikow, Krasnopolje und Wetka.

Die mißgebildet zur Welt gekommenen Tiere sind in zahlreichen Filmen und Fernsehsendungen gezeigt worden. In den letzten Wochen habe ich viele der «verschmutzten» Regionen besucht und weiß jetzt, wie ernst die Situation ist. Es folgen die Zahlen für *mißgebildete Tiere im Bezirk Slawgorod* (Gebiet Mogiljow):

1985 – 5;
1986 – 21;
1987 – 39;
1988 – 84;
1989 – 50
(in den ersten sieben Monaten).

In den Bezirken Chojniki und Wetka ergibt sich etwa das gleiche Bild. Kälber werden ohne Zähne, ohne Extremitäten, ohne Haare, mit unvollständigen Verdauungssystemen geboren. Hämatologische Untersuchungen an Rindern zeigen eine verstärkte Neigung zu Leukämie. Überall in den kontaminierten Regionen Weißrußlands zeichnet sich ab, daß das Blut schlechter wird, genetische Schäden auftreten, Anomalien zunehmen. All das kann nur zu einer Schwächung der geistigen und körperlichen Kräfte führen, zu einer Epidemie von Strahlen-Aids, zum Verfall einer ganzen Nation. Erschwerend tritt der Umstand hinzu, daß radioaktiver Staub auf vielfältige Weise über die ganze Republik verschleppt wird. Ist es denkbar, daß Dinge wie die folgenden ohne Einverständnis und Unterstützung der Ärzteschaft hätten geschehen können?

• Mehrere Millionen Rubel sind für Dekontaminationsstationen an den Straßen des Gebiets Mogiljow investiert worden, doch die Bauarbeiten sind zum Stillstand gekommen und die Pläne, diese Stationen in Betrieb zu nehmen, aufgeschoben worden.

• Maschinen (Traktoren, Autos, Lastwagen, Mähdrescher usw.), die wegen hoher Verstrahlung aus dem Verkehr gezogen und verschrottet werden sollten, sind von Bragin, Chojniki und anderen kontaminierten Gegenden in Gebiete gebracht worden, die vergleichsweise oder völlig sauber sind.

• Die Gefrierräume fleischverarbeitender Betriebe sind bis auf den heutigen Tag mit «verunreinigtem» Schlachtvieh des Jahres 1986 gefüllt, und Zehntausende Tonnen dieses gefährlichen Fleisches sind zusammen mit sauberem Fleisch zu Nahrungsmitteln verarbeitet worden.

- Kontaminiertes Tierfutter aus der evakuierten Zone, unter anderem gemischtes Schrot und Heu, ist auf die umliegenden Dörfer und Bezirke des Gebiets Gomel verteilt worden.
- Entgegen der vom Staatlichen Landwirtschaftsinstitut Weißrußlands aufgestellten Richtlinien hat das Landwirtschaftskomitee Gomel angeordnet (Erlaß Nr. 138 vom 23. April 1987), die Flächen in den Bezirken Bragin, Chojniki und Narowlja, die als nicht nutzbar eingestuft worden waren, wieder für die Landwirtschaft freizugeben. Diese Felder sind von Brigaden aus praktisch allen Bezirken der Region bestellt worden, und die Leute, die dort zur Ernte eingesetzt waren, haben märchenhafte Sonderzulagen bekommen – manchmal bis zum Sechs- oder Achtfachen ihres normalen Monatslohns.
- In der Nähe ansässige Verarbeitungsbetriebe haben sich aus der mit Stacheldraht gesicherten Sperrzone zurückgelassene Maschinen und Ersatzteile beschafft, um ihr Plansoll zu übertreffen. Die Gewinne haben sie mit bestimmten Offiziellen geteilt.
- Verschmutztes Vieh wurde zum Weiden in saubere Gebiete gebracht. Durch seinen Kot kontaminiert es neue Flächen.
- Die entrahmten Rückstände, die bei der Verarbeitung «verunreinigter» Milch anfallen, werden in den landwirtschaftlichen Betrieben wieder an Kälber verfüttert.
- Innerhalb der Republik und jenseits ihrer Grenzen werden die Massenproduktion und -verarbeitung sowie die Verteilung verschiedener kontaminierter Güter – unter anderem Torfbriketts, Feuer- und Bauholz – unbekümmert fortgesetzt.
- Man hat Schulkinder zur Aufforstung in die Zone gebracht.
- Die *Direktive zu landwirtschaftlichen Tätigkeiten bei radioaktiver Kontamination*, 1988 vom Staatlichen Landwirtschaftsinstitut der UdSSR erlassen, wurde nicht befolgt in Hinblick auf
  – das Verbot landwirtschaftlicher Produktion in Gebieten, in denen die Kontamination mehr als $80\,Ci/km^2$ beträgt (die Produktion lief noch 1989 in Krasnopolje und anderen Gegenden weiter);
  – die Anordnung, landwirtschaftliche Flächen, deren Strahlenintensität mehr als $40\,Ci/km^2$ aufweist, vom Fruchtwechsel auszunehmen: Nach Angaben von Strahlenexperten vor Ort wurde die Direktive nur in Wetka befolgt, und auch dort erst ein Jahr nach ihrem Erlaß.

Eine neue Phase der «Bereinigung Tschernobyls» begann im Frühjahr

1989, als erboste Bürger, Journalisten, Autoren und Wissenschaftler forderten, man müsse die Heuchler von Tschernobyl demaskieren und entschiedenere Maßnahmen treffen, um die Bevölkerung vor den Strahlen zu schützen.

Ich glaube, daß das Volk und seine rechtmäßigen Institutionen jetzt gewillt sind, die Personen zur Rechenschaft zu ziehen, die für die Notstandsmaßnahmen in Tschernobyl verantwortlich waren, und sie anzuklagen:

- wegen fortgesetzter und vorsätzlicher Vertuschung der tatsächlichen Situation in den verseuchten Gebieten;
- wegen gleichgültigen und fahrlässigen Vorgehens beim Schutz unseres kostbarsten Gutes – unserer Gesundheit, so daß unserem Volk großer Schaden zugefügt worden ist;
- daß sie in betrügerischer Absicht pseudowissenschaftliche «Richtlinien» aufgestellt haben, die den uneingeschränkten Aufenthalt in kontaminierten Gebieten erlaubten;
- daß sie ihre Macht mißbraucht haben;
- daß sie Hunderte von Millionen Rubel an Staatsgeldern in Bauvorhaben verschleudert haben, die von Anfang an absurd waren.

Dem Volk und der Nation kann es erst besser gehen, wenn unsere Justizbehörden die nötigen Schritte einleiten!

«Kinder von Tschernobyl»

Nachdem ich den heißen Sommer des Jahres 1986 in der Sonderzone verbracht hatte, mußte ich mich einige Zeit in den am stärksten kontaminierten Regionen Weißrußlands, den Gebieten Gomel und Mogiljow sowie in den Bezirken Chojniki, Bragin und Narowlja, aufhalten. Ich war entsetzt über den Zustand der Kinder.
Gesunde Kinder gab es praktisch in keiner Stadt und keiner Ortschaft.
Häufig sieht man Rettungswagen auf dem Schulgelände. Die Kinder sind so schwach, daß sie mitten im Unterricht ohnmächtig werden.
Um ihren kranken Kindern zu helfen, haben sich die Frauen in Komitees zusammengeschlossen, die sie «Kinder von Tschernobyl» nennen. Entsetzt über die in ungeheurem Tempo wachsende Zahl kranker Kinder haben sich die Mütter an höchste Regierungsstellen gewandt.

Im April 1990

Das Weißrussische
Frauenaktionskomitee
Gomel
Weißrußland[27]

An die Genossen
M. S. Gorbatschow
N. I. Ryshkow
und alle Deputierten des Obersten
Sowjet

Sehr geehrter Michail Sergejewitsch,
sehr geehrter Nikolaj Iwanowitsch,
sehr geehrte Deputierte,
wir appellieren an Sie im Namen der
Frauen von Weißrußland. Es beginnt
das vierte Jahr der größten Tragödie

unseres Zeitalters – der Tragödie von
Tschernobyl –, und noch immer hat
man keine Evakuierung der Menschen, noch nicht einmal der Kinder,
beschlossen, die in den kontaminierten Dörfern der Bezirke Bragin,
Narowlja, Buda-Koschelewo und
Dobrusch des Gebiets Gomel leben,
auch nicht der Menschen aus den
Bezirken Kostjukowitschi, Tscherikow, Krasnopolje, Slawgorod, Klitschi, Bychow und Klimowitschi des
Gebiets Mogiljow, nicht der Menschen aus dem Bezirk Woloshin des
Gebiets Minsk und auch nicht der
Bewohner verschiedener Dörfer des
Gebiets Brest, in denen die Cäsium-137-Konzentration zwischen 30 und
146 Ci/km^2 und die Strontium-90-

Abb. 13: Schild mit der Aufschrift «VERSEUCHT».

Konzentration zwischen 1 und 1,5 Ci/km^2 betragen.

Von den drei Republiken, die durch den Unfall betroffen sind, hat Weißrußland die Hauptlast der Tragödie zu tragen. Selbst nach offiziellen Berichten gingen annähernd 70 Prozent des radioaktiven Cäsiums, das aus dem geborstenen Reaktor entwichen ist, auf weißrussisches Gebiet nieder. Infolgedessen leben praktisch alle Bürger unserer Republik ständig in einer verstrahlten Umwelt.

Jede Strahlendosis ist gefährlich – ob groß oder klein. Sie schwächt die Abwehrkräfte gegen verschiedene Krankheiten, setzt lebenswichtige physiologische Systeme außer Gefecht, beeinträchtigt das Immunsystem (das die Entstehung von Tumoren verhindert) und ruft schwere genetische Schäden hervor. All das ist in Weißrußland geschehen. Beispielsweise waren in der Region Chojniki von zweihundert Neugeborenen dreißig mißgebildet. Die offizielle Krebsstatistik in den betroffenen Regionen zeigt für den Zeitraum 1986 bis 1988 eine durchschnittliche Zunahme maligner Erkrankungen von 14 bis 20 Prozent gegenüber 1981 bis 1985.

In den genannten Regionen leben mehr als 63 000 Kinder, von denen 36 000 im Vorschulalter sind. Seit dem Tschernobyl-Unfall leiden viele dieser Kinder an Anämie, Immunschwäche, Mandelentzündung, Bronchitis und ungewöhnlich langwierigen Lungenentzündungen. Kinder und Erwachsene, die in hochverstrahlten Gebieten leben, haben keine Zukunft!

Ein Kind, dessen Gesicht sich in eine weiße Maske mit schwarzen Schatten unter den Augen verwandelt hat und das auf einem Boden mit einem Kontaminationsgrad von 60 Ci/km^2 sitzt, ist ein unerträglicher Anblick.

Seit dem 26. April 1986 hat die Tschernobyl-Katastrophe unser Leben Tag für Tag geprägt, und das wird so bleiben, bis der letzte Bewohner aus den verseuchten Gebieten evakuiert ist und man dort statt dessen Bäume angepflanzt hat. Die Hilferufe der Menschen, die dort leben, gehen unter in der Desinformation und den beschönigenden Verlautbarungen, mit denen man jeglichen Konflikt zu vermeiden sucht, in den leeren Versprechungen, die den Vertretern unseres Staatswesens so leicht von den Lippen gehen. Niemand berichtet über die Streiks von Narowlja! Sie werden einfach nicht zur Kenntnis genommen. Die grausame Wahrheit kommt nur durch die Aktionen der Volksfront Weißrußlands an die Öffentlichkeit und nicht durch die Funktionäre, die gegen den souveränen Willen des Volkes in ihre Ämter berufen wurden.

Wir glauben, daß diese Leute, denen

es nur um ihre Privilegien geht, selbst Ihnen nur die halbe Wahrheit sagen. Wir verlangen eine Antwort auf die Frage: Warum leben noch immer Menschen in den kontaminierten Gebieten? Sie leben nicht nur dort, sie erzeugen auch Nahrungsmittel, die sie selbst verzehren und anderen liefern. Wer veranstaltet dieses abscheuliche, zutiefst unmenschliche Experiment mit uns? Wer entwirft eine Zukunft, in der es die Weißrussen als Nation nicht mehr geben wird?

Die Fortsetzung der Nahrungsmittelproduktion in den Gegenden Weißrußlands, die mit Radionukliden verseucht sind, erhöht nicht nur die Strahlendosen, denen die hier lebenden und arbeitenden Menschen ausgesetzt sind, sie führt auch zur Verbreitung von Nahrungsmitteln mit radioaktivem Cäsium, Strontium, Plutonium und anderen Nukliden in unbelastete Gebiete Weißrußlands und anderer Sowjetrepubliken. Infolgedessen greifen die Gefährdungen der Gesundheit immer weiter und weiter um sich. Die Verantwortlichen im Gesundheitsministerium der UdSSR werfen uns «Strahlenphobie» vor, statt sich ernsthaft um die Gesundheit der Menschen zu kümmern. Im April 1990 werden vier Jahre vergangen sein, in denen wir unter der größten Katastrophe des Jahrhunderts zu leiden haben. Erst vor kurzem, mit unentschuldbarer

Verzögerung und nur unter dem Druck der Öffentlichkeit, hat der Oberste Sowjet der Republik Weißrußland endlich ein Notstandsprogramm zur Schadensbeseitigung verabschiedet.

Lassen Sie keine Zeit verstreichen, es Ihrerseits zu verabschieden! Es wäre schlimm, wenn wir noch weitere vier Jahre auf das Unionsprogramm warten müßten. Für das weißrussische Volk würde dies die Schrecken von Krankheit und Mißbildung, ja die Vernichtung einer Nation bedeuten, deren lebendige Kultur die Welt einst als Bereicherung empfand.

Wir, die Einwohner Weißrußlands, bitten Sie deshalb, sich der folgenden Probleme anzunehmen und zu bedenken, daß ihre Lösung keinen Aufschub duldet:

1. Bestätigen Sie das Schadensbeseitigungsprogramm des Obersten Sowjet Weißrußlands und ordnen Sie die umgehende Evakuierung der Bewohner aus den kontaminierten Gebieten an.
2. Schicken Sie bis zur Realisierung des Programms Mütter mit Kindern in die von der Sektion 4 in Weißrußland und anderen Republiken unterhaltenen Sanatorien.
3. Verbieten Sie die landwirtschaftliche Produktion in kontaminierten Gebieten und unterbinden Sie ab 1990 die Übernahme der

in diesen Gebieten erzeugten Nahrungsmittel in die nationalen Vorräte.

4. Lassen Sie die evakuierten Gebiete aufforsten.

5. Machen Sie Schluß mit der üblen Sitte, daß der Führung von KGB, Ministerrat, vom Staatlichen Planungskomitee, dem Landwirtschaftsinstitut, dem Gesundheitsministerium sowie den Vertretern der Gebiets- und Bezirkskomitees über das Netz von landwirtschaftlichen Sonderbetrieben, speziellen Geschäften, Cafés und Restaurants Nahrung von besserer Qualität zugänglich gemacht wird. Die Führung der Republik muß durch ihr Verhalten beweisen, daß sie das Volk wirklich repräsentiert. Dafür müssen das Gesetz und die Wachsamkeit der Menschen sorgen. Wir glauben, daß sich durch diese Maßnahme das Nahrungsmittelangebot in der Republik leichter kontrollieren und zugleich ein Stück sozialer Gerechtigkeit herstellen läßt.

6. Die speziellen Fleischverarbeitungsbetriebe, Bäckereien und Süßwarenfabriken, die Lebensmittel für die höheren Chargen der Bürokratie produzieren, müssen zur Herstellung reiner Nahrungsmittel für Kinder genutzt werden. Mit der Milch und dem Fleisch, das in den landwirtschaftlichen Sonderbetrieben erzeugt wird, ist in gleicher Weise zu verfahren. Den Kindern müssen die Lebensmittel gemäß medizinischen Attesten zugeteilt werden. Da diese Maßnahmen noch nicht vollständig ausreichen werden, um die Kinder angemessen zu ernähren, müssen zusätzliche Lebensmittel aus dem Ausland eingeführt werden.

7. Bauen Sie neue Kinderkliniken in Minsk, Gomel und Mogiljow und statten Sie sie mit den notwendigen modernen Geräten aus. Gründen Sie Diagnostikzentren in den Gebieten Gomel und Mogiljow.

8. Versorgen Sie die Bewohner der Republik mit Strahlenmeßgeräten, die für den individuellen Gebrauch geeignet sind, damit sie die Nahrungsmittel untersuchen können, die aus den örtlichen Anbaugebieten kommen. Versorgen Sie die Krankenhäuser, vor allem in den kontaminierten Gebieten, mit Einwegspritzen.

9. Die Nachlässigkeit und Unfähigkeit der einen darf nicht mit dem Patriotismus der anderen kaschiert werden. Deshalb muß die Entsendung von jungen Menschen, Fachleuten, Studenten und Armeeangehörigen in kontaminierte Gebiete für land-

wirtschaftliche Arbeiten und Dekontaminierungsmaßnahmen verboten werden. Diese Praxis kann nur zur Schwächung der ganzen Nation führen.

10. Verbieten Sie den Verkauf aller Nahrungsmittel, die die Strahlentests nicht bestehen oder nur bestehen, wenn man die Kriterien für Kriegszeiten anlegt.

11. Stellen Sie so bald wie möglich Mittel der Zentralregierung zur Verfügung, damit die oben genannten Probleme in Angriff genommen werden können. Lassen Sie die Atomenergiebehörde, da sie für den Unfall verantwortlich ist, den Bau ihrer elf Kernkraftwerke einstellen. Das auf diesem Wege eingesparte Geld soll zur Hilfe ihrer Opfer verwandt werden, der Menschen in den kontaminierten Gebieten von Weißrußland, der Ukraine und dem Gebiet Smolensk in der Russischen Republik.

Wir unterbreiten diese Bitte nicht nur aus Sorge um unsere Gesundheit, sondern auch aus Sorge um unsere Zukunft und die Zukunft unserer Kinder.

Genossen Deputierte, dies nicht zu verstehen, all jene Maßnahmen zu versäumen, die keinen weiteren Aufschub dulden, hieße, ein Verbrechen zu begehen, das uns unsere Nachkommen niemals vergeben werden.

Zur Lage der Schadensbekämpfung

Die Größe der kontaminierten Gebiete, der Kosten und, was am erschreckendsten ist, die Zahl der Menschen, die weiterhin in Regionen leben müssen, in denen kein gesundes Leben möglich ist – all das ist schwindelerregend. Erst gegen Ende des fünften Jahres nach der Katastrophe wurden endlich von der Zentralregierung und den Republiken Programme ins Leben gerufen, um die Folgen des Unfalls zu bekämpfen. Diese Hilfsaktionen entwickeln sich schleppend, sind unzureichend finanziert und haben kaum eine wissenschaftliche Basis. Sogar nach offiziellen Informationsquellen warten allein in Weißrußland 353 und in der Ukraine 67 Ortschaften auf ihre Evakuierung.

Abb. 14: Die geographische Lage des radioaktiv verseuchten Gebietes relativ zu Moskau.

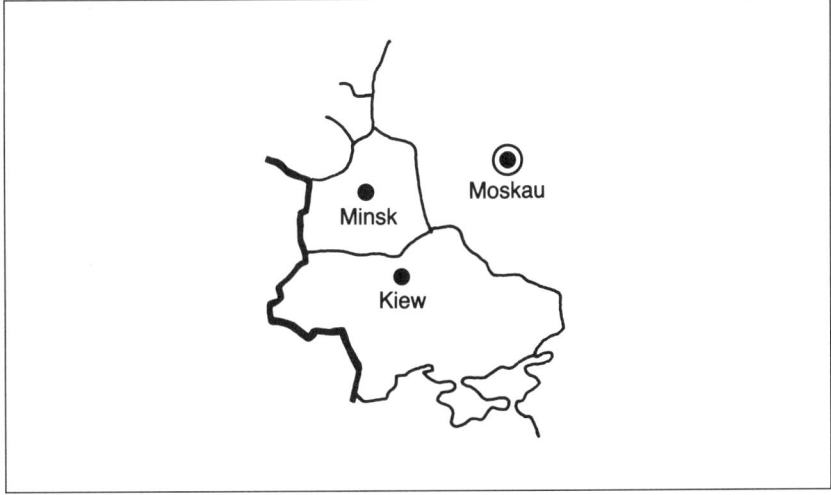

Aus dem Tschernobyl-Schadensbeseitigungsprogramm für den Zeitraum 1990–1995 (Moskau 1990), basierend auf den Ergebnissen einer Arbeitsgruppe, die die Regierungskommission in Tschernobyl am 2. März 1990 gegründet hat.

Der Unfall, der sich am 26. April 1986 im Kernkraftwerk Tschernobyl ereignete, war nach Umfang und Folgeschäden eine der schwersten Katastrophen, die sich jemals auf unserem Planeten zugetragen haben. Er führte zur Freisetzung einer erheblichen Menge radioaktiver Substanzen in die Umwelt, was schwerwiegende ökologische Folgen hatte. Am 10. Mai 1986 stellte sich die Situation wie folgt dar:

$\approx 1100\,\text{km}^2$ mit einer Strahlung von $20\,\text{mR/h}$[28];

$\approx 3000\,\text{km}^2$ mit einer Strahlung von $5\,\text{mR/h}$;

$\approx 8000\,\text{km}^2$ mit $2\,\text{mR/h}$.

Zu Beginn des Jahres 1990 war die Situation wie folgt:

$\approx 3200\,\text{km}^2$ mit einer Kontamination von $40\,\text{Ci/km}^2$ oder mehr;

$\approx 7500\,\text{km}^2$ mit einer Kontamination von $15-40\,\text{Ci/km}^2$;

$\approx 14\,000\,\text{km}^2$ mit einer Kontamination von $5-15\,\text{Ci/km}^2$;

$\approx 76\,100\,\text{km}^2$ mit einer Kontamination von $1-5\,\text{Ci/km}^2$.

$\approx 800\,000$ Menschen leben noch immer in Gebieten, in denen die Kontamination mehr als $5\,\text{Ci/km}^2$ beträgt;

$\approx 3\,070\,000$ Menschen leben in Gebieten mit einer Kontamination von $1-5\,\text{Ci/km}^2$.

Der Unfall zerstörte die normalen Lebens- und Arbeitsbedingungen in zahlreichen Regionen der Ukraine, Weißrußlands und Rußlands. 144 000 Hektar urbares Land wurden der landwirtschaftlichen Nutzung entzogen. In vielen Fabriken und landwirtschaftlichen Betrieben wurde die Arbeit eingestellt. Finanziell beliefen sich die Verluste anfänglich auf 900 Millionen Rubel. Die Einbußen durch Ausfälle in der landwirtschaftlichen Produktion und in anderen Industriezweigen, in denen die Produktion unterbrochen wurde, werden für den Zeitraum von 1986 bis 1989 auf 1,2 Milliarden Rubel geschätzt. Zahlungen aus dem staatlichen Versicherungsfonds an Bürger, landwirtschaftliche Betriebe und Genossenschaften beliefen sich insgesamt auf 274 Millionen Rubel. 116 000 Menschen wurden aus der Gefahrenzone evakuiert. Die Gesamtsumme, die in dem Zeitraum von 1986 bis 1989 für Notstandsmaßnahmen aufgewendet wurde, liegt, addiert man die Kosten, die aus dem angerichteten Schaden entstanden sind, bei 9,2 Milliarden Rubel. Die Ausgaben des Verteidigungsministeriums für Sofortmaßnahmen nach dem Unfall – vor allem für die

Dekontamination von technischen Einrichtungen und Ortschaften – betrugen zwischen 1986 und 1989 insgesamt 577 Millionen Rubel.

Der Ministerrat der Republiken hat dem Ministerrat der UdSSR Programme für die Jahre 1990 bis 1995 vorgelegt, die Soforthilfsmaßnahmen zur Schadensbeseitigung in der Russischen Republik, der Ukraine und Weißrußland betreffen. Die geplanten Ausgaben belaufen sich auf insgesamt 33 Milliarden Rubel.

Diese Programme enthalten unter anderem die Einzelheiten über Maßnahmen und Arbeiten, die in der Zeit bis 1993 realisiert werden sollen. In diesem Zeitraum werden Ausgaben von 16 Milliarden Rubel anfallen.

Unter Berücksichtigung der Programme der Republiken und in dem Bestreben, Überschneidungen der verschiedenen Maßnahmen zu vermeiden, hat das Staatskomitee für Atomenergie auf Weisung der Regierung ein Schadensbeseitigungsprogramm entwickelt, das von 1991 bis 1995 in der Sperrzone von Tschernobyl durchgeführt werden soll. Diese Maßnahmen werden etwa 2,4 Milliarden Rubel kosten.

Die von Weißrußland und der Ukraine entworfenen Programme sehen die allmähliche Umsiedlung aller Menschen vor, die jetzt in Gebieten mit einer Cäsium-137-Konzentration von mehr als 10–15 Ci/km^2 leben. In Weißrußland werden davon 96 731 Menschen betroffen sein, die in 353 Städten und Dörfern leben. In der Ukraine werden 29 731 Menschen aus 67 Ortschaften ausgesiedelt werden.

Der Tschernobyl-Bund

Denken wir an das tragische Schicksal der Menschen, die zwischen 1986 und 1990 in der 30-Kilometer-Zone rund um das Kraftwerk Tschernobyl arbeiteten, der «Liquidatoren», wie sie von der sowjetischen Presse genannt werden. Ihre Zahl beläuft sich auf 650 000 bis 1 000 000. Sie haben in den Bereichen mit höchster Kontamination ohne angemessene ärztliche Überwachung und ausreichenden Strahlenschutz gearbeitet. Sie sammelten den radioaktiven Graphit mit Schaufeln ein, bauten den Sarkophag und schwebten in Hubschraubern über den Trümmern der Reaktorhülle. 1986 wurden diese Männer von der ganzen Nation als Helden gefeiert.

Heute hat niemand mehr Verwendung für sie. Die Regierung hat sie mit einem Achselzucken abgetan. Ihre Erkrankungen stehen laut offizieller Erklärung «in keinem Zusammenhang mit der Strahlung», das heißt, sie werden nicht als Folgen ihrer Arbeit in den tödlichen Strahlenfeldern betrachtet.

Georgij Lepin, 53 Jahre alt, Professor (promovierter Naturwissenschaftler). Er ist einer der Gründer und Vizepräsident des Allunionsvereins «Tschernobyl-Bund» (am 14. Februar 1990 beim ukrainischen Ministerrat eingetragen) und hält sich seit November 1986 in Tschernobyl auf.

Heute hört man viele «Tschernobyl! Tschernobyl!» rufen. Doch wieviel kann man wirklich darüber sagen und schreiben? Ich denke, Tschernobyl wartet noch auf seinen Solshenizyn, damit er die Wahrheit über Tschernobyl verkündet.

Schlimm ist nur, daß Solshenizyn die Vergangenheit beschreibt, eine relativ ferne Vergangenheit, während wir es hier mit dem Jetzt zu tun haben, mit dem Heute.

Nehmen wir zum Beispiel die Lüge des Verschweigens, die die Menschen aus Pripjat und den Dörfern in der Umgebung so teuer zu stehen kam. Was in den ersten 36 Stunden nach dem Unfall in Pripjat vor sich gegangen ist, läßt sich nur als ein Versuch verstehen, die wirklichen

Geschehnisse zu verheimlichen, als Versuch, Glasnost zu umgehen. Die Leute, die schließlich die Entscheidung trafen, die Einwohner zu evakuieren, sollten sich nicht einbilden, sie hätten sie gerettet. Gerettet hat sie nur das Glück – der Umstand, daß der Schwall der Giftwolke aus dem geborstenen Reaktor unmittelbar südlich der Stadt vorbeizog, durch den «Roten Wald». Dieses Waldgebiet hat die erste, die schlimmste Einwirkung aufgefangen. Hätte der Wind seine Richtung nur ein wenig verändert, dann wären diese 36 Stunden für viele Menschen die letzten gewesen.

Auch so war das Spiel «Ich weiß nichts, ich habe nichts gehört, und ich werde nichts sagen», das so lange gespielt wurde, schlimm genug und hat böse Folgen für die Einwohner von Pripjat gehabt.

Gewiß sagen sie häufig, daß die Führung auf Gebiets- und Republikebene sie nicht vergessen habe, daß sie lediglich nicht zwei Sachen zugleich habe tun können. Zuerst bestand für diese Leute die dringende Notwendigkeit, einige andere Menschen aus weit gefährlicheren Gebieten zu evakuieren – das heißt, sie mußten ihre Verwandten aus Kiew hinausschaffen. Erst dann kam Pripjat an die Reihe.

Sie sagen, daß es «Lügen im Interesse einer größeren Sache» gäbe, «Notlügen» und sogar «heilige Lügen». Mag sein, daß es so etwas gibt. Aber war das hier der Fall? Sind wir wirklich so schwach, daß wir der Wahrheit über uns nicht ins Auge sehen können, mag sie auch oft sehr bitter sein? Wann werden wir endlich verstehen, daß weiterer Fortschritt unmöglich ist ohne die Kraft, die nur aus der Wahrheit erwachsen kann? Man nimmt einfach nicht zur Kenntnis, daß die Menschen, die an den Notstandsmaßnahmen teilgenommen haben, unter schwerwiegenden Folgen zu leiden haben. Das wird kaum erwähnt.

Wir brauchen nur unsere Zeitungen aufzuschlagen. Wo wird die Zahl der Menschen abgedruckt, die nach Tschernobyl gestorben sind? Da steht vielleicht was von dreißig Menschen. Das ist alles. Den einunddreißigsten gibt es nicht mehr. Ich könnte da eine ganz andere Zahl nennen. Bisher haben fünf- bis siebentausend der Personen ihr Leben lassen müssen, die mit Tschernobyl zu tun hatten. Sie sind über die ganze UdSSR verteilt worden. Wir können sie nicht genau zählen. Aber anhand der Daten, die in regelmäßigen Abständen von unserer Organisation zusammengestellt werden, läßt sich die ungefähre Zahl schätzen.

Und was ist mit der anderen großen Lüge, die offenbar mit Billigung des Gesundheitsministeriums aufrechterhalten wird, jener Lüge, auf der die Behauptung «kein Zusammenhang mit der Strahlung» zu beruhen scheint? Wie viele Menschen sind infolge des Unfalls ernsthaft erkrankt, ohne daß sie sich von diesem gemeinen, unmenschlichen Verdikt befreien können?

Als ich den Chirurgen hier am Ort fragte, woran die Menschen stürben, die in Tschernobyl waren, hat er geantwortet: «Was wollen Sie damit sagen? Es hat nichts mit Tschernobyl zu tun. Sie sterben aus anderen Gründen. Einige haben Herzinfarkte gehabt. Andere haben Selbstmord begangen.»

Aber warum? Schließlich haben wir diese Menschen dazu getrieben. Was soll ein Bursche von 25 oder 30 Jahren tun, wenn er mit einer lächerlichen Rente von 70 bis 100 Rubel im Monat zum Vollinvaliden wird? Und wenn er dann noch eine Familie hat? Was soll er tun? Es gibt nur eines – sich aufhängen oder ins Wasser gehen.

Wir schätzen, daß heute von den Leuten, die an den Notstandsmaßnahmen teilgenommen haben, mindestens fünfzigtausend invalide sind. Unsere Mitglieder in Moskau haben versucht, die Zahl zu ermitteln – sie glauben, sie liegt näher an hunderttausend. Ich meine, fünfzigtausend sind im Moment realistischer. Das sind ungefähr zehn Prozent aller Menschen, die sich während der Notstandsmaßnahmen in Tschernobyl aufgehalten haben.

Leider hat Michail Sergejewitsch [Gorbatschow] uns armselige Tschernobyl-Arbeiter seiner Aufmerksamkeit nicht für würdig befunden. Wir hätten ihm viel zu sagen gehabt. Damit hätte sicherlich einiges klargestellt werden können. Was die «theatralische Darbietung» angeht, die wir im Fernsehen bewundern durften, so gebührt ihr ein Ehrenplatz unter den klassischen Veranstaltungen jenes Abschnitts unserer Geschichte, den wir so verzweifelt zu überwinden versuchen.[29]

Es ist klar, daß diese Lüge, die zwar verschiedene Formen annimmt, ihrem Wesen nach aber immer gleichbleibt, irgend jemandem nützt. Möglicherweise können diese «Irgend-Jemande» nur dank der Lüge überleben.

Hört dagegen die Berichte der «Liquidatoren», wie man die Menschen jetzt nennt, die die innerste Zone der Katastrophe betreten haben. Versucht sie zu verstehen. Ihre Tragödie wird euch erschüttern. Was könnt ihr dazu sagen, wo findet ihr beschönigende Worte, Worte, wie wir sie gewohnt sind? Es ist eine Tragödie, schlicht und einfach eine Tragödie.

Es war einmal ein Mann. Das Leben war nicht einfach, trotzdem gefiel es ihm. Er fand Freude an der Sonne, dem Wald und dem Wasser. Er fand Freude an kleinen Kindern, er glaubte, sie würden einmal ein besseres Leben haben als er. Er fand Freude an seiner Gesundheit, er glaubte, er hätte genügend Kraft, um seine Familie glücklich zu machen, die Menschen, die ihm nahe waren. Plötzlich geschah etwas an einem Ort namens Tschernobyl, einem Ort, von dem er noch nie gehört hatte. Es hieß, man brauche seine Hilfe. Er hielt sich dort nur kurze Zeit auf – vielleicht nur ein paar Minuten –, in der er rasch auf ein «verschmutztes» Dach kletterte und sich an einen anderen «verschmutzten» Ort begab. Und was für einen Patrioten das aus ihm machte! Wie dankbar ihm das Vaterland für seine Selbstlosigkeit und seinen Mut war! Fortan wollte es sich um seinen treuen Sohn kümmern, ihn auf den dornigen Pfaden des Lebens nie mehr allein lassen. Unisono und jeder für sich schworen ihm seine Vorgesetzten und deren Vorgesetzte ewige Treue (im Namen des Vaterlandes, versteht sich). Und um seine letzten Zweifel zu zerstreuen, überreichten sie ihm, ohne Kosten und Mühen zu scheuen, ein prächtiges Dokument mit Siegeln, Unterschriften und Nummern von «Versicherungsurkunden». Lebe, bedeuteten sie ihm, genieße das Leben, du hast es noch vor dir. Ein stechender Schmerz, ein seltsamer Druck irgendwo. Eine Kleinigkeit, kein Grund zur Panik. Das geht vorüber. Doch von Mal zu Mal fühlst du es deutlicher – es ist etwas Ernstes. Als erstes verlierst du den Glauben an deine Gesundheit, dann den Glauben daran, daß deine Probleme und deine Gesundheit irgend jemanden außerhalb des engen Kreises der Familie und der Freunde interessieren. Dann verlierst du den Glauben an die «Versicherungsurkunden» und an die Menschen, die sie so großzügig verteilt haben. Alles, was das Leben in der Vorkriegszeit [der Zeit vor Tschernobyl] lebenswert gemacht hat, ist vorbei und vergessen. Auch der Glaube an das Leben und die Gerechtigkeit ist dahin. Viele Dinge, die dir vorher unbekannt waren, sind jetzt in dein Leben getreten. Beispielsweise hast du auf einmal Schwierigkeiten, ohne Fahrstuhl in das Stockwerk zu gelangen, in dem du wohnst. Dann die bedrückenden Krankenhausaufenthalte (wo verbringst du eigentlich mehr Zeit – zu Hause oder dort?). Und schwer ist es für dich, dir mit deiner armseligen Rente Dinge zu leisten, die du früher für selbstverständlich gehalten hast. Doch am schwersten ist es, daß du mit ansehen mußt, wie deine Familie, deine Kinder, deine Frau, deine Eltern den Glauben an das Leben und die Gerechtigkeit ebenso verlieren wie du.

Die Jahre vergehen. Das Leben, das Tschernobyl in «vorher» und «nachher» teilt, kommt fürchterlich ins Schlingern, läuft aus dem Ruder. Angesichts der Gleichgültigkeit und der völlig unzulänglichen Versorgung sehen sich die «Liquidatoren» zu verzweifelten Maßnahmen gezwungen. Ein Hungerstreik in der größten Strahlenklinik des Landes in Puschtsche-Wolodeze, einem Ausflugsort vor den Toren Kiews. Die Bergarbeiter sind in den Hungerstreik getreten. Gefahren und Risiken – das war ihr Beruf. Doch die Gefahren von Tschernobyl im Mai und Juni 1986 waren die letzten in ihrem jungen Leben. Sie sind wie viele tausend andere Tschernobyler in eine Sackgasse getrieben worden, einen Tunnel, an dessen Ende kein Licht ist. Alles, was sich in den vielen Jahren aufgestaut hat, bricht sich jetzt Bahn. Tschernobyl hat im Grunde genommen offenbart, wie das Leben dieser jungen Menschen schon lange vor dem Unfall ausgesehen hat. Das Feuer von Tschernobyl hat Licht in die dunklen Ecken unseres Systems gebracht, jene Winkel und Orte, die zu übersehen wir so lange bestrebt waren, über die wir schamhaft den Mantel des Schweigens gebreitet haben. Das Wort «Bürger», dem nachgesagt wurde, es werde in unserem Land hochgeehrt, erwies sich plötzlich als hohle Phrase. «Doktor! Doktor!» Fünfmal war dieser Ruf am dritten Tag des Hungerstreiks zu vernehmen. Einer wurde im Rettungswagen fortgeschafft. Einen nahm man mit, um ihn wiederzubeleben. Die anderen wurden an Ort und Stelle behandelt. Niemand zweifelte einen Augenblick daran, daß der Hungerstreik für diese jungen Männer lebensgefährlich war. Wie mußte man ihre Menschenwürde mit Füßen getreten haben, was hatte man aus ihrem Schicksal und ihrem Leben gemacht, daß sie einen solchen Entschluß faßten? Und was haben sie dadurch gewonnen? Auch diesmal wieder nur einen kurzen schwachen Lichtschimmer in ihrem Tunnel, nur einen kleinen Bruchteil dessen, was ein Bürger von einer humanen und zivilisierten Gesellschaft erwarten darf. Ihr Hauptziel haben sie verfehlt. Auch heute noch begegnet man den Opfern von Tschernobyl mit unmenschlicher Gleichgültigkeit. Menschen, die früher kerngesund waren, wurden nach Tschernobyl krank, arbeitsunfähig oder starben. Doch die Anstrengungen der Regierung richten sich noch immer nicht darauf, diese Menschen zu retten, sondern gelten ausschließlich dem Ziel, den Staat gegen sie zu «verteidigen».

Abb. 15: Nach der Katastrophe: Ein Kindergarten in Pripjat.
Der «Schnee» auf dem Foto kommt durch die Reaktion des Films
auf intensive Strahlung zustande (Foto vom Mai 1986).

Abb. 16: Blick auf die Überreste des explodierten Block 4
(Foto vom 28. April 1986).

Die Explosion

Man hat errechnet, daß bei den Mitte der siebziger Jahre gebauten Reaktoren der wahrscheinlichste Unfall die Kernschmelze wäre. Die wahrscheinlichen Folgen: Todesfälle – weniger als einer; akute Strahlenkrankheit – weniger als ein Fall; Langzeiterkrankungen – weniger als ein Fall; genetische Schäden – weniger als ein Fall; finanzielle Verluste – 100 000 Dollar (ohne den Schaden am Kraftwerk selbst) . . .
Das Strahlenrisiko entspricht etwa der Wahrscheinlichkeit, von einem großen Meteoriten getroffen zu werden, der die Atmosphäre durchdringt und auf die Erdoberfläche prallt.

Akademiemitglied A. P. Alexandrow (Hg.)
«Atomenergie: Menschheit und Umwelt» (russisch), Moskau 1987[2]

«Es war nicht der Reaktorblock, der brannte.
Das Feuer war das Zerfallsprodukt,
der Fallout lang aufgehäufter Lügen.»

Wladimir Schowkoschitnij

Leider erreichte die erste Nachricht über die Explosion die Gesellschaft und die Weltöffentlichkeit nicht durch eine offizielle Verlautbarung der Behörden, die für das W. I. Lenin-Kernkraftwerk Tschernobyl verantwortlich waren. Die sowjetischen Funktionäre bequemten sich erst zu einer Mitteilung, nachdem in einem schwedischen Kernkraftwerk (durch eine Routinemessung im Freien) ein Alarm ausgelöst worden war und entsprechende Anfragen kamen. In ihrem Kommuniqué versuchten die sowjetischen Verantwortlichen den Eindruck zu vermitteln, daß zwar «etwas geschehen, aber alles unter Kontrolle» sei. In den ersten Tagen – und offenbar bis auf den heutigen Tag – scheint dies die amtliche Lesart des Unfallhergangs und der mit ihm in Zusammenhang stehenden Probleme geblieben zu sein.
Bestand wirklich nicht die geringste Gefahr für Menschen außerhalb der Sowjetunion? Hatten sie wirklich keinen Grund, sich um ihr Wohlergehen und ihre Sicherheit Sorgen zu machen? Es wurde und wird vielfach die

Meinung vertreten, daß andere Länder durchaus Anlaß zu ernsthafter Besorgnis hatten. Offiziell versuchte man jedoch, die Bedeutung des Unfalls herunterzuspielen, den Eindruck zu erwecken, es bestehe keine ernstliche Gefahr. Doch aus den wenigen Informationen, die die sowjetischen Behörden preisgaben, und aus unabhängigen Untersuchungen des radioaktiven Fallout, der in die Atmosphäre gelangt und anschließend auf verschiedene Teile Europas niedergegangen war, konnte die Welt schließen, daß die Situation ernst sein mußte.

In den ersten Stunden und Tagen konzentrierte sich die Aufmerksamkeit der Weltpresse vor allem auf die Feuerwehrleute, die als erste in den Kampf gegen den brennenden Reaktor geworfen wurden und durch die radioaktiven Flammen umkamen. Doch das Bedienungspersonal, das in dieser Nacht Dienst tat, war nicht weniger mutig.

«Schafft Wasser in den Reaktorkern!» lautete der Befehl aus Moskau, und die Mannschaft kämpfte sich ein ums andere Mal in die Dunkelheit des geborstenen Reaktors vor und versuchte, zumindest ein paar Tropfen Wasser aus den Feuerwehrschläuchen in die aktive Zone, den Reaktorkern, zu befördern. In einen Kern, der nicht mehr existierte. Die Umgegend war übersät mit radioaktivem Graphit, den die Explosion emporgeschleudert hatte.

Die anderen drei Reaktoren wurden abgeschaltet. Block 3 am Morgen des 26. April, Block 1 und 2 am Morgen des 27. April, einem Sonntag.

In dieser schicksalhaften Nacht brannte nicht nur Block 4, es verschmorten auch die Arbeiter des Werks in den Flammen und in den intensiven Strahlungsfeldern. Sie blieben bis zuletzt auf ihrem Posten.

Ein Operateur erinnert sich:
Explosion – Schock

Was genau geschah in Tschernobyl in dieser schrecklichen Nacht des 26. April 1986? Von Oleg Genrich, einem Operateur, der in der Haupthalle von Block 4 arbeitete, stammt der folgende Bericht.[1] In dieser Nacht arbeitete er mit Tolja Kurgus zusammen. Es war 1.20 Uhr nachts.

T: Wo waren Sie zu dem Zeitpunkt, Oleg?
G: Wir befanden uns auf Ebene 35. Kennen Sie das Raucherzimmer in Block 3? Genau solch ein Zimmer gab es in Block 4. Wir hielten uns dort gemeinsam auf. Ich hatte gerade eine Schicht beendet und machte gleich weiter mit einer zweiten. Man hatte von diesem Zimmer noch einen kleinen Raum abgeteilt. Dort hatte man einige Geräte zum Personenschutz hingeschafft, damit wir sie näher bei uns hatten. Vorher waren sie weiter weg untergebracht. Tolja fragte mich: «Hast du in deinen Aufzeichnungen irgendwas über die Kranführer geschrieben?» – «Hab ich», sagte ich. Er meinte: «Laß mich das abschreiben.» In drei oder vier Tagen sollte eine Prüfung stattfinden. Ich sagte: «Während du es abschreibst, ruh ich mich ein bißchen aus.» Ich hatte es nötig, denn gleich fing meine zweite Schicht an. Es war heiß. Ich zog meine Jacke aus. Sie wissen ja, wie wir gekleidet waren. An meiner Jacke hing ein Dosimeter. Mein Ausweis war in der Jackentasche. Ich ging in den kleinen Raum –

und genau in diesem Augenblick kam die Explosion. Ein gewaltiges Krachen. Dann ein Zischen. Sofort gingen die Lichter aus. Wasser strömte aus. Aber ich war in dem kleinen Raum einigermaßen abgeschirmt. Tolja befand sich dagegen in dem anderen Zimmer und hatte ein Belüftungsrohr über seinem Kopf, ein gewaltiges Ding. Er schrie: «O mein Gott, ich bin verbrüht! Warum ist das Licht aus?»
Wir saßen im Dunkeln. Ich bewegte eine Hand, dann einen Fuß. Es ging ohne Schwierigkeiten. Also war ich noch am Leben. Aber als ich meinen Kameraden schreien hörte, begann ich auch zu schreien. Ich stieß die Tür auf und wollte zu ihm stürzen. Doch da bekam ich einen mächtigen Dampfstrahl ins Gesicht und vor die Brust. Ich bedeckte das Gesicht mit den Händen und fiel zu Boden. Da unten ließ es sich leichter atmen. Ich rief: «Tolja, hier herüber! Hier ist es besser!» Er kam herübergekrochen, und wir kauerten uns in einer Ecke des kleinen Raums auf dem Fußboden zusammen. Wenn man stand, konnte man nicht atmen. Es war wie

in einer Sauna. Noch immer hörten wir das Zischen, und die Schieber begannen laut hin- und herzuschlagen. Ich fragte: «Was ist los, Tolja?» Ich war im Schockzustand, vor Schrecken wie erstarrt. Er behielt einen klaren Kopf. Das war seine Art. Er arbeitete schon länger im Kraftwerk als ich und war ein erfahrener Operateur. Er sagte: «Halt dich an mir fest. Wir machen, daß wir hier rauskommen!» Und dann: «Sieht so aus, als sitzen wir ganz schön in der Tinte.» Wir begannen hinauszukriechen. Ich hielt mich an ihm fest. Gleichzeitig umklammerte ich einen Pullover, den ich unter der Schockwirkung ergriffen hatte. Die Tür des Raums war verriegelt. Tolja öffnete sie, und wir setzten unseren Weg fort, nicht in Richtung der Haupthalle, sondern zum Block 3. Zunächst krochen wir zu den Fahrstühlen. Dort angekommen, trauten wir unseren Augen nicht. Die Wand war weg! Es gab auch keine Fahrstühle mehr. Hier kamen wir nicht weiter, hier gab es nur ein Riesenloch. Die Treppe war ebenfalls verschwunden. Wir versuchten deshalb, durch den Ventilatorblock zu unseren Kollegen in Block 3 zu kriechen. Da herrschte ein unbeschreibliches Durcheinander. Überall Rohre, die Türen waren blockiert. Wir stiegen durch ein Loch. Alles war dunkel. Nur von draußen drang ein bißchen Licht herein. Irgendeine Platte lag im

Flur. Wir krochen darüber hinweg. Ich hielt mich an Tolja fest. Er kroch vorneweg.

T: Warum krochen Sie?

G: Es war wie das Ende der Welt. Schrecken, Schock. Wir kamen nicht durch den Ventilatorblock. Der Ventilatorblock war links – rechts war das «saubere Treppenhaus», wie wir es nannten. Dort brannte die Notbeleuchtung. Jetzt sah ich, daß meinem Freund die Haut in Fetzen von seinem schmutzigen Gesicht und den Armen hing. Mir war völlig schleierhaft, wie es ihm gelungen war, die Tür mit diesen Händen zu öffnen. Er rief: «Das brennt wie die Hölle! Machen wir, daß wir weiterkommen.» Wir liefen. Auf Ebene 27 oder 24 merkte ich endlich, daß ich den Pullover noch immer in der Hand hielt, und ich dachte: «Warum zum Teufel schleppe ich ihn mit mir herum? Er nützt mir nicht das geringste.» Also schmiß ich ihn weg. Dann erreichten wir Ebene 9, wo wir zwei Bedienungsleute des Gassystems trafen – Igor Simonenko und Wolodja Semikopow. Ich fragte sie: «Was ist passiert?» Ich begriff nicht, was vor sich ging. Sie starrten mich an. Ich muß wohl einen furchtbaren Anblick geboten haben, denn sie sagten: «He, beruhig dich, dreh nicht durch!»

In diesem Augenblick lief Djatlow vorbei, der stellvertretende Chefingenieur von Abschnitt 2. Ich berichtete ihm: «Da ist niemand mehr in der Haupthalle. Wir sind Operateure aus der Haupthalle von Block 4.» Als er sah, in welchem Zustand Tolja sich befand, sagte er: «Schnell, schaffen Sie Ihren Freund auf die Krankenstation.» Wir liefen auf Ebene Null entlang. Die Tür zum Arztraum war blockiert. Es gab keine Möglichkeit hineinzukommen. Wir eilten weiter nach oben. Semikopow zerschlug eine Scheibe. Wir krochen alle ins Freie. Dann hoben wir Tolja hoch und reichten ihn unseren Freunden nach draußen. Wir liefen die ganze Blockseite entlang, die dem Lager für ausgebrannte Brennelemente gegenüberliegt. Beim Laufen sahen wir, daß die Haupthalle völlig zerstört war. Besser wär's gewesen, auf Ebene 9 weiterzurennen, um durch das Verwaltungs- und Personalzentrum Nr. 2 rauszukommen. Aber wir waren vom Block aus ins Freie gelaufen.

Tolja rief: «Helft mir. Es tut höllisch weh!» Man konnte sehen, daß er schreckliche Schmerzen hatte. Wir waren gezwungen, nach draußen zu laufen. Ich hatte nur einen Gedanken: Mein Freund braucht Hilfe! Wir gelangten zur Wache von Verwaltungsgebäude 2, wo ein Berufssoldat Posten stand – das Kraftwerk wird von jungen Berufssoldaten bewacht. Er hatte seine Pistole in der Hand und rief: «Halt! Stehenbleiben!» Ich fluchte und sagte: «Guck dir diesen

Mann an! Guck seine Arme an! Nur noch rohes Fleisch. Hol einen Rettungswagen!» Da steckte er seine Pistole weg. Er sah, daß die Situation ernst war.

Tolja rief: «Ich habe Durst.» Der Soldat rannte los, um Wasser zu holen. Er brachte es und flößte es Tolja ein. Tolja konnte das Glas nicht selbst halten. Ein Betonmischer verließ das Gelände. Ich pfiff und rief dem Mann in der Fahrerkabine zu: «Halt! Halt!» Sie hielten. Ich erklärte ihnen, warum ich sie gestoppt hatte. Ein Rettungswagen schoß mit heulenden Sirenen vorbei. Die Tore waren offen. Er steuerte Verwaltungsgebäude 2 an. Ich sagte: «Schon gut, Jungs, ihr könnt fahren, die Ambulanz ist da.» Ich ging zur Wache zurück.

Der Rettungswagen stand bereits vor Verwaltung 2. Sie hoben Tolja auf die Liege. Natürlich wollte ich mitfahren. Simonenko und Semikopow, die mit uns zur Wache gelaufen waren und sich mit dem diensttuenden Soldaten herumgestritten hatten, sahen jetzt, daß sie nicht mehr gebraucht wurden, und gingen zum Verwaltungsgebäude 2 zurück. Sie gingen dorthin, wo wir uns immer zum Dienst meldeten. Der Wachposten rief: «Zeigt mir die Ausweiskarte!» Tolja deutete auf seine Jacke, und die Wache nahm die Ausweiskarte heraus. Doch ich hatte meine Jacke zurückgelassen. Ich hatte sie ausgezogen. Also sagte ich ihm, mein Name sei Genrich und meine Jacke sei mit meiner Ausweiskarte drüben im Block zurückgeblieben. Er sagte: «So, du kommst hier nicht durch, du bleibst hier!» Ich sagte noch einmal: «Mein Name ist Genrich. Schreib es auf. Mein Freund und ich waren zusammen, als es passierte.» Ich wußte, daß ich eine ziemliche Strahlendosis abbekommen hatte, aber ich hatte keine Ahnung, daß es so viel war. Als wir gelaufen waren und die Überreste von Block 4 gesehen hatten, mußten wir Strahlung abbekommen haben, das war mir klar. Doch der Soldat sagte: «Nein, ich laß dich nicht durch.» Inzwischen schrie Tolja: «Ich halt die Schmerzen nicht mehr aus. Bringt mich endlich weg!» Also mußte ich den Rettungswagen mit Tolja fahren lassen.

Ich begab mich zum Verwaltungsgebäude 2 und zog meine schmutzigen Sachen aus. Ich wusch mich und rieb mich mit Schutzpuder ein. Dann zog ich saubere Kleidung an und setzte eine einfache Schutzmaske auf. Anschließend ging ich dorthin, wo wir immer die Dosimeter abholen. Jetzt stand da der Wachsoldat mit seinem Gummianzug. Ich fragte ihn: «Wo sind die andern alle?» Er antwortete: «Sie sollen sich alle draußen versammeln, neben Verwaltungsgebäude 2.» Ich sah aus dem Fenster – und tatsächlich, dort standen die Jungs. Semikopow und Simonenko und die Frauen aus dem Chemiezentrum. Auch ein paar von den Turbinenleuten.

T: Sie standen einfach so im Freien?
G: Ja, draußen im Freien. Dort, wo vorher der Übergang zu Block 3 war. Unten rechts ging ich raus, Nase und Mund von meiner Maske bedeckt. Ich ging zu meinen Kameraden hinüber. Sie rauchten. Ich nicht. Dann wurde mir schlecht. Ich nahm die Maske ab und übergab mich. Dreimal wurde mir schlecht. Semikopow sagte: «Dich hat's erwischt, mein Junge.» Er nahm mich beim Arm und führte mich fort. Neben Verwaltung 2 standen drei Rettungswagen. Dr. Bjelokon war am Telefon im Eingang des Gebäudes. Wir gingen zum Arzt, und Wolodja sagte: «Der Bursche hier übergibt sich.» Drei Fahrer saßen da. Bjelokon sagte zu einem: «Bring den Mann ins Medizinische Zentrum!» Sie führten mich in den Rettungswagen, und wir fuhren los. Als wir an der Turbinenhalle von Block 3 vorbeifuhren, standen da bereits fünf Löschzüge. Sie hielten uns an und setzten drei Feuerwehrleute zu mir hinein. Später erfuhr ich ihre Namen: Kibenok, Tischura und Titynok. (Sie sind später alle gestorben). Dann fuhren wir los.

T: Wie spät war es ungefähr?
G: Es war kurz nach 2 Uhr nachts. Nachdem ich ins Medizinische Zentrum gekommen war und sie eine

Karteikarte ausgefüllt hatten, sah ich auf die Uhr: Es war gegen drei. Auf dem Weg ins Krankenhaus hatte sich meine Übelkeit gelegt, und ich hatte mich wieder in der Gewalt. Doch als ich auf dem Weg sah, wie die Feuerwehrleute sich übergaben und litten, dachte ich: «Na gut, ich hab auch ein bißchen abgekriegt – aber Gott helfe diesen Jungs!» Wir trafen im Medizinischen Zentrum ein, wo man uns auszog. Ich wusch mich, und man zog mir einen Pyjama an. Dann wurde eine Karteikarte nach meinen Angaben ausgefüllt, und man brachte mich in eines der oberen Stockwerke des Krankenhauses Pripjat. Ich kam sofort an einen Tropf. Ich hatte Durchfall und übergab mich wieder einige Male. Sie nahmen mir die Uhr und den Ehering ab, steckten sie in eine Plastiktüte, schrieben meinen Namen auf ein Etikett und legten die Tüte in einen Safe. Dann brachten sie mich auf die Station. Ich kam wieder an einen Tropf, doch das Problem bestand darin, daß mir übel war. Ich sagte: «Gebt mir eine Schüssel», aber die Krankenschwester antwortete: «Wir haben nicht genug Schüsseln, übergeben Sie sich einfach auf den Fußboden.» Da lag ich also: Per Tropf flößten sie mir eine Lösung ein, und ich übergab mich auf den Fußboden. All das passierte noch in der Nacht. Sie flößten mir – jedem von uns – drei Beutel Lösung ein. Ich fühlte mich tatsächlich ein bißchen besser und schlief ein.

Die nächste Schicht

Wir verlassen Oleg Genrich jetzt eine Zeitlang. 1987 war ich mit Oleg und vielen anderen Männern zusammen, die in der Nacht des 26. April in Block 4 Dienst getan haben. Wir wurden alle in der Klinik 6 in Moskau behandelt. Von den sieben Leuten, mit denen Oleg im Medizinischen Zentrum Pripjat zusammen war, starben fünf in Moskau. Tolja Kurgus starb am 12. Mai 1986. Die Ärzte stellten fest, daß er, abgesehen von seinen schweren Strahlenverbrennungen, eine Dosis von 12 Gray erhalten hatte.
Während die Ärzte in Pripjat um das Leben von Oleg Genrich und vielen anderen Männern kämpften, die vom Kraftwerk eingeliefert worden waren, machte sich Wiktor Smargin zur Arbeit fertig. Von den ersten Versuchsläufen des Reaktors bis zum 26. April 1986 ist er Schichtleiter in Block 4 gewesen.[2]

T: Wie hat sich die Situation in Block 4 und im Kraftwerk nach der Explosion entwickelt, Wiktor?

S: Das war folgendermaßen: Am 26. sollte ich um 8 Uhr morgens meinen Dienst beginnen. Wie immer stand ich um sechs auf. Ich war gerade mit dem Frühstück fertig, als jemand an der Tür klingelte. Ich öffnete. Dort stand mein Nachbar Juri Bjeloserzew, der heute tot ist. Er sagte, er hätte einen Anruf vom Kraftwerk bekommen – er solle alle Fenster schließen. Am Telefon war ein Freund gewesen, der an den Tests dieser Nacht beteiligt war[3] – Sabolotnych, der Laborchef im Chemiezentrum. Sie hatten einige Untersuchungen vorgenommen und festgestellt, daß Teilchen von Brennelementen in der Luft waren. Dies hatten sie übrigens auch der Kraftwerksleitung mitgeteilt. Nachdem Sabolotnych seinen Vorgesetzten Bericht erstattet hatte, rief er Bjeloserzew an und sagte: «Schließt eure Fenster – es hat einen Unfall gegeben. Aktives Material von den Brennelementen ist in die Luft gelangt. Niemand weiß, was los ist.» Deshalb kam Bjeloserzew, der wußte, daß ich zur Arbeit mußte, um mich zu warnen.

Daraufhin trat ich auf unseren Balkon und sah zum Block hinüber. Die Haupthalle von Block 4 war zerstört. Ich wohnte im zwölften Stock eines sechzehnstöckigen Wohnhauses im Zentrum von Pripjat. Mein Balkon ging zum Platz hinaus, das heißt, er lag Block 4 gegenüber.

T: Konnten Sie das Feuer sehen?

S: Wie man's nimmt. Es lag Rauch über dem Block. Die Sonne war bereits aufgegangen. In der Dunkelheit hätte man die Flammen sehen können, aber nicht bei Tageslicht. Ich konnte die Trümmer der Haupthalle erkennen – eigentlich war der ganze Bau zerstört. Ich konnte natürlich nicht erkennen, was im Innern los war. Automatisch kam mir ein Bild von den Ereignissen in den Sinn. Ich wußte, daß man am 25. April in den Tagesstunden hatte Tests durchführen wollen. Am 25. habe ich nicht gearbeitet – ich hatte zwei Tage frei. Am Morgen des 25. traf ich Sascha Akimow, als er von der Nachtschicht nach Hause kam. Ich fragte ihn: «Wie läuft es drüben?» Ich wußte, daß man testen wollte, wieviel Energie die Turbinen noch erzeugen konnten, wenn man ihnen die Dampfzufuhr abschnitt und sie ausliefen. Nach diesen Auslauftests war ein weiteres Experiment geplant. Ein Kühltest – Luftkühlung. So sah der Plan es vor.

T: Hatte es nicht schon vorher irgendwelche Auslauftests gegeben?

S: Wir hatten es einmal in Block 3 versucht, aber ohne Erfolg. Dies war der zweite Versuch. Als ich Akimow am 25. traf, fragte ich ihn: «Habt ihr den Reaktor für den Test abgeschaltet?» – «Nein», sagte er, «als ich den

Reaktor an Kasatschkow übergeben habe, waren wir bei 50 Prozent der Gesamtleistung. Jetzt ist die erste Schicht dran, und sie müßten den Auslauftest jetzt vornehmen – später führen sie das Luftkühlungsexperiment durch.»

Da ich das gehört hatte, konnte ich mir eine bestimmte Vorstellung von den Ereignissen machen, als ich auf den Balkon hinaustrat und die Bescherung sah. Mir war klar, daß es irgendeine Explosion gegeben hatte. Was für eine, hatte mir niemand gesagt. Aber ich hatte mir nun einmal dieses Bild vom Ablauf der Ereignisse gemacht. Der Reaktor sollte abgeschaltet werden. Aber anscheinend war ihnen ein Dampfabscheider geplatzt, als sie das Luftkühlungsexperiment durchführten. Es mußte geschehen sein, als sie die Kühlwasserpumpen abgestellt hatten.

T: Sie wußten noch nicht, daß der Reaktorkern zerstört war?

S: Nein, natürlich nicht.

T: Hätten Sie geglaubt, daß das passieren könnte?

S: Ich wußte nur, daß Material von Brennelementen in der Luft war. Aber ich hatte natürlich keine Ahnung, wieviel. Ich konnte nur vermuten, daß die Verschlüsse von einigen Brennelementkanälen abgerissen waren und daß der flüchtige Teil der Brennelemente in die Atmosphäre entwichen war. Das war die

Vorstellung, die sich bei mir festgesetzt hatte. Ich dachte: «Schöne Kühlung war das!» Mir fiel nicht im Traum ein, daß der Reaktor gearbeitet haben könnte. Danach schloß ich alle Fenster. Ich weckte meine Frau – es war Samstag, und sie hatte frei. Die Kinder schliefen noch, aber bald mußten sie aufstehen, denn sie hatten Unterricht. Ich weckte meine Frau und sagte ihr, es habe sich ein Unfall in Block 4 ereignet, ein schwerer Unfall. Es sei gefährlich, die Luft draußen einzuatmen. Ich sagte ihr, sie solle die Kinder nicht nach draußen lassen – sie sollten alle zu Hause bleiben und nicht in die Schule gehen. Ich sagte, wir würden entscheiden, was zu tun sei, wenn ich von der Arbeit zurück wäre. Dann ging ich zur Bushaltestelle, die sich unmittelbar vor unserem Wohnblock befand. Um sieben Uhr morgens nahm ich wie gewöhnlich den Bus zur Arbeit, ging aber zu Verwaltung 1, nicht zu 2 wie sonst. Die Busse zum Verwaltungsgebäude 2 hatten bereits den Verkehr eingestellt, und ich dachte mir, daß man über Verwaltung 1 in Block 4 käme. Als ich eintraf, ließen sie niemanden mehr hinein. Die meisten Mitarbeiter standen in den Eingangshalle herum; und nur die Werksleitung hatte noch Zutritt. Als Blockaufseher gehörte ich in diese Kategorie. Meine Ausweiskarte erlaubte mir den Zugang, deshalb wurde ich reingelassen.

Beim Betreten von Verwaltungsgebäude 1 fragte ich sofort nach den Direktoren. Man sagte mir, die sind im Bunker. Der Eingang zum Bunker war ganz in der Nähe. Ich ging hin. Am Eingang stieß ich auf zwei stellvertretende Direktoren, Zarenko, den stellvertretenden Personalchef, und Wassilij Iwanowitsch Gundar, den stellvertretenden Generaldirektor. Sie kamen gerade aus dem Bunker. Sofort fragte Gundar mich: «Witja, treten Sie jetzt Ihren Dienst an?» Ich bejahte. Daraufhin sagte er: «Ziehen Sie sich im Treibhaus um. Dort gibt es Anzüge.» Er meinte unseren Konferenzsaal im dritten Stock. «Ziehen Sie sich einen Anzug an und laufen Sie rüber zu Block 4. Die haben die Situation da drüben so weit wie möglich geprüft. Babitschew hat jetzt anstelle von Akimow Dienst – gehen Sie hin und lösen Sie Babitschew ab.»

So lauteten meine Befehle. Also zog ich mir einen Schutzanzug über und lief rüber zu Block 4. Unterwegs machte ich einen Abstecher in das Magazin für Sicherheitsgeräte von Abschnitt 2 und nahm mir eine Gesichtsmaske mit. Ich setzte die Maske auf und zog lange Stiefel an, weil ich durch den zerstörten Bereich auf Ebene 10 mußte. Wasser strömte auf den Flur, den ich entlang mußte, um in den Kontrollraum von Block 4 zu gelangen. Der Anblick war schlimm – furchtbar.

T: Funktionierten die Strahlungsmonitoren? Hat man Ihnen gesagt, wie hoch die Strahlung war?

S: Auf Ebene 10 vor Block 4 waren Wachen postiert. Sie erklärten, niemand dürfe hinein. Um meinen Dienst antreten zu können, mußte ich den Jungs erklären, daß ich da rein *mußte*, und ich ging hinein. So hat man mich zwar gewarnt, aber genaue Angaben über die Strahlenwerte bekam ich nicht.

T: Haben sie nicht gesagt, warum?

S: Sie wußten es einfach nicht. Im Kontrollraum traf ich Babitschew, der die Schichtleitung hatte. Auch mein ehemaliger leitender Reaktoringenieur [LRI] Gaschimow und der LRI, der damals mit mir zusammenarbeitete, Aljoscha Breus, hielten sich dort bereits auf. Diese beiden LRIs und Borja Stoljartschuk, der LRI der Nachtschicht, sowie der stellvertretende wissenschaftliche Leiter Michail Alexejewitsch Ljutow saßen am Bedienungspult. Außerdem noch Sascha Tscheranjew, der leitende Reaktoringenieur meiner Schicht. Offenbar hatte man Gaschimow und Tscheranjew gegen fünf Uhr herbeigeholt. Den genauen Zeitpunkt kenne ich nicht, aber man hatte sie vor Schichtbeginn gerufen. Als erstes traf ich auf Stoljartschuk, und ich fragte ihn sofort: «War Wasser im System oder nicht?» Aber ich muß noch einmal betonen, daß ich noch immer die fixe Idee hatte, die

Dampfabscheider seien geplatzt. Ich fragte: «Wann ist Wasser aus dem Reaktorkern gelaufen? Was zeigen die Instrumente an?» Sie erwiderten: «Unmittelbar nach der Explosion.» – «Wann war die Explosion?» fragte ich. «Kurz nach eins», antwortete man mir. Da verstand ich – obwohl ich vom Ausmaß des Schadens noch keine Vorstellung hatte. Auf dem Weg zum Kontrollraum 4 konnte man nicht viel davon sehen – nur daß das Dach der Haupthalle fortgerissen war.

T: Vom Umspannwerk aus konnte man auch nicht viel sehen. Vom Lager für ausgebrannte Brennstäbe und dem Lager für flüssige radioaktive Abfälle aus bot sich ein besserer Blick auf die Schäden.

S: Richtig. Jedenfalls erschien Sitschnikow in diesem Augenblick im Kontrollraum. Dann kam Akimow mit seinem Team herunter. Sie versuchten, die Ventile zu öffnen. Erst probierten sie das Notkühlsystem aus, das neben den Notwasserpumpen, neben dem Entlüftungssystem liegt. Aber sie konnten nicht in die Notkühlsystemkammer auf Ebene 27 gelangen. Deshalb versuchten sie, wenigstens das Speisewassersystem einzuschalten – offensichtlich war das Speisewassernetz kurz vor der Explosion abgedreht worden. Die Dampfabscheider waren überlastet. Deshalb hatte der leitende Reaktoringenieur die Zuleitungen geschlossen.

Er hatte sogar die Speisewasserhauptleitungen mit Schiebern blokkiert. Akimow versuchte mit seinem Team, etwas Wasser in den Kern zu leiten, da er zu diesem Zeitpunkt noch nicht wußte, daß es keinen Kern mehr gab.

T: Man hatte also die Absicht, Wasser in den Kern zu leiten?

S: Es gab zwei Versuche. Akimows Männer unternahmen den ersten. Sie schalteten das Rohrleitungssystem für die Anfahrphase ein. Das sind kleine Rohre im Vergleich zu den Hauptleitungen. Zu dieser Gruppe gehörten fünf Männer: Akimow selbst, Toptunow, Sascha Nechajew (den man von Abschnitt 1 zur Aushilfe rübergeordnet hatte), Slawa Orlow, der stellvertretende Leiter aus Reaktorhalle 1, und Arkadij Uskow, der leitende Betriebsingenieur, ebenfalls aus Halle 1.

T: Arkadij stand gar nicht auf dem Dienstplan. Er ist an diesem Morgen trotzdem gekommen.

S: Sie sind alle wegen der Explosion gekommen. Genauso wie Tschugunow. Er hatte die Aufsicht in Reaktorhalle 1. Orlow war sein Stellvertreter. Arkadij Uskow war sein leitender Ingenieur. Akimow nahm sie mit zum Öffnen der Schieber, weil der Befehl lautete, um jeden Preis etwas Wasser in den Kern zu leiten. Das war der Befehl, der immer wieder von oben kam: «Schafft Wasser hinein!»

Sie hatten bereits herausgefunden, daß das Notkühlsystem außer Betrieb war. Die Rohre waren zu Knoten verschlungen, hatten sie berichtet. Ich war nicht drin und habe es nicht gesehen. Aber sie wußten es zu diesem Zeitpunkt schon. Sie kamen nicht an die Kammer ran, in der das Notkühl- und Kontrollsystem war. Dieser Bereich war mit kochend heißem Dampf und Wasser gefüllt. Deshalb versuchten sie es mit dem Speisewassersystem und begannen, die Ventile für die Anfahrphase zu öffnen. Auf der zur Turbinenhalle gelegenen Seite standen Nechajew, Akimow und Toptunow. Auf der anderen Seite Orlow und Arkadij Uskow. Die Männer auf der Turbinenseite kriegten eine schreckliche Strahlendosis ab, während die Dosis auf der anderen Seite erheblich geringer war. Auf der Turbinenseite waren geborstene Rohrleitungen, aus denen es auf die Männer heruntertropfte. So kam Sascha Nechajew zu seinen Verbrennungen. Natürlich fingen sich auch Akimow und Toptunow eine massive Dosis ein. Ungefähr zwanzig Minuten nachdem ich den Kontrollraum betreten hatte, kamen sie runter. Während dieser Zeit lief ich überall herum und betrachtete die Instrumente, die nicht mehr funktionierten. Ich versuchte mir ein Bild vom Stand der Dinge zu machen. Die Steuer- und Sicherheitsstäbe waren, wie ich sah,

nur zwei bis drei Meter in den Kern eingefahren. Die Stabanzeigen waren in dieser Position zum Stillstand gekommen. Bei meinem Eintreffen war bereits kein Wasser mehr in den Entlüftern. Und wie ich in der Turbinenhalle erfuhr, war das Zuleitungsrohr zu den Speisepumpen geplatzt. Aber die Turbinenkondensatoren waren nicht beschädigt. Als ich eintraf, begannen sich die Kondensatoren mit Wasser zu füllen – das heißt, chemisch gereinigtes Wasser wurde von Abschnitt 1 in die Kondensatoren eingeleitet. Sie speisten dieses Wasser ein, damit es später in die Entlüfter geleitet werden konnte. Doch dazu mußte man die zweite elektrische Speisewasserpumpe abschalten. Es gab also eine Möglichkeit, das Wasser zu befördern, indem man sich der Notwasserpumpen über das Notkühlsystem bediente. Alle dachten nur an diese Möglichkeit, keinem kam eine andere in den Sinn.

Als ich eintraf und mich zum Dienst meldete, sagte man mir, das Wichtigste sei, Wasser in den Kern zu leiten. Natürlich widmete ich mich daraufhin auch dieser Aufgabe. Dann kam Akimow und sagte: «Tut mir leid, Jungs, wir haben das Notkühlsystem nicht in Gang gekriegt. Nur das System für die Anfahrphase ließ sich einschalten.» Was er uns auf dem Diagramm zeigen wollte, hätte er in drei bis vier Minuten erläutern kön-

nen. Aber er brauchte drei Anläufe,
bevor er alles erklären konnte, weil
er sich pausenlos übergab. Ständig
mußten er und Toptunow zum Eimer
in der Ecke laufen. Auch Nechajew
fühlte sich schlecht. Er wartete, bis
es wieder einigermaßen ging und der
Brechreiz sich legte, dann kam er
zurück und zeigte auf das Diagramm.
Er sagte: «Als wir von dort hochka-
men, bin ich zu dieser Kammer
gelaufen, wo sich die Pumpenventile
für das Notkühlsystem befinden. Es
strömt kein Dampf mehr in die Kammer – man kann da jetzt hinein!»
Doch ein Blick auf die anderen
zeigte, daß ihre Verfassung keinen
weiteren Versuch mehr zuließ.
Sitschnikow berichtete ebenfalls, daß
er in dieser Kammer gewesen sei. Er
hatte einen Schieber durch die Ein-
stiegsluke geöffnet, glaube ich. Alle
diese Schieber werden elektrisch
betätigt, aber der Strom war ausge-
fallen. Nichts ging mehr. Man konnte
sie nur noch manuell öffnen. Deshalb
sagte Babitschew natürlich: «Nimm
dir ein paar Männer und geh nach
oben. Versuch sie zu öffnen.» Ich
führte die Gruppe, die wieder hin-
aufging. Arkadij Uskow und Slawa
Orlow kamen mit – für sie war es
schon das zweite Mal. Der vierte
Mann war Alexej Breus, der leitende
Reaktoringenieur von meiner
Schicht, der Schicht, die an diesem
Morgen Dienstbeginn hatte. Wir vier
gingen dort hinauf. Dann kamen wir

zur Kammer. Wir konnten jetzt tatsächlich hinein, obwohl das Wasser
bis zum unteren Rand der Einstiegs-
luke stand – und das war ganz schön
hoch. Aber drei von uns hatten hohe
Stiefel an: Uskow, Orlow und ich.
Breus trug normale Stiefel, deshalb
kletterte er auf ein Rohr und begann
die Ventile an der Luke aufzudre-
hen. Wir gingen in die entfernte
Ecke der Kammer. Zuerst öffneten
wir die Ventile dort, dann gingen wir
zu Breus zurück und öffneten die
restlichen Schiebeventile, die er nicht
erreicht hatte. So kriegten wir eine
Versorgungsleitung zustande, die das
Wasser von den Notpumpen zum
Kern beförderte. Dann gingen wir
wieder hinunter. Uns war natürlich
klar, daß wir auf dem Weg hinunter
starker Strahlung ausgesetzt waren –
besonders als wir das Treppenhaus
an der Blockmauer hinunterliefen.
Die Mauer war kahl. Alle Scheiben
waren zersprungen. Wir sahen, daß
der Boden unten mit allem möglichen Zeug bedeckt war. Ob Teile
von Brennelementen dabei waren,
konnten wir nicht erkennen. Aber
die intensive Strahlung erkannten wir
an dem metallischen Geschmack im
Mund.
T: Hatten Sie keine Dosimeter bei
sich?
S: Wir hatten überhaupt keine
Instrumente. Nichts dergleichen.
Beim Hinunterlaufen sagte ich zu
Babitschew: «Komm, ich löse dich

ab. Ich übernehme deine Schicht, und du kannst gehen.» Babitschew antwortete: «Ich kann noch arbeiten. Ich seh noch keinen Grund zu gehen.» Ich versuchte ein paar Dinge zu überprüfen, und während ich das tat, sagte Ljoscha Breus: «Als wir die Treppe runtergelaufen sind, hab ich zum Fenster hinausgesehen. An der gegenüberliegenden Ecke des Reaktorabschnitts ist noch eine Treppe der gleichen Art. Da lief Wasser hinunter.» Wir dachten einen Augenblick nach. Woher mochte das Wasser kommen? Die einzige Erklärung war das Löschwassersystem. Etwas anderes konnte es nicht sein. Vor allem, da es von oben runterlief. Wir konnten das Wasser besser von der Ersatzschaltwarte aus sehen. Den Schlüssel verwahrt der Schichtleiter. Ich holte die Schlüssel, und Orlow und ich gingen hin. Die Fensterscheiben der Ersatzschaltwarte waren alle kaputt, und von hier aus konnten wir die Verwüstung deutlich erkennen – die gesamte Westseite, die dem Lager für ausgebrannte Brennelemente gegenüberlag. Zuerst sah ich nach dem Wasser. Es war, wie ich angenommen hatte, ein geplatzter Hydrant. Wasser strömte heraus, und die Pumpen des Löschsystems arbeiteten auf Hochtouren. Man hatte sie nicht abgestellt. Vielmehr hatte niemand gewagt, sie abzustellen, obwohl das Wasser nicht gebraucht wurde und die ganze Situation noch verschlimmerte. Ich möchte diesen Punkt unterstreichen: Nach den Regeln, die für das Kraftwerk galten, hatte selbst der Schichtleiter nicht das Recht, das Wasser abzustellen, weil die Löschwasserpumpen der Verantwortung des Schichtleiters im elektrischen Abschnitt unterstanden. Doch auch er konnte sie nicht ohne Erlaubnis der Blockschichtleiter und des Kraftwerkschichtleiters abschalten. Und es gab keine Möglichkeit, zum Kraftwerkschichtleiter durchzukommen. Eine direkte Leitung existierte nicht. Wir hatten Nummern, die wir anwählen konnten, aber versuchen Sie mal, den Kraftwerkschichtleiter in einer solchen Situation anzurufen! Das Wasser machte mir die größte Sorge. Ich sah, daß es aus dem Hydranten kam und daß es so rasch wie möglich abgeschaltet werden mußte. Doch diese Löschwasserpumpen sind für mehr als einen Block zuständig. Sie versorgen zwei Blocks mit Wasser. Deshalb hatte ein Blockschichtleiter allein nicht das Recht, sie abzustellen.

Darüber hinaus mußte der Druck im Feuerlöschsystem erhalten bleiben. Wenn die Löschpumpen in Block 4 abgestellt wurden, hatte das System in Block 3 kein Wasser mehr. Zwar konnte man die Verbindung zwischen den beiden Blöcken unterbrechen. Aber das war nicht leicht. Dazu mußte man nach draußen und in die Mannlöcher klettern (es gab mehr als eines). Das überlegte ich. Doch Slawa Orlow betrachtete die Verwüstung und sagte: «Hör zu, Witja, wir sitzen wirklich in der Tinte. Guck mal – da draußen ist Graphit.» Er hatte recht. Wenn der Graphit hinausgeschleudert worden war, dann war der ganze Reaktorkern in die Luft gegangen.

T: Zu diesem Zeitpunkt begriffen Sie das Ausmaß der Zerstörung?

S: Ja, da wurde uns alles klar: Erstens hatten wir unsere Zeit mit Aufgaben vergeudet, die zu nichts nutze waren. Zweitens eröffnete sich uns jetzt ein völlig anderes Katastrophen-Szenario.

Wir gingen in den Kontrollraum zurück. Als ich vor Beginn der Schicht kurz drin gewesen war, hatte dort der wissenschaftliche Chefingenieur Ljutow gesessen und gesagt: «Helfen Sie mir, Smargin. Ich versuche, die Temperatur des Graphits herauszufinden.» Ich hatte zu ihm gesagt: «Wie können Sie die Temperatur des Graphits feststellen, wenn durch den Unfall die Stromversorgung unterbrochen ist? Wenn die Thermoelemente keinen Strom mehr haben, wie wollen Sie dann die Graphittemperatur herausfinden?» Nachdem Orlow und ich das Ausmaß des Schadens erkannt hatten, waren wir natürlich geschockt. Ljutow saß noch immer im Kontrollraum. Ich sagte zu ihm: «Michail Alexeje-

witsch, Sie haben mich nach der Temperatur des Graphits gefragt. Ich kann sie Ihnen jetzt genau sagen.»

«Wie hoch ist sie?» fragte er.

Ich erwiderte: «Sie entspricht der Temperatur, die heute morgen in der Wettervorhersage genannt worden ist.»

«Wie meinen Sie das?» fragte er.

«Genau wie ich es gesagt habe – der Lufttemperatur. Der Graphit liegt draußen.»

«Das kann nicht sein!» sagte er.

«Kommen Sie mit», sagte ich.

Wir gingen mit Uskow und Ljutow zurück. Orlow fragte Ljutow: «Sehen Sie die Klumpen da draußen?» Ljutow antwortete: «Das sind wahrscheinlich alte Brennelemente.» Orlow fluchte und sagte: «Sie sehen doch, daß da ein Stecker dran ist. Haben Sie schon mal Brennelemente mit Stecker gesehen?»

Daraufhin meinte Orlow zu Uskow: «Hier können wir nichts mehr tun. Gehen wir!» Und das taten sie. Wir gingen alle zurück in den Kontrollraum. Da kam die Anweisung: «Kommen Sie bitte sofort zu uns, Babitschew, und geben Sie uns einen Situationsbericht.» Sie brauchten einen kompetenten Mann, einen technischen Experten, der das System in Block 4 kannte.

Dann eine zweite Order: «Smargin, übernehmen Sie die Schicht! Babitschew, erstatten Sie der Direktion im Bunker Bericht!»

Zur Übernahme der Schicht gehörte ein Inspektionsrundgang. Ich war noch nicht in der Turbinenhalle gewesen. Babitschew warnte mich: die Halle sei verstrahlt. Ich konnte die Schicht aber nicht übernehmen, ohne alles zu inspizieren. Deshalb mußte ich in die Turbinenhalle hinein und mich umsehen. Ich begab mich auf Ebene 12. Die Verwüstung war entsetzlich. Ich ging wieder runter und versuchte, den Kraftwerkschichtleiter anzurufen. Diesmal klappte es. Das Wasser aus dem Feuerlöschsystem überflutet den Block, berichtete ich. Bald würde das ganze untere Stockwerk unter Wasser stehen. Die unteren Ebenen haben Verbindung mit den anderen Ebenen. Ist Block 3 abgeschaltet? fragte ich. Ja, das sei während der Nacht geschehen, um fünf Uhr morgens.

Also berichtete ich dem Kraftwerkschichtleiter, daß die Hydranten zerstört seien und Wasser herausströme. Sie müßten abgestellt werden, damit für Block 3 genügend Löschwasser bleibe. Der Kraftwerkschichtleiter gab natürlich die erforderliche Anweisung. Die Elektriker machten sich auf den Weg, um den Auftrag zu erledigen.

Bevor Babitschew ging, rannte einer von der Meßgruppe meiner Schicht, ein gewisser Nepjuschtschij, durch die Gänge. Er schoß wie ein Meteor vorbei und rief: «Achthundert, tausend Mikroröntgen pro Sekunde!»

Ich hielt ihn an: «Lassen Sie uns diesen Wert doch mal überprüfen, ja?» Es stellte sich heraus, daß sein Gerät nicht mehr richtig funktionierte. Niemand wußte also, wie stark die Strahlung tatsächlich war. Als mir klar wurde, daß wir einer sehr hohen Dosis ausgesetzt waren, schickte ich alle Mitarbeiter aus dem Kontrollraum, die meisten zu Block 2. Dem leitenden Reaktoringenieur Breus sagte ich, er solle sich zu Block 3 begeben. «Bleiben Sie dort», sagte ich. «Wenn ich Sie brauche, rufe ich Sie.» Daraufhin kam es zu einem kurzen Wortwechsel mit Breus. Er wollte nicht gehen.

T: Warum nicht?

S: So war die Einstellung der Belegschaft. Man macht seine Arbeit bis zum Schluß, ganz gleich, was passierte. Immer wieder kam der Befehl: «Schafft Wasser hinein!» Man wollte verhindern, daß die Brennelemente im Kern schmelzen. Nachdem ich die Leute weggeschickt hatte, begann ich mich zu übergeben.

T: Wie lange hielten Sie sich in dem Block auf?

S: Die Zeit schien stillzustehen. Um zwei Uhr nachts hatten die Elektriker gemeldet, sie könnten die Kondensatorpumpen nicht in Gang setzen. Da wurde mir klar, daß es sinnlos war, noch länger in Block 4 zu bleiben. Ich rief den Kraftwerkschichtleiter an und gab ihm einen Überblick über die Situation. Ich erhielt die Anweisung, mich zu Block 3 zu begeben.

Also ging ich rüber zu Block 3. Der leitende Reaktoringenieur Breus war dort, und Usenko, der Leiter der Turbinenhalle, der ebenfalls eine hohe Dosis abbekommen hatte, und Kowalew, der leitende Maschinist in der Turbinenhalle.

Wir liefen alle abwechselnd zum Eimer. Unsere Mägen waren längst leer – nichts mehr, was wir erbrechen konnten. Es kam nur noch gelbe Galle. Wir fingen jetzt mit unserer zweiten Tagesschicht an, nachdem wir um sechs Uhr morgens begonnen hatten. In der Nacht hatten sie die gesamte Schicht ins Krankenhaus gebracht. Ich kam wieder zum Kraftwerkschichtleiter durch und teilte ihm mit: «Die Jungs hier haben eine schlimme Dosis abgekriegt.» Er ordnete an: «Bringen Sie sie umgehend auf die Krankenstation!»

T: War Ihnen klar, daß auch Sie eine hohe Dosis abbekommen hatten?

S: Ja, in den Strahlenschutzbestimmungen steht, Erbrechen ist das erste Anzeichen für Strahlenkrankheit. Breus ging es nicht ganz so schlecht. Deshalb ließen wir ihn im Kontrollraum von Block 3 zurück, während wir uns auf den Weg zur Krankenstation machten.

T: Wer war noch bei Ihnen?

S: Meine leitenden Reaktoringenieure Gaschimow und Tscheranjew, Usenko und Kowalew. Wir trafen auf der Krankenstation ein. Sie müssen sich die Szene vorstellen: Der Arzt versuchte, unsere Daten aufzunehmen. Doch kaum erblickte einer von uns etwas, was Ähnlichkeit mit einem Eimer hatte, stürzte er sich darauf. Das Problem war, daß uns alle gleichzeitig der Brechreiz überkam – sobald einer begann, taten es ihm die anderen nach. Wir kotzten alle in diesen Eimer. Der Arzt konnte noch nicht mal unsere Karteikarten ausfüllen.

Dann verfrachteten sie uns in eine Ambulanz und brachten uns zum Medizinischen Zentrum Pripjat. Ich kam sofort an einen Tropf.

Dort lagen wir die ganze Nacht. Wir hörten das unheimliche Geräusch der Sicherheitsventile von Abschnitt 1. Sie schalteten Block 1 und 2 ab. Das geschah in der Nacht zum 27. April.

T: Wann wurde die erste Gruppe in die Klinik 6 nach Moskau gebracht?

S: Am 26. um zehn Uhr abends. In der Gruppe waren 27 Leute. Zwei kamen auf Tragen in den Krankenwagen – Kurgus und Degtyrenko. Schuschenko starb am 26. April um zwölf Uhr mittags.

T: Was fehlte ihm?

S: Er hatte sehr schwere Verbrennungen.

T: Gehörte er zum Personal von Tschernobyl?

S: Nein, er war ein Ingenieur, der nach Tschernobyl gekommen war, um einige Tests durchzuführen. Zur

Zeit des Unfalls hatte er sich in einer Kammer unter einigen Dampfrohren befunden, an denen Meßgeräte angebracht waren. Er stand unmittelbar neben diesen Geräten. Als die Rohre platzten, erlitt er durch das heiße Wasser schwere Verbrühungen. Palarmatschuk, Schuschenkos Laborchef, und Kolja Gorbanenko zogen ihn heraus.

T: Und wann hat man Sie nach Moskau gebracht?

S: Mittags am 27. April, mit einem Sonderflug.

T: Wie hat man Sie in Empfang genommen?

S: Sie fuhren uns ungefähr eine Stunde lang auf dem Flughafen Wnukowo umher, weil sie nicht wußten, wohin mit uns. Wir waren «verschmutzt», müssen Sie wissen. Es war eine entsetzliche Szene. Die Ärzte, die uns in Empfang nahmen, waren in Schutzanzüge und Schürzen aus PVC gekleidet. Die Sitze der Busse waren mit Polyäthylen bedeckt. Wir selbst hatten abenteuerliche Monturen an. Wir hatten nicht genug anzuziehen.

T: Wie hat man Sie für den Sonderflug ausgewählt? Nach welchen Kriterien?

S: Verbrannte Haut ist ein sicheres Anzeichen für eine hohe Dosis. So wurden wir ausgewählt.

T: Wie viele waren das?

S: 27 in der ersten Gruppe, 130 in der zweiten. Dann brachten sie eine dritte Gruppe und sogar eine vierte. Das war, was wir gesehen haben.

T: In welchem Teil des Krankenhauses lagen Sie?

S: Im vierten Stock. Zusammen mit Tschugunow, Djatlow und Uskow. Als sie uns noch erlaubten herumzugehen, kam Sascha Akimow uns besuchen. Doch er starb am 11. Mai. Dann ging es richtig los. Die Jungs begannen zu sterben.

T: Wann hat man Ihre Dosis ermittelt und Ihnen mitgeteilt?

S: Sie sagten uns nicht, welche Dosis wir hatten. Ich habe meine durch Zufall herausgefunden. Es war während einer Visite. Wir waren in der Krise. Man entnahm uns Knochenmarksproben zur Analyse. Der Arzt erwähnte meine Dosis während der Visite: 2,7 Gray. Er gab sie absichtlich in Gray an, damit ich es nicht verstand.

T: Wieviel hatten die anderen abgekriegt?

S: Von denjenigen, bei denen offiziell Strahlenkrankheit diagnostiziert wurde, kann ich es Ihnen sagen: Sascha Nechajew, akute Strahlenkrankheit dritten Grades, 5 bis 6 Gray; Jura Tregub Strahlensyndrom zweiten Grades, 4 Gray; Wladimir A. Tschugunow, ehemaliger Leiter der Reaktorhalle 1, Strahlensyndrom zweiten Grades; ebenso Slawa Orlow, Tschugunows Stellvertreter, Arkadij Uskow und Teljatnikow.

Danach

Wenden wir uns wieder Oleg Genrich zu.[4] Nicht jeder wird seinen im folgenden Interviewteil geäußerten Bemerkungen und Überlegungen zustimmen mögen, doch meine ich, daß sie hierher gehören. Genrich hat die Schrecken des Unfalls überlebt und anschließend die Leiden von Krankheit, Schmerzen und langwierigen Behandlungen erdulden müssen. Angesichts der hohen Strahlendosis, der er ausgesetzt war, grenzt es an ein Wunder, daß er so lange überlebt hat. Im allgemeinen sterben Menschen, die eine Dosis von ungefähr 5 Gray aufgenommen haben – 50 Prozent nach ein paar Tagen und der Rest etwas später (vgl. Tabelle S. 343).

T: Oleg, wenn Sie die Möglichkeit hätten, sich an die Behörden und die Weltöffentlichkeit zu wenden, was würden Sie ihnen sagen? Welche Hilfe würden Sie sich erhoffen? Welche Veränderungen in der Behandlung der Tschernobyl-Veteranen würden Sie sich wünschen – jener Menschen, die vom Unfall selbst betroffen waren oder die ihre Gesundheit bei der Schadensbekämpfung ruiniert haben?

G: Vom Obersten Sowjet würde ich fordern: Gebt uns einen rechtlichen Status, erkennt uns gesetzlich an! Dann ließen sich die Probleme leichter lösen. Denn augenblicklich ist es so, daß alle, an die man sich wendet, einen loszuwerden versuchen, sobald sie das Wort «Tschernobyl» hören. Wann werden sie [die Regierungsmitglieder] sich endlich ernsthaft mit unseren sozialen und medizinischen Problemen beschäftigen? Das betrifft auch die, die jetzt im Krankenhaus sind. Ich war zusammen mit einem Bergmann im Krankenhaus, der am Bau des Tunnels unter den Fundamenten von Block 4 mitgearbeitet hatte. Er ging nur die Treppe runter, um mit seiner Frau zu telefonieren, und konnte nicht wieder hochkommen. Ich bin im Fahrstuhl hinuntergefahren und habe ihn nach oben gebracht.

Gebt uns eine gesetzliche Anerkennung, wie den Afghanistan-Veteranen. Ich verlange nicht mehr, als die Afghanistan-Veteranen bekommen haben. Ich kann nicht beurteilen, was sie für das Land geleistet haben. Ich habe nur die eine Forderung: gesetzliche Anerkennung. Wenn wir die bekommen, dann können wir in die Amtsstuben der Bürokraten gehen, und sie müssen uns anhören und etwas tun, um uns unsere Probleme zu erleichtern. Und der Druck wird nicht mehr von ihnen ausgehen, sondern *sie* werden ihn zu spüren bekommen, weil das Gesetz auf unserer Seite sein wird. Gegenwärtig kommt uns jeder, an den wir uns wenden, mit der gleichen Entschuldigung: «Das Gesetz berücksichtigt solche Fälle nicht. Wenn ich das für Sie tue, komme ich in Teufels Küche.» Sie haben alle Angst, in Teufels Küche zu kommen. Nun, wir sind schon in Teufels Küche, so tief, wie es nur geht.

Was die Völkergemeinschaft betrifft, so kann ich nur wünschen, daß da draußen niemand jemals in die Situation kommt, in der meine Kameraden und ich uns befinden. Sorgt dafür, daß solche Unfälle und Fehler nicht passieren – obwohl kleine Leute wenig dagegen tun können. Ich kann nur hoffen, daß sich so etwas wie Tschernobyl nirgendwo wiederholt.

Mein Name ist Genrich – Heinrich. Ich bin Deutscher. Ich habe viele Verwandte in der Bundesrepublik Deutschland und mache kein Geheimnis daraus. Warum sollte uns nicht ein Franzose helfen, wenn er das Geld hat? Wenn ich meinen Freunden helfen möchte, tue ich für sie, was ich kann. Zum Beispiel kaufe ich Blumen für meinen Arzt. Das ist keine Bestechung, nur ein Zeichen meiner Dankbarkeit. Ich zünde auch für andere Menschen Kerzen in der Kirche an. Ich zahle sie aus eigener Tasche. Mehr als das kann ich nicht tun – ich lebe von einer Rente. Doch was ist mit Menschen in anderen Ländern, die Arbeit und Geld haben? Helft uns bitte. Selbst wenn ihr uns nur mit Worten unterstützt. Ist es materielle Hilfe in Form harter Währung – um so besser. Wenn ihr Medikamente schicken könnt, Einwegspritzen – so tut es unter allen Umständen. Vielen Dank. Es wäre reine Großherzigkeit. Wir betteln nicht – das wäre falsch.

Ich bin infolge aller dieser Ereignisse mitfühlender geworden. Es ist schrecklich, wie sich die Menschen heutzutage anfgiften. Genau das Gegenteil wäre nötig – wir müßten zusammenhalten und einander helfen. Gemeinsamkeit ist erforderlich, nicht Vereinzelung. Ich sehe fern. Wenn die Patriarchen und Priester uns aufrufen, Mitgefühl zu zeigen, so haben sie recht. Wenn ein Mensch in eine Situation wie diese gerät, so wird er mitfühlender, gütiger, selbst wenn er zwischen Leben und Tod schwebt. Ich glaube, ich war an diesem Punkt. Solch ein Mensch wird nachsichtiger gegenüber anderen, gegenüber dem, was im Land vor sich geht, gegenüber allem, was auf der Erde lebt. Und so sollte es auch sein. Die Kirche ist heilig. Der Mensch braucht etwas Heiliges. Für den einen ist es seine politische Partei, so komisch das auch klingen mag. Soll er sie haben. Einem anderen ist vielleicht seine Frau heilig oder seine Mutter.

Jeder Mensch braucht etwas, an das er glaubt. Man kann nicht ohne Glauben leben – nur Tiere können das. Doch wenn man einen Glauben hat, hat man wirklich einen Sinn für das richtige Maß. Man hat eine Zukunft. Diese Zukunft ist möglich, sie wird kommen, solange wir Tschernobyl nicht vergessen. So etwas darf nie wieder geschehen, an keinem Ort der Welt.

Abb. 17: Operateur am Kontrollpult eines RBMK-Reaktors;
die Pulte in Block 3 und 4 waren identisch.

Wer ist schuld?
Konstrukteure oder Operateure?

Sie müssen wissen, daß der Reaktor wirklich einige Mängel hat. Er wurde vor vielen Jahren von Akademiemitglied Dolleshal entworfen, dem nur die technischen Mittel seiner Zeit zur Verfügung standen. Heute sind diese Mängel behoben.
Das Problem ist nicht die Konstruktion. Wenn Sie das Lenkrad Ihres Autos in die falsche Richtung drehen und einen Unfall haben, sagen Sie dann, der Motor sei daran schuld? Oder der Konstrukteur? Nein, jeder wird sagen, es war die Schuld des Fahrers...

Akademiemitglied Anatolij P. Alexandrow
Brief an die Redaktion der Zeitschrift Ogonjok,
Nr. 35, August 1990

Sechs Jahre sind seit dem Unfall verstrichen und vielen Experten werden immer noch Hindernisse in den Weg gelegt, wenn sie versuchen, sich objektive Informationen über die Geschehnisse im Kernkraftwerk Tschernobyl, vor allem über die Unfallnacht und den folgenden Tag, zu beschaffen. Mehr als ein halbes Jahrzehnt ist vergangen, und noch immer fehlen ihnen wichtige Einzelheiten, die sie brauchen, um die Ursachen, die technischen und organisatorischen Gegebenheiten, richtig zu beurteilen. Vieles ist seit dem Unfall über Tschernobyl geschrieben worden, doch sind die meisten Untersuchungen nicht über den der IAEO im August 1986 vorgelegten offiziellen Bericht des Staatskomitees für Atomenergie hinausgegangen, wonach «*die Hauptursache des Unfalls... eine außergewöhnliche Kombination von Verstößen gegen Sicherheitsvorschriften und bestimmten Arbeitspraktiken seitens des Reaktorpersonals*» war.
Im Februar 1990 gelangte die Sektion Wissenschaft und Technologie der Staatlichen Atomenergie-Aufsichtsbehörde der UdSSR (GosAtom-EnergoNadsor), die für die Sicherheit der betriebenen Kernkraftwerke verantwortlich war, zu folgendem Ergebnis: Da keine Anhaltspunkte für potentielle Gefahrenquellen in der Konstruktion des RBMK vorlägen, sei der Unfall durch das Personal verursacht worden. Dieses sei nicht hin-

länglich in sichere Bedienungstechniken eingewiesen worden und habe
gegen Sicherheitsvorschriften verstoßen.

Doch bei einem Reaktor mit einem angemessenen Sicherheitssystem
hätten Verstöße und Fehler des Bedienungspersonals zu einer Notabschaltung des Blocks führen können und müssen. Die letzten Maßnahmen der Mannschaft galten ja gerade dem Versuch, den Reaktor abzuschalten. Und genau diese Maßnahmen führten aufgrund besonderer
Konstruktionsmerkmale des Reaktors, aufgrund des Fehlens geeigneter
Sicherheitsmechanismen, zu jener unkontrollierten Leistungsexkursion
und der nachfolgenden Zerstörung. Gewiß ist die Explosion durch das
Bedienungspersonal verursacht worden, doch der Reaktor war so konstruiert, daß er explodieren mußte.

Abb. 18: Schematische Darstellung des graphitmoderierten Reaktors in Tschernobyl.
Zum Betrieb des Reaktors werden Brennstabbündel in die im Graphitmoderatorblock
angeordneten Druckrohre eingeführt. Die Spaltwärme verwandelt das in den Rohren
aufsteigende Wasser in Dampf. Dieser treibt die stromerzeugenden Turbogeneratoren
an und wird wieder in das Wasserumlaufsystem eingeleitet, um die Restwärme zu nutzen. Es gibt kein das ganze Bauwerk umschließendes Containment. Der Kern ist nur
von einem Stahlmantel umgeben (der eine Schicht reaktionsträgen Gases enthält).

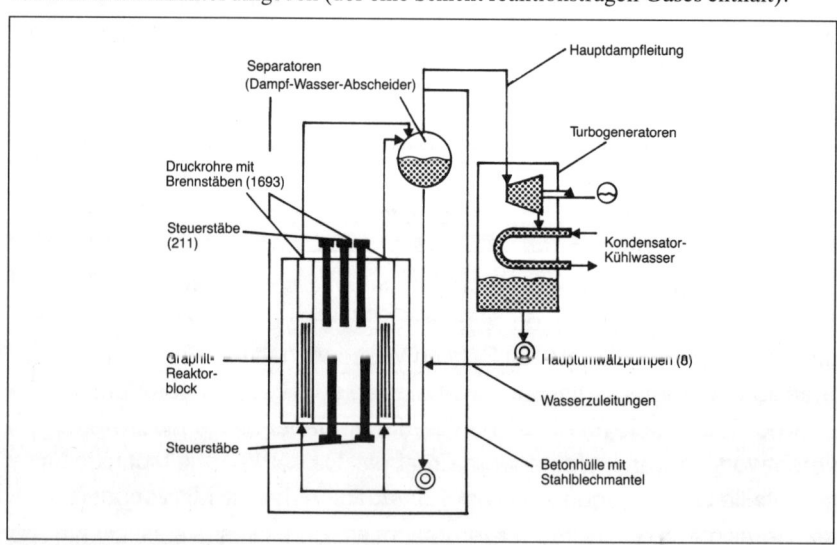

Der RBMK-1000: Konstruktionsvorschriften und Sicherheitssystem

Es lohnt sich, die Sache etwas genauer zu betrachten. Bei diesem schwierigen Unterfangen werden wir die Hilfe von Experten brauchen, deren Arbeit nur einem kleinen Kreis von Fachkollegen bekannt ist. Wir werden außerdem Dokumente und Vorschriften über die Sicherheit von Kernkraftwerken untersuchen müssen. Diese Richtlinien sind bindend für alle Organisationen und Institutionen, die sich mit Planung, Bau und Betrieb von Kernkraftwerken dieser Konstruktionsart befassen. Sie finden sich in den «Sicherheitsvorschriften für Kernkraftwerke» (SVKKW-04-74, nachstehend «Sicherheitsvorschriften» genannt) und in den «Allgemeinen Sicherheitsrichtlinien für die Planung, den Bau und den Betrieb von Kernkraftwerken» (ASR-73, nachstehend «Sicherheitsrichtlinien» genannt).[1] Beide Verordnungen traten in Kraft, bevor mit dem Bau von Block 4 in Tschernobyl begonnen wurde.

Wenden wir uns wieder dem offiziellen Bericht über den Unfall zu und vergleichen wir ihn mit dem Dossier des Kurtschatow-Instituts für Atomenergie in Moskau, der «Untersuchung über die Ursachen des Unfalls im Kernkraftwerk Tschernobyl». Diese Untersuchung erschien im Oktober 1986 mit dem Segen des stellvertretenden Direktors des Instituts, J. P. Rjasanzew, eines der Experten, die mit der Abfassung des Berichtes für die Internationale Atomenergie-Organisation (IAEO) beauftragt waren.

Das Dossier des Instituts für Atomenergie schließt mit den Worten: «. . . *die Hauptursache des Unfalls war eine außergewöhnliche Kombination von Verstößen gegen Sicherheitsvorschriften und bestimmten Arbeitspraktiken seitens des Reaktorpersonals, die dazu führte, daß Fehler in der Konstruktion des Reaktors und in seinen automatischen Kontroll- und Sicherheitssystemen offenbar wurden . . .»*

Betrachten wir die Bedeutung dieser Aussage etwas genauer.

Der Teil des Fazits im Dossier des Instituts für Atomenergie, der auf die Worte *«seitens des Reaktorpersonals»* folgt, ist der IAEO nicht mitgeteilt worden; er wurde fortgelassen.

Wie waren jene «Fehler in der Konstruktion» beschaffen, die der wissenschaftliche Berater der Kommission für so unbedeutend hielt, daß sie nur in den «für den internen Gebrauch» bestimmten Bericht des Instituts für Atomenergie auftauchen?

«Unwichtige» Konstruktionsfehler?

Professor B. G. Dubowskij ist einer der Autoren der Sicherheitsvorschriften und war vierzehn Jahre lang (1958–1973) Leiter des Ausschusses für nukleare Sicherheit, der 1958 auf Initiative des Akademiemitglieds Igor W. Kurtschatow gegründet worden war. In einem 1988 veröffentlichten Artikel über die Mängel des RBMK-Reaktors schreibt Dubowskij: «Es ist unfaßbar, wie den für die Kontroll- und Sicherheitssysteme des RBMK verantwortlichen Wissenschaftlern solche schwerwiegenden Fehlberechnungen unterlaufen konnten, die zum Teil gegen die elementarste Logik verstoßen. Man kann ohne Übertreibung feststellen, daß die RBMK-Reaktoren bis 1986 über keine angemessenen Sicherheitssysteme verfügten. Es gab überhaupt keinen Unfallschutz! – Weder unter noch über dem Kern.»

Ein anderer Experte, A. A. Jadrichinskij, Sicherheitsinspektor am Kernkraftwerk Kursk, schließt seine Untersuchung «Der nukleare Unfall in Block 4 des Kernkraftwerks Tschernobyl» mit den Worten: «Der nukleare Unfall – die Explosion in Block 4 des Kernkraftwerks Tschernobyl – war das Ergebnis von Verstößen gegen die SVKKW-04-74 durch den leitenden wissenschaftlichen Offizier und den Chefkonstrukteur.»

Er führt sieben Bestimmungen dieser Vorschriften auf. Doch eine gründliche Analyse der RBMK-Konstruktion, wie sie in der gleichen Arbeit vorgenommen wird, hat 32 Verstöße gegen die Bestimmungen von Sicherheitsvorschriften und -richtlinien ergeben.

In einem offiziellen Artikel aus dem Jahr 1987 mit dem Titel «Die ausländische Presse und die Katastrophe von Tschernobyl» findet sich folgende Feststellung: «Im Gegensatz zum offiziellen sowjetischen Urteil sind britische Fachleute der Meinung, daß nicht menschliches Versagen, sondern Konstruktionsfehler Hauptursache der Katastrophe waren.» Die Engländer betrachteten die Fehler des Bedienungspersonals nur als «mitverursachende Faktoren».

Derselbe Artikel zitiert Einschätzungen amerikanischer Fachleute, denen zufolge «der Mechanismus zur Notabschaltung des Reaktors selbst ... die Ursache für den plötzlichen [Leistungs-]Anstieg» war.

In dem Dossier des Instituts für Atomenergie werden dreizehn mögliche Ereignisverläufe beschrieben – darunter auch Sabotageakte –, die zu einer Explosion führen können. Die Autoren schließen: «Es ist hinreichend deutlich geworden, daß die einzige Version, die den verfügbaren Daten nicht widerspricht, jene ist, die sich auf den Effekt der Verdrängerstäbe[2] des automatischen Sicherheits- und Schutzsystems bezieht.»

Für den Laien eine kurze Erläuterung. Der katastrophale Effekt der mangelhaften Sicherheits- und Schutzsysteme des RBMK-Reaktors geht auf einen Fehler in ihrer Konstruktion zurück: Während der gesamte Kern sieben Meter hoch ist, hatten die Steuerstäbe nur eine Länge von viereinhalb Metern. Da sie somit zu kurz waren und sich im mittleren Bereich des Kerns befanden, erhöhte sich bei ihrem Einfahren die Reaktivität, anstatt zu fallen.

Viele Leute, sogar die Konstrukteure des RBMK, räumen ein, daß es grundlegende Mängel in der Konstruktion der Kontroll- und Sicherheitsysteme (des sogenannten Notsystems des Reaktors) gibt. Kann man also von Konstruktionsfehlern sprechen, die den gesamten RBMK-Reaktor betreffen?

Betrachen wir eine der Grundvoraussetzungen für Sicherheits- und Schutzsysteme in den Sicherheitsbestimmungen (SVKKW § 3.3.26):

«Das Sicherheitssystem des Reaktors muß eine rasche und zuverlässige automatische Unterbindung der Kettenreaktion unter folgenden Umständen gewährleisten:
– wenn die Leistungsabgabe ein gefährliches Niveau erreicht;
– wenn es zu einer gefährlichen Leistungsexkursion kommt;
– wenn technische Fehler auftreten, die ein Abschalten des Reaktors erforderlich machen;
– wenn der Alarmknopf gedrückt wird.»
Unterstreichen wir die Feststellung, das Sicherheitssystem müsse «. . . eine rasche und zuverlässige . . . Unterbindung der Kettenreaktion» garantieren. Es darf keine Ausflüchte für Mängel des Sicherheitssystems geben, wie sie die Autoren des Berichts für die IAEO geltend machten: «In der entstandenen Situation führten die Verstöße gegen die normalen Arbeitsabläufe durch das Personal zu einer erheblichen Beeinträchtigung der Sicherheitseinrichtungen für Notfälle.»

Doch ein Reaktor ist schließlich kein Auto. In seinem «Bremssystem» darf kein Fehler auftreten, ganz gleich, wie die Umstände sind. Das kommt auch in den Vorschriften unmißverständlich zum Ausdruck (SVKKW § 3.3.28):
«. . . Im Konstruktionsplan des Reaktors muß nachgewiesen sein, daß die aktiven Teile der Notsysteme *in jeder kritischen Situation* – selbst wenn eines ihrer Teile nicht funktioniert – . . . eine rasche und zuverlässige Unterbindung der Kettenreaktion ohne Beschädigung der Brennelemente gewährleisten.»

Abermals ist der Wortlaut der Vorschriften hervorzuheben: «in jeder kritischen Situation» und «ohne Beschädigung der Brennelemente» – ganz zu schweigen von einer Explosion, die deren Substanzen (der Reaktor ist mit 192 Tonnen solcher Elemente bestückt) in die Umwelt schleudert. Genau dies geschah am 26. April 1986.

Damit die Notsysteme des Reaktors ihre Aufgabe in jeder kritischen Situation zuverlässig erfüllen können, sind die Konstrukteure durch die Vorschriften (SVKKW § 3.3.27) gehalten, in ihrer Planung «nicht weniger als zwei unabhängige Ensembles von Notschutzmechanismen» zu berücksichtigen, mit anderen Worten, mindestens zwei rasch wirkende «Bremssysteme» für den Fall, daß eines von ihnen versagen sollte.

Das Sicherheitssystem des RBMK

«Die Explosion fand statt, nachdem der Alarmknopf gedrückt worden war, was an sich recht paradox erscheint», stellen die Wissenschaftler des Instituts für Atomenergie in ihrem Dossier lakonisch fest – allerdings nur in dem internen Bericht, der zum eigenen Gebrauch bestimmt war. In den Analysen für die IAEO und die Öffentlichkeit wird dieser Umstand abermals verheimlicht oder zumindest heruntergespielt.

Eine andere Auffassung von der Situation äußert W. I. Smutnjew, Schichtleiter im Kernkraftwerk Nowoworonesh, der in seinem Artikel «Was war die Hauptursache?» feststellt, daß «solch ein Verhalten [des Notsystems] ein Alptraum für jeden Kernkraftwerksoperateur ist...» Er hat vollkommen recht. Viele Kollegen teilen seine Auffassung. Trotzdem sind einige Wissenschaftler und Kernkraftexperten offenbar anderer Auffassung – beispielsweise die technischen Sachverständigen, die, vor Gericht nach der Sicherheit des RBMK-Reaktors befragt, aussagten: «Der RBMK ist mit einem zuverlässigen Kontroll- und Sicherheitssystem ausgerüstet, das allen Betriebszuständen, stationären und Übergangsregimen, gewachsen ist.»

Wenn das Bremspedal zum Gaspedal wird

Ausgerechnet das Notsystem, das den Reaktor unter allen Umständen zuverlässig und schnell abschalten sollte, veranlaßte ihn, durchzugehen. (Möglicherweise war auch ein Dampfblaseneffekt beteiligt, auf den ich noch eingehen werde.) Die Explosion ereignete sich fünf Sekunden nach Betätigung des Alarmknopfes. Drei Sekunden nach dem Drücken des Knopfes, als die Leistung 520 Megawatt erreichte, wurden durch den Leistungsanstieg von den ursprünglichen 200 Megawatt und durch die Plötzlichkeit der Exkursion die Notsignale ausgelöst (vgl. oben, SVKKW § 3.3.26).

Das Unfallschutzsystem vermochte also den Reaktor nicht abzuschalten – es versagte nicht nur unter normalen Umständen, sondern auch in dieser extremen Situation.

Wie hätte das Sicherheitssystem auch eine Notabschaltung des Reaktors bewirken können, wenn es ihn in eben diesem Moment zum Durchgehen veranlaßte? Im *internen* Dossier des Instituts für Atomenergie machen sich die Verfasser auch keine Illusion über diesen Punkt: «In dem Zustand, in dem sich der Reaktor befand, konnte die Betätigung des Alarmknopfes während der ersten Sekunden zu einem Anstieg der Reaktivität und einer Havarie des Reaktors führen.»

Ein Reaktor mit einem solchen Unfallschutzsystem ähnelt in gewisser Weise einem Auto, bei dem im Gefahrenmoment (beispielsweise auf einer steil abschüssigen Straße) das Bremspedal zum Gaspedal wird. Noch schlimmer wäre es, würde man diese merkwürdige oder vielmehr erschreckende Eigenschaft des Bremspedals totschweigen, um dem unglücklichen Autofahrer – nach einem Unfall, bei dem er im Vertrauen auf dieses «zuverlässige» Bremspedal versucht hat, seinen Wagen zum Stehen zu bringen – den Vorwurf zu machen, er habe das Bremssystem nicht richtig verstanden und leichtsinnig gehandelt.

Genau diese Vorwürfe sind gegen das Bedienungspersonal des Kernkraftwerks Tschernobyl erhoben worden.

Während die RBMK-Konstruktion Sicherheitsmängel aufwies, ließen die Konstrukteure des Reaktors keinen Mangel an Sicherheit erkennen, wenn es darum ging, die Zuverlässigkeit ihres Reaktors hervorzuheben. So erklärte der Chefkonstrukteur: «Der Kern des RBMK-Reaktors, die Brennstofftabletten, die Sicherheits- und Schutzsysteme und ihre aktiven Teile wurden alle in Übereinstimmung mit den grundlegenden Sicherheitsbestimmungen für Kernkraftwerke konstruiert – die Sicherheit des Reaktors ist unter allen Arbeitsbedingungen, für alle Zustände des Reaktors und für alle denkbaren Notfallsituationen gewährleistet.»

Diese Behauptung steht in krassem Widerspruch zur Wirklichkeit.

Worauf verließen sich die Konstrukteure des RBMK?

Wir finden die Antwort in den Informationen, die der IAEO zugänglich gemacht wurden. «Die langsame Arbeitsweise der Kontroll- und Sicherheitssysteme wird durch ihre Zahl wettgemacht.» Prüfen wir die Frage, ob in diesem Fall die Quantität tatsächlich die Qualität «wettmachen» konnte.

Die 211 Steuerstäbe ließen sich mit einer Geschwindigkeit von ungefähr 40 Zentimetern pro Sekunde in den Kern einfahren. Die Höhe des Kerns beträgt sieben Meter. Um die Stäbe mit ganzer Länge in den Kern einzufahren, brauchte man also durchschnittlich 18 bis 20 Sekunden.

Sind 18 bis 20 Sekunden lang oder kurz? Sie sind lang, sehr lang.

Erinnern wir uns, daß die Explosion in der fünften Sekunde nach der Aktivierung der Notsysteme durch das Bedienungspersonal, das heißt nach der Betätigung des Alarmknopfes stattfand. Und das war eine schreckliche Explosion: Nach einer Schätzung der Wissenschaftler vom Institut für Atomenergie betrug die Energie des Reaktors im Augenblick der Explosion das Zweihundert- bis Vierhundertfache der Nennleistung des Reaktors (3200 Megawatt). In der dritten Sekunde verzeichnete das Standardkontrollsystem das Durchgehen des Reaktors bei einer Leistungsabgabe von 520 Megawatt.

Hierbei ist anzumerken, daß von den beiden oben erwähnten Systemen der Kontroll- und Sicherheitsmechanismen sich nur das zweite, die Abschalt- oder Notsteuerstäbe über dem Kern, stets in Bereitschaft, im sogenannten «Unfall-Alarmzustand», befand.

War dieses System von Notsteuerstäben in der Lage, seine durch die Sicherheitsvorschriften (SVKKW § 3.3.28) festgelegte Aufgabe zu erfüllen und den Reaktor am Durchgehen zu hindern? Es wäre dazu in der Lage, wenn seine Aktivierung nicht mit einem raschen Zuwachs an Reaktivität verbunden wäre. Bei einer solchen Leistungsexkursion konnte es seiner Aufgabe nicht im mindesten nachkommen.

Um eine Vorstellung von der Arbeitsgeschwindigkeit der Notstäbe zu bekommen, können wir sie wiederum mit dem Bremspedal eines Autos vergleichen, das die Bremsen erst in Gang setzt, nachdem es achtzehn bis zwanzig Sekunden lang durchgedrückt worden ist. Von welchem Nutzen wäre ein solches Bremssystem in allen potentiellen Gefahrensituationen? Die Antwort liegt nahe. So kommt Professor B. G. Dubowskij zu dem Schluß: «Ein Notsystem, dessen Wirkung erst nach achtzehn bis zwanzig Sekunden einsetzt, ist überhaupt kein Schutzsystem – es ist die Karikatur eines solchen Systems. Normale Notsysteme, wie sie in Reaktoren überall in der Welt verwendet werden, wirken innerhalb weniger Sekunden (maximal fünf). Zumindest gilt das für die rasch wirkenden Subsysteme.»

Erst nach dem Unfall vom 26. April 1986 wurden die Notsteuerstäbe zu einem rasch wirkenden System umgerüstet, das bis zum vollständigen Einfahren zwei bis zweieinhalb Sekunden braucht.

Trotz aller oben erwähnten Mängel lesen wir in dem Bericht, der der IAEO zugeleitet wurde: «Das Kontroll- und Sicherheitssystem des Reaktors sorgt für einen Notabbruch der Kettenreaktion mit Hilfe von Absorberstäben, die durch gefährliche Abweichungen von den Normalwerten des Reaktors oder durch technisches Versagen aktiviert werden ...»

Was ist das, wenn nicht bestenfalls die halbe Wahrheit?

Hier mag sich der Leser fragen: «Wie kommt es dann, daß sich keiner von euch lange vor dem 26. April 1986 in die Luft gejagt hat?» Eine gute Frage.

Um sie zu beantworten, müssen wir untersuchen, welche Rolle die erste Gruppe der Steuerstäbe, die der normalen Arbeitsstäbe, im Gegensatz zur Notgruppe spielt. Welchen Beitrag leistet die Arbeitsgruppe der Steuerstäbe zum Unfallschutz des Reaktors?

Wie oben erläutert, reguliert das Reaktorpersonal die Leistungsabgabe des Reaktors in allen Betriebsphasen (Anfahrzeit, Betrieb bei normaler Leistung, planmäßige Abschaltung für Reparaturarbeiten) mit Hilfe dieser Gruppe von Steuerstäben. In Notfällen dienen sie dazu, gemeinsam mit den Abschalt- oder Notregelstäben die Graphitmoderierung so zu unterstützen, daß die Kettenreaktion unterbrochen wird. Wie es in den Informationen für die IAEO heißt, soll die «erhöhte Zahl» die langsame Aktivierung der Notsteuerstäbe wettmachen.

In den ersten sieben Betriebsjahren des RBMK, 1973–1980 (der erste Block ging 1973 im Kernkraftwerk Sosnowyj Bor ans Netz), war in der Arbeitsgruppe die Zahl der Stäbe, die aus dem Kern ausgefahren werden durften, überhaupt keiner Beschränkung unterworfen. Genauer: Alle Stäbe durften aus dem Kern entfernt werden. Der Zahl der Stäbe, die während des Betriebs in den Kern eingefahren sind, entspricht die sogenannte operationale Reaktivitätsreserve. Mit anderen Worten, wir können feststellen, daß es keinen zulässigen Mindestwert für die Reaktivitätsreserve gab.

1980 gehörte es zur üblichen Praxis in RBMK-Kraftwerken, im Kern ungefähr dreißig der ursprünglichen 200 bis 240 Zusatzabsorber zu belassen, die man eingebaut hatte, um die erhöhte Reaktivität, die durch das Einfahren frischer Brennelemente entsteht, zu kompensieren. Deshalb erscheint in den technischen Vorschriften des Kraftwerks Tschernobyl 1980 zum erstenmal eine Einschränkung hinsichtlich der Reaktivitätsreserve: «Der Betrieb mit einer operationalen Reaktivitätsreserve von weniger als zehn Stäben ist nicht erlaubt.»

In den Vorschriften von 1983 wurde diese Einschränkung verschärft (zu dieser Zeit waren praktisch alle zusätzlichen Absorberstäbe durch Brennstabbündel ersetzt worden): «Wenn die operationale Reaktivitätsreserve auf einen weniger als fünfzehn Stäben entsprechenden Wert absinkt, muß der Reaktor sofort abgeschaltet werden... Die wissenschaftliche Leitung des Kraftwerks ist gehalten, in regelmäßigen Abständen (einmal pro Jahr) die tatsächliche Stabilität der Energieabgabe eines Reaktors zu überprüfen und sie gegebenenfalls in Absprache mit dem leitenden Wissenschaftler und dem Chefkonstrukteur zu ändern.»

Eine weitere Erklärung wird nicht gegeben. Es erfolgt noch nicht einmal ein Hinweis auf den Umstand, daß eine fünfzehn Stäben entsprechende operationale Reaktivitätsreserve der Grenzwert ist, bei dessen Unterschreitung der Reaktor kritisch wird (zu explodieren droht), wenn die Notsteuerstäbe gesenkt werden. Wir finden noch nicht einmal eine augenfällige Warnung wie:

ACHTUNG! ACHTUNG!
Verletzungen dieses Grenzwertes lassen den Reaktor zu einer Gefahr werden!

Zwar erschien diese Warnung tatsächlich in den technischen Vorschriften, doch wie viele andere Hinweise erst nach dem Unfall vom 26. April 1986.

Die Zahl von fünfzehn Stäben wird ebenso wie die von zehn im Zusammenhang mit den oben zitierten Ausführungen in den technischen Vorschriften genannt, die die Aufrechterhaltung einer stabilen Leistungsabgabe betreffen. Die Zahl legt fest, in welchen Grenzen die Arbeitsgruppe der Steuerstäbe ihre regulative Funktion wahrnehmen kann. Sie gibt aber keineswegs an, wie sie eine Schutzfunktion ausüben; das Bedienungspersonal aller RBMK-Reaktoren erwartete, daß sie eben diese Funktion erfüllen konnten.

Schon in den ersten Betriebsjahren des RBMK-Reaktors bemerkte das Bedienungspersonal anomales Verhalten in der Leistungsabgabe, wenn einzelne Steuerstäbe der Arbeitsgruppe getrennt bewegt wurden.

Das anomale Verhalten des Sicherheitssystems

Wenn ein Steuerstab vom äußersten oberen Ende des Kerns in den Kern abgesenkt wurde, kam es manchmal beim ersten Meter zu einem kurzen Anstieg (Sprung) der Leistungsabgabe statt zum erwarteten Absinken. Das Bedienungspersonal gab diesem Phänomen den Namen «Stabende-Effekt», obwohl «Stabende-Defekt» genauer gewesen wäre. In der Wissenschaft bezeichnete man es später als «positive Reaktivitätsexkursion».

Es ist darauf hinzuweisen, daß ein solches Verhalten nur in den Fällen auftrat, in denen Einzelstäbe vom oberen Teil des Kerns (vom oberen Endschalter) in Gang gesetzt wurden, und auch dann nicht in jedem Fall, sondern nur wenn das energieerzeugende Neutronenfeld eine bestimmte Form aufwies.

Berichte über diesen «seltsamen» Effekt gelangten natürlich auch zum Chefkonstrukteur und zum leitenden Wissenschaftler. Der entscheidende Punkt des Problems war natürlich so gut wie jedem klar, der an der Konstruktion beteiligt war: Es war die fehlerhafte Konzeption des Steuerstabs, die falsch gewählte Länge des Stabs und eines mit ihm verbundenen Teilelements, des sogenannten Graphit-Wasserverdrängers. Bei einer Kernhöhe von sieben Metern betrug die Länge des Wasserverdrängers – eines Zylinders, der an seinem Ende mit Graphit gefüllt ist – viereinhalb Meter und die des darüberliegenden neutronenabsorbierenden Abschnitts sechs Meter.

Wenn der Stab in seine höchste Stellung angehoben wurde, befand sich der Mittelpunkt des Verdrängers in mittlerer Höhe des Kerns. Man kann leicht ausrechnen, daß sich in dieser Stellung eine 1,25 Meter hohe Wassersäule unter dem Verdränger und eine ebensolche Wassersäule über ihm befindet.

Der Wasserverdränger erhöht die Absorptionskapazität des Moderatorstabs, da die neutronenabsorbierende Fähigkeit des Graphits erheblich geringer als die des Wassers ist. Wenn also ein Steuerstab aus seiner höchsten Position in den Kern eingefahren wird, verdrängt er eine 1,25 Meter hohe Wassersäule im unteren Teil des Kerns und führt in diese Region eine positive Reaktivität ein.

Später, kurz nach dem Unfall, wurde an dem Kern eine Veränderung vorgenommen: Durch die Verwendung verkürzter Verdränger und die Festlegung einer neuen Höchststellung des Stabs – 1,2 Meter tiefer als vorher – beseitigte man die untere Wassersäule. Hierbei handelte es sich um eine Zwischenlösung, die so lange galt, bis die Stäbe durch eine neue Konstruktion ersetzt wurden (ein Prozeß, der ungefähr weitere drei Jahre in Anspruch nahm).

Trotz des merkwürdigen Reaktivitätsverhaltens beim Einfahren des Stabs, das schon bei den ersten Versuchsläufen dieser Reaktoren beobachtet wurde, erklärte die Regierungskommission sie für betriebstauglich.

Was ist eine «gute» operationale Reaktivitätsreserve? Betrachten wir den Wert, der sich ergibt, wenn man eine im Februar 1984 dem Kernkraftwerk Tschernobyl zugesandte Empfehlung des Chefkonstrukteurs befolgt, nach der maximal 150 Steuerstäbe gleichzeitig aus dem Kern entfernt werden und die übrigen Stäbe nicht weniger als einen halben Meter in ihn eingeführt sein durften.

Die Rechnung ist sehr einfach. Wir nehmen die 211 Steuerstäbe und ziehen die 150 Stäbe ab, die ganz herausgezogen werden durften. Es verbleiben 61 Stäbe, die partiell eingefahren werden konnten – mindestens einen halben Meter. Die Gesamtlänge der neutronenabsorbierenden Steuerstäbe im Kern beträgt dann 0,5 Meter × 61 = 30,5 Meter. Der absorbierende Abschnitt eines einzelnen Stabs ist 6,2 Meter lang, so daß die Mindestzahl von Steuerstäben – und die ihr entsprechende operationale Reaktivitätsreserve –, die nach der Empfehlung für die Vermeidung einer positiven Reaktivitätsexkursion erforderlich ist, 30,5/6,2 Meter ≈ 5 beträgt.

Und nicht 15, wie die Konstrukteure des RBMK heute behaupten. Und was ist mit den Reaktoren der ersten Serie in Sosnowyj Bor, Tschernobyl und Kursk, in denen es nur 179 Stäbe gab? In diesen Fällen ergibt die gleiche Rechnung die Mindestanzahl von 2,5!

Die Wissenschaftler, die die Ursachen des Unfalls von Tschernobyl analysiert haben, errechneten, daß die operationale Reaktivitätsreserve zu Beginn des Tests bei einem Wert lag, der sechs bis acht Stäben entsprach. Selbst wenn wir Zweifel hinsichtlich der Richtigkeit dieser Zahl beiseite lassen (nach der Aussage einiger Leute, die an dem Experiment teilgenommen haben, entsprach sie dreißig Minuten vor Testbeginn etwa achtzehn Stäben), so liegt sie über dem vom Chefkonstrukteur empfohlenen Mindestwert.

Eines ist noch zur Schutzfunktion der Arbeitsgruppe von Steuerstäben anzumerken: Wenn sie durch den Wert der Reaktivitätsreserve bestimmt wurde, warum gab es dann überhaupt kein Warn- oder Alarmsystem, welches auf diesen Wert reagierte? Warum gab es kein Sicht- und kein Aufzeichnungsgerät? Warum keine Sicherheitsblockierung? Letztere gehört zu den grundlegenden Sicherheitsanforderungen, die in den Vorschriften niedergelegt sind (SVKKW § 3.1.8, 3.3.21).

Im übrigen mußte der Wert für die operationale Reaktivitätsreserve errechnet werden, und diese Rechnung nimmt fünf bis fünfzehn Minuten in Anspruch. Um den aktuellen Wert zu ermitteln, braucht man einen Computer, doch das verwendete Programm («Prisma») war bei der Berechnung geringer Leistungen (bis zu 10 Prozent des Nominalwertes) unzuverlässig. Wiederum hat man erst nach dem Unfall Sicht- und Aufzeichnungsgeräte für die operationale Reaktivitätsreserve installiert, außerdem ein vollständiges optisches und akustisches Warn- und Alarmsystem.

Warum hat man jetzt den Plan, eine automatische Blockierung einzubauen, die den Reaktor abschaltet, wenn die Reaktivitätsreserve auf einen Wert sinkt, der dreißig Stäben entspricht? Wohlgemerkt, jetzt liegt die Zahl nicht mehr bei fünfzehn, sondern bei dreißig! Die Fachleute, die vor Gericht zu dieser Frage angehört wurden, haben im wesentlichen ausgesagt, die Erfahrung hätte gezeigt, daß der Reaktor «narrensicher» gemacht werden müsse, um seine Anfälligkeit gegenüber Bedienungsfehlern zu verringern.

Fassen wir zusammen, was wir über das Sicherheitssystem herausgefunden haben.

Vor dem Unfall arbeiteten die RBMK-Reaktoren mit einem Sicherheits- und Schutzsystem, das aus zwei Stabgruppen bestand, von denen die eine die Karikatur eines Sicherheitssystems war (sie brauchte achtzehn bis zwanzig Sekunden statt der vorgeschriebenen zwei bis drei Sekunden, um wirksam zu werden), während die andere Gruppe unter bestimmten Bedingungen (beim zulässigen Mindestwert der operationalen Reaktivitätsreserve?!) den Reaktor in den ersten drei bis vier Sekunden unter Umständen zum Durchgehen veranlassen konnte, statt ihn zu schützen.

Erst heute wissen wir, wie lange wir uns am Rand des Abgrunds bewegt haben.

Es war reines Glück, das uns all die Jahre hindurch vor einer Katastrophe bewahrt hat, die dann Smolensk- oder Kursk-Katastrophe genannt worden wäre. Oder aber die mittlerweile eingetretene Tschernobyl-Katastrophe. Es war reines Glück und nicht das Ausbleiben jener *«außergewöhnlichen Kombination von Verstößen gegen Sicherheitsvorschriften und bestimmten Arbeitspraktiken seitens des Reaktorpersonals»*, die die Reaktoren davor bewahrte, bereits früher in einen völlig unzulässigen und von den Konstrukteuren für unvorstellbar gehaltenen Zustand zu geraten.

Wirtschaft – Technik – menschlicher Faktor

Wie konnte der wirtschaftliche Betrieb des RBMK Vorrang vor seiner Sicherheit bekommen?

Die ursprünglichen RBMK-Pläne (1965) sahen vor, daß jeder Steuerstab einen absorbierenden Abschnitt und einen Verdränger von insgesamt sieben Metern Länge haben sollte. Die technischen Zeichnungen des RBMK von 1969 zeigten bereits Steuerstäbe mit verkürzten Absorbern (fünf und sechs Meter) und Verdrängern (fünf Meter), aber mit einer Dünnfilmkühlung der Kanäle, die in der Lage gewesen wäre, eine positive Reaktivitätsexkursion und damit einen Unfall, wie er in Tschernobyl geschah, zu verhindern.

Doch in den Fertigungsentwürfen des RBMK wiesen die Steuerstäbe verkürzte Absorber und Verdränger sowie wassergefüllte Kanäle statt einer Dünnfilmkühlung auf. Diese erfordert eine kompliziertere Konstruktion und ist natürlich teurer. Sie hätte jedoch die Wassersäulen unter den verkürzten Verdrängern beseitigt und damit auch die positiven Reaktivitätsexkursionen beim Einfahren der Steuerstäbe in den Kern von vornherein unterbunden. Im übrigen hätte sich dadurch auch die Wirkung der Notsteuerstäbe beschleunigt, da der Widerstand des Wassers beim Absenken des Stabs entfallen wäre.

Es bedurfte der Tschernobyl-Katastrophe, damit sich die Verantwortlichen auf die ursprünglichen Pläne und technischen Zeichnungen der Sicherheits- und Schutzmechanismen besannen und für die Installation der Dünnfilmkühlung in den Kanälen der Notstäbe sorgten. Erst nach Ausführung dieser Änderungen ließ sich die Gruppe der Notsteuerstäbe zu Recht als schnelles Unfallschutzsystem bezeichnen.

Die Zeit bis zum vollständigen Einfahren der Gruppe wurde um nahezu 90 Prozent, auf zwei bis zweieinhalb Sekunden, verkürzt. Die Länge des Absorberabschnitts der Steuerstäbe wurde auf sieben Meter erweitert. Es ist auch geplant, die Verdränger auf sieben Meter zu verlängern, was entweder die Verlängerung der Kanäle oder eine weitere Veränderung des Stabs (der Röhre in der Röhre) erfordert.

Warum waren keine Operateure in der Kommission?

Um die Zeit vor dem Unfall richtig zu verstehen, müssen wir uns erinnern, daß sie unter dem Motto des Energiesparens stand. Ein Slogan des sowjetischen Ministeriums für Energie und Elektrifizierung, den sich leider auch das Staatskomitee für die Nutzung der Atomenergie zu Herzen nahm, lautete: «Laßt uns ein bis zwei Prozent unserer fossilen Brennstoffe sparen!» In diesem Geiste erreichte «unter strenger wissenschaftlicher Beaufsichtigung» und «mit freundlicher Genehmigung» des verantwortlichen Wissenschaftlichen Offiziers der Dampfblasen-(oder Void-)Koeffizient der RBMK-Kernkraftwerke Werte zwischen 4 und 6β. Dieser hohe Koeffizient wurde begünstigt durch ein vollständigeres Abbrennen der Brennelemente, als es im Interesse eines sicheren Reaktorbetriebs ratsam war.[1] Erreicht wurde dies, indem man alle zusätzlichen Moderatoren aus dem Kern entfernte und seltener frische Brennelemente nachlud. Angesichts eines so großen und rasch anwachsenden Void-Koeffizienten hatte das Bedienungspersonal des Kernkraftwerks natürlich Schwierigkeiten, den riesigen Hochleistungsreaktor sicher zu handhaben.

Eine solche Situation kann man nicht dem Versagen der Operateure anlasten. Wahrscheinlich ist das einer der Gründe, warum keine Operateure in die Kommission berufen wurden, die die Ursache der Katastrophe von Tschernobyl untersuchte. Dafür waren dort viele Fachleute vertreten, die die Sicherheitsvorschriften und -richtlinien verfaßt und anschließend den RBMK-Reaktor entworfen hatten.

In der Tat stellt sich die Frage, warum in der Kommission, die die Ursachen des Unfalls untersuchte, so viele andere Experten waren, aber keine Operateure. Man kann nur vermuten, daß sich dahinter eine Absicht verbarg: Die gravierenden Mängel des RBMK-Reaktors hätten sich sonst nicht verschleiern lassen. Auch die groben Verstöße gegen die Sicherheitsvorschriften und -richtlinien wären ans Tageslicht gekommen. Und dann wäre es erforderlich gewesen, die fünfzehn noch in Betrieb befindlichen Reaktoren abzuschalten und die dringend erforderlichen Korrekturen zur Beseitigung der Konstruktionsfehler vorzunehmen.

An diesem Punkt setzte sich wiederum die Wirtschaftlichkeit gegenüber der Sicherheit durch. Man bedenke, daß dreizehn dieser Reaktoren je 1 Million und die beiden anderen sogar je 1,5 Millionen Kilowatt erzeugen. Hätte man sie alle gleichzeitig abgeschaltet, wäre es tatsächlich zu einer Energiekrise gekommen!

Der Mann, der sagte: «Politik ist der Ausdruck der Wirtschaft in konzentrierter Form», hat wahrlich recht gehabt. Die Regierung selbst war gezwungen, sich an der Suche nach Sündenböcken unter der Bedienungsmannschaft zu beteiligen.

Wer ist der Sündenbock?

Zumindest im Zusammenhang mit dieser Frage fand man eine Anwendung für die Sicherheitsvorschriften, denn SVKKW § 5.19 legt fest, daß während des Reaktorbetriebs die Werksleitung, der Chef der Reaktorhalle und der Schichtleiter für die Sicherheit der Kernkraftwerke verantwortlich sind.

Mit genau diesem Paragraphen ließen sich sechs Sündenböcke identifizieren. Deshalb hatte die Suche nach den Ursachen des Unfalls offenbar das Ziel, möglichst viele Fehler des Bedienungspersonals zu sammeln, um dahinter die zahlreichen krassen Konstruktionsmängel verstecken zu können. Inzwischen hat man in den verbleibenden RBMK-Kraftwerken ein Sofortprogramm von Sondermaßnahmen gestartet, das diese Mängel soweit wie möglich beheben soll.

Es folgt eine kurze Zusammenstellung dieser Maßnahmen (einschließlich derer, die bis Anfang 1991 bereits ausgeführt worden sind):

1. Die Verringerung des Void-Koeffizienten auf einen Wert von $\beta \sim 1$. Eine weitere Verringerung auf einen Wert nahe null ist vorgesehen.
2. Installation eines schnell wirkenden Unfallschutzsystems, das auf der Standardgruppe der Notsteuerstäbe beruht.
3. Beseitigung der positiven Reaktivitätsexkursion, die beim Einfahren der Arbeitsgruppe der Steuerstäbe in den Kern auftritt. Dazu wurden diese Stäbe durch andere mit einer neuen Konstruktion ersetzt und die Sicherheitsstäbe, die von unten in den Reaktor eingefahren werden, in das Unfallschutzsystem einbezogen. Ihre Aktionsgeschwindigkeit wurde erhöht.
4. Installation individueller Anzeige- und Aufzeichnungsgeräte, die eine ständige Kontrolle der operationalen Reaktivitätsreserve gestatten. Außerdem Einbau eines Warn- und Alarmsystems. Man beabsichtigt, eine

Sicherheitsblockierung einzubauen, die auf den zulässigen Mindestwert der Reaktivitätsreserve reagiert.

5. Entwicklung eines vorgeschlagenen Reservesicherheitssystems, das anders als das vorhandene System und von ihm unabhängig ist.

6. Entwicklung eines Systems, das es ermöglicht festzustellen, in welchem Zustand sich das Metall der Röhren und die wichtigsten Teile des ersten Umlaufsystems, des Kühlsystems, befinden.

7. Entwicklung von Maßnahmen zur Erdbebenstabilität der Geräte und Systeme von Kernkraftwerken. (Diese Frage wurde vorher bei keinem der betriebenen RBMK-Reaktoren in Betracht gezogen.)

8. Offenlegung von Informationen über die technischen Grundlagen der Sicherheit von Reaktor-Installationen und von Kernkraftwerken.

9. Herausgabe revidierter technischer Vorschriften.

10. Entwicklung und Einführung von Maßnahmen, um die Sicherheit des Reaktors für den Fall zu gewährleisten, daß gleichzeitig mehrere Brennstabkanäle platzen.

11. Modifikation des Notkühlsystems (NKS).

12. Entwicklung und Einbau von Reservealarmsystemen, die beim Erreichen kritischer Werte bestimmter Parameter warnen (operationale Reaktivitätsreserve, plötzlicher Druckabfall im ersten Umlaufkreis, extreme Deformation des Energieabgabefeldes, Platzen des Gruppen-Wasser-Verteilers usw.).

13. Modernisierung der Diagnostischen Parameteraufzeichnung, so daß es im Falle eines Unfalls möglich ist, seine Entstehung und Entwicklung sowie das Verhalten des Bedienungspersonals zu rekonstruieren.

Wie unschwer zu erkennen ist, haben diese Maßnahmen fast alle das Ziel, Unstimmigkeiten zwischen den Bestimmungen der Sicherheitsvorschriften und -richtlinien einerseits und den konkreten Konstruktionseigenschaften des RBMK andererseits zu beseitigen.

Dabei ist diese Liste keinesfalls eine vollständige Aufzählung solcher Unstimmigkeiten. Unter Berücksichtigung der durch die oben genannten Maßnahmen erzielten Fortschritte stellten Fachleute einiger Organisationen im Mai 1988 eine Reihe von Punkten zusammen, in denen der RBMK die Erfordernisse der offiziellen Vorschriften nicht erfüllte. Die Liste führt etwa dreißig Verstöße gegen die Bestimmungen von Sicherheitsvorschriften und -richtlinien auf. Wie der ehemalige Atomenergieminister der Sowjetunion, Nikolaj F. Lukonin, darlegte, können neun dieser Verstöße aus technischen Gründen nicht behoben werden. In den Anmerkungen zu diesem Dokument findet sich der folgende Satz: «Die vorliegende Liste ist aufgrund neuer Erkenntnisse in Einklang mit der etablierten Praxis zu bringen, wenn die technischen Grundlagen der Sicherheit von Reaktorinstallationen und Kernkraftwerken[4] veröffentlicht worden sind und während des Betriebs weitere Verstöße entdeckt werden.»

Mit anderen Worten, einige der Mängel wurden nach dem Unfall in aller Eile beseitigt; eine beträchtliche Zahl (ungefähr dreißig) bestehen noch, und bestimmte Konstruktionsfehler (etwa neun), die vor allem die ersten sechs RBMK-Blöcke der Kraftwerke Sosnowyj Bor, Kursk und Tschernobyl betreffen, können überhaupt nicht behoben werden.

Wie konnte man einen Reaktor mit so vielen Mängeln bauen und in Betrieb nehmen?

Erstens, niemand hat die RBMK-Pläne im Entwurfsstadium analysiert (das heißt, es gab keine unabhängige Prüfung durch Außenstehende).

Zweitens, die Konstrukteure selbst haben zwar eine solche Analyse vorgenommen, doch nur sehr oberflächlich (wegen unzulänglicher experimenteller Ausstattung, chronisch veralteter Computertechnik usw.).

Drittens, aufgrund des Monopols der sowjetischen Kernkraftwissenschaft wurden die RBMK-Reaktoren, im Gegensatz zu Flugzeugen, Autos usw., keinen ernsthaften Tests hinsichtlich ihrer Funktionsfähigkeit und Haltbarkeit unterworfen. Aus diesem Grund gingen sechzehn Reaktoren ans Netz, ohne daß auch nur eine Bescheinigung über die technischen Grundlagen der Sicherheit der Reaktorinstallation oder des Kernkraftwerks vorlag.

Doch ist man dieser Pflicht nicht nachgekommen, ist es nicht nur verboten, ein Kernkraftwerk zu betreiben, es darf nicht einmal gebaut werden (ASR §§ 1.2.3, 2.1.14). Erst 1988 hat der Chefkonstrukteur einen Versuch gemacht, «TÜV»-Bescheinigungen über die Sicherheit der RBMK-Kraftwerke der zweiten und dritten Generation zu bekommen. Dieser Versuch ist insofern interessant, als die «TÜV»-Bescheinigung auch jene Maßnahmen zu berücksichtigen hat, die bestehende Mängel beseitigen sollen und in Wirklichkeit noch nicht ausgeführt, sondern lediglich geplant sind. In diesem Falle erfüllt die «TÜV»-Bescheinigung selbst nicht die üblichen Voraussetzungen.

Für die sechs RBMK-Reaktoren der ersten Generation (in den Kernkraftwerken Sosnowyj Bor, Kursk und Tschernobyl) wurde kein Versuch unternommen, eine solche Bescheinigung einzuholen. Das war wegen der außerordentlichen Konstruktionsmängel – der neun oben erwähnten Fehler, die gegen die Vorschriften verstoßen und die sich nicht beseitigen lassen – auch gar nicht möglich. Diese sechs Reaktoren haben keine Unfallabschottungssysteme, ihre Notkühlanlagen für den Reaktorkern sind Karikaturen solcher Anlagen und haben nur den Namen gemein mit Systemen, die den Bestimmungen genügen.

Die RBMK-Reaktoren sind jetzt also seit mehr als fünfzehn Jahren in Betrieb, und nur einer der sechzehn (der dritte Block, der im Januar 1990 im Kernkraftwerk Smolensk ans Netz ging) hat eine Sicherheitsbescheinigung! Und trotzdem wird immer wieder behauptet, die Hauptursache für den Tschernobyl-Unfall sei der «menschliche Faktor» gewesen – womit ausschließlich die Fehler des Bedienungspersonals gemeint sind.

«Menschliches Versagen» – ein wohldefinierter Begriff

In jedem Lehrbuch der ehemaligen UdSSR zum Thema Kernkraftwerke werden dem Begriff «menschliches Versagen» alle Fehler zugeordnet, die Menschen in den drei Phasen des Prozesses begehen können, der die Sicherheit von Kernkraftanlagen gewährleisten soll:
– Planung und Entwurf
– Bau und Montage
– Netzbetrieb
Wie aber ist es dann zu erklären, daß sich die mit der Untersuchung beauftragten Fachleute nur mit dem letzten Stadium befaßten? Wie kommt es, daß sie bei der Untersuchung des Unfallverlaufs die erste, grundlegende Phase vergessen haben – das Stadium, in dem das Sicherheitsniveau des künftigen Kernkraftwerks festgelegt wird?

Diese Fragen habe ich schon in den vorangegangenen Abschnitten beantwortet.

In dem Lehrbuch «Monitor-, Kontroll- und Schutzsysteme in Kernkraftwerken», 1987 vom Obninsker Institut für Atomenergie veröffentlicht, heißt es:

«Der sichere Betrieb in der Praxis hängt in hohem Maße von den Sicherheitsei-
genschaften ab, die in der Planung berücksichtigt wurden. Es ist allerdings
daran zu erinnern, daß beim Bau und Betrieb die Sicherheitsstandards in der
Regel hinter den Planungsmaßstäben zurückbleiben.»

Die sechs angeblichen Verstöße des Bedienungspersonals[5]

Welchen Sinn hatte das Experiment, das zu der Katastrophe führte? Im
Zusammenhang mit den erwähnten Problemen des RBMK-Sicherheitssystems
erschien es wichtig, daß es auch dann noch funktionsfähig blieb, wenn durch
Störungen im Netz kein Strom eingespeist werden konnte. Ähnlich wie ein
Fahrraddynamo liefert der Turbogenerator des Kernkraftwerks beim Auslau-
fen noch etwas Strom. Dieser «Auslaufstrom» sollte nach der Vorstellung der
Konstrukteure des RBMK ausreichen, um das Sicherheitssystem des Reaktors
auch in solch einer Situation noch funktionsfähig zu halten.

Der Zweck des Experiments bestand darin, diesen Auslaufstrom zu messen.
Anschließend sollte der Reaktor für Wartungsarbeiten abgeschaltet werden.
Bei normaler Funktion eines so komplizierten Systems sollte es im Prinzip
natürlich gleichgültig sein, ob man die Abschaltung «normal» vornimmt oder
ob man einfach den Notsicherheitsknopf dazu verwendet.

Betrachten wir nun die sechs «gefährlichsten Verstöße hinsichtlich der Ver-
fahrenspraxis», die das Bedienungspersonal in Block 4 des Kernkraftwerks
Tschernobyl begangen haben soll, jene «außergewöhnliche Kombination von
Verstößen und bestimmten Arbeitspraktiken», die die Konstrukteure des
Reaktors für unmöglich gehalten hatten und sie zu dem Schluß veranlaßte, sie
könnten «sich keine Sicherheitssysteme vorstellen, die diesen Unfall hätten
verhindern können» (aus den der IAEO zugeleiteten Informationen).

Untersuchen wir die «Verstöße» unter verschiedenen Gesichtspunkten:
1. Sind sie wirklich geschehen, oder wurden sie von den Experten «erfunden»?
2. Wenn ein bestimmter «Verstoß» tatsächlich eine Verletzung der Vorschriften darstellte, die in den bindenden Bestimmungen niedergelegt sind und
   die das Bedienungspersonal hätte kennen und befolgen müssen, dann bleibt

noch zu untersuchen, ob dieser Verstoß tatsächlich eine Ursache des Unfalls war. Wie beeinflußte dieser Verstoß den Verlauf des Unfalls, oder wie würde er ihn beeinflußt haben?

Der erste «Verstoß» des Bedienungspersonals, wie er in den offiziellen Unterlagen (den Berichten an die IAEO und für die Öffentlichkeit) formuliert wurde: «Die Verringerung der operationalen Reaktivitätsreserve auf einen Wert erheblich unter dem zulässigen Mindestwert.»

Die Fachleute sind der Meinung, daß infolgedessen «das Notsicherheitssystem des Reaktors beeinträchtigt wurde».

Nach den Empfehlungen des Chefkonstrukteurs (vgl. S. 108) sollten zweieinhalb bis fünf Stäbe ausreichend sein, um die Wirksamkeit des für die Reaktivitätsreserve zuständigen Unfallschutzsystems aufrechtzuerhalten. Nach den aufgezeichneten Daten lag zum Zeitpunkt des Unfalls ein sechs bis acht Stäben entsprechender Wert vor. Zeugen berichten, daß dreißig Minuten vor dem Experiment achtzehn bis neunzehn Stäbe involviert waren. Wenn aber die Operateure tatsächlich den Grenzwert der Reaktivitätsreserve unterschritten haben, dann ist das in erster Linie eine unmittelbare Folge der Konstruktionsmängel und der völlig unzureichenden Bedienungsanweisung. In den Vorschriften, die die Aufgaben der Operateure bei stark verringerter Reaktorleistung betreffen, wird an keiner Stelle erwähnt, daß die Reaktivitätsreserve kontrolliert werden muß.

Der zweite «Verstoß» in der offiziellen Version: «Ein Leistungsabfall auf ein Niveau, das unter dem im Versuchsplan vorgesehenen lag.»

Die Wissenschaftler und Fachleute nennen als Folge: «Es wurde schwierig, den Reaktor zu kontrollieren.»

In der Tat wich das Betriebspersonal vom Testplan ab, demzufolge die Leistungsabgabe während des Experiments zwischen 700 und 1000 Megawatt liegen sollte. Es ist jedoch in keiner Bestimmung vor dem 26. April 1986 die Rede von einer zulässigen Mindestleistung. Dieser «Verstoß» ist also eine Abweichung vom Versuchsprogramm, aber nicht von den Vorschriften, die einen sicheren Betrieb des Reaktors gewährleisten sollten, noch von der in ähnlichen Fällen üblichen Praxis. Die Gefahr eines rapiden Leistungsanstiegs in diesem Bereich beruht auf Konstruktionsfehlern.

Der dritte «Verstoß»: «Die Verbindung aller Hauptumwälzpumpen mit dem Reaktor und das Überschreiten des in den Vorschriften spezifizierten Höchstwertes für einzelne Hauptumwälzpumpen.»

Nach Auffassung der Wissenschaftler und Fachleute hatte das folgende Konsequenzen: «Die Temperatur des Kühlmittels im Mehrfach-Zwangsumlaufsystem näherte sich der Sättigungstemperatur.»

Der Anschluß aller Hauptumwälzpumpen war (unabhängig vom Leistungsbereich des Reaktors) vor dem 26. April 1986 durch keinerlei Vorschrift untersagt, auch nicht durch das technische Bedienungshandbuch. Es kann in diesem Punkt keine Rede von einem Fehler des Bedienungspersonals sein. Die Untersuchungen des Moskauer Instituts für Atomenergie schlossen außerdem eine unter entsprechenden Bedingungen mögliche Kavitation als mögliche Unfallursache aus.

Der vierte «Verstoß»: «Die Blockierung des Reaktor-Sicherheitssystems, als die Instrumente den Stillstand beider Turbogeneratoren auswiesen.»

Nach Auffassung der Experten war die Folge dieses Vorgangs: «Der Reaktor war ohne automatische Notabschaltungsfunktion in Betrieb.»

Die Handlungen des Bedienungspersonals standen in diesem Punkt im Einklang mit den damals geltenden Vorschriften. Sie hatten auch keinerlei Einfluß auf Beginn oder Verlauf des Unfalls.

Außerdem, welchen Unterschied macht es, ob der Reaktor explodierte, weil das automatische Sicherheitssystem in Aktion trat oder weil der Alarm manuell ausgelöst wurde?

Der fünfte «Verstoß»: «Abschaltung der Sicherheitsmechanismen für Wasserstand und Dampfdruck in den Dampf-Wasser-Abscheidern.»

Zu den Folgen der Maßnahme meinten die Experten: «Die für die thermischen Parameter zuständigen Sicherheitsmechanismen des Reaktors wurden vollständig außer Kraft gesetzt.»

Die Darstellung der Folgen dieses «Verstoßes» erweckt den Eindruck reiner Desinformation. Nicht eines der genannten Sicherheitssysteme für den Dampfdruck und den Wasserstand in den Dampfabscheidern wurde abgeschaltet. Alle blieben in Betrieb. Nur die Einstellung der Sicherheitsvorrichtung, die den niedrigsten Wasserstand in den Dampfabscheidern betraf, wurde von den Operateuren verändert: von –1100 auf –600 Millimeter. Dies hatte keine Auswirkungen, da sich der Wasserstand in den Dampfabscheidern unmittelbar vor und während des Experiments kaum veränderte und über der 600-Millimeter-Marke lag.

Der sechste «Verstoß» in der offiziellen Formulierung: «Abschaltung des Sicherheitssystems für den konstruktionsabhängigen größtmöglichen Störfall.»[6]

Nach Auffassung der Experten war die Folge: «Verlust der Möglichkeiten, das Ausmaß des Unfalls einzugrenzen.»

Das genannte Notkühlsystem, das sich bei einem Ausfall des Druckkollektors der Hauptumwälzpumpen einschalten sollte, um die Kühlmittelversorgung für die Brennstabkanäle aufrechtzuerhalten, hätte kaltes Wasser in die aktive Zone gepumpt, was aufgrund des Temperaturschocks zu einer Wärmeexplosion hätte führen können – eine Gefahr, die das Bedienungspersonal von RBMK-Reaktoren fürchtete und weiterhin fürchtet. Zur Überprüfung von Teilen dieses Sicherheitssystems ist seine zeitweilige Abschaltung nötig und üblich. Da der Reaktor nach Abschluß des Experiments für Wartungsarbeiten abgeschaltet werden sollte, hielt es der Chefingenieur für vertretbar, das Reaktor-Notkühlsystem vollständig außer Betrieb zu setzen. Dies war in der Tat ein Verstoß gegen Paragraph 5.4 der Sicherheitsvorschriften und gegen die «Regeln für den technischen Betrieb».

Wenn jedoch statt des gesamten Notkühlsystems für den Reaktorkern nur der dritte, am Test beteiligte, Kanal abgeschaltet worden wäre, hätte auch das den Umfang des Unfalls nicht verringert. Erstens beträgt die Mindestreaktionszeit des Reaktorkern-Notkühlsystems (die Zeit, die das Wasser braucht, um den Kern zu erreichen) vier bis fünf Sekunden. Dies ist der gleiche Zeitraum, den der Reaktor brauchte, um durchzugehen. Zweitens gab es, bevor der Reaktor explodierte, keine Anzeichen für einen Ausfall des Druckkollektors. Deshalb – und das ist bereits nachgewiesen – wurde kein automatisches Aktivierungssignal an das Notkühlsystem des Reaktorkerns übermittelt.

Schlußfolgerungen

Fassen wir die als mögliche Unfallursachen ernsthaft in Frage kommenden «Verstöße» zusammen, die am 26. April 1986 vom Bedienungspersonal in Tschernobyl begangen worden sind:

- der Betrieb mehrerer (zwei von acht) Umwälzpumpen mit einer leichten Überlastung von nicht mehr als 20 Prozent (ein Verstoß gegen die Technischen Vorschriften);
- die Verringerung der Einstellung des Sicherheitsmechanismus für den niedrigsten Wasserstand im Dampfabscheider um 500 Millimeter (ein Verstoß gegen die «Vorschriften über die Stellung der Schalter und Deckplatten der technischen Sicherheitssysteme»);
- das Abschalten aller Kanäle des Notkühlsystems für den Reaktorkern anstelle des einen am Test beteiligten Kanals (ein Verstoß gegen die Technischen Vorschriften und die Sicherheitsvorschriften).

Keiner dieser Verstöße, auch nicht das Zusammenwirken aller, hat den Unfall verursacht, seinen Verlauf beeinflußt oder Auswirkungen auf das Ausmaß seiner Folgen gehabt. Die Ursache des Unfalls lag in schwerwiegenden Konstruktionsmängeln des Reaktors, vor allem

- in den gefährlichen physikalischen Eigenschaften des Kerns (der hohe positive Dampfblaseneffekt der Reaktivität und der positive Leistungskoeffizient in niedrigen Leistungsbereichen);
- im Verhalten des Notsicherheitssystems des Reaktors (das Auftreten einer positiven Reaktivitätsexkursion, wenn die Notsteuerstäbe aus ihrer höchsten Position in die Kanäle eingefahren werden);
- in der außerordentlich langsamen Arbeitsweise des Notsicherheitssystems und im Fehlen eines rasch wirkenden Sicherheitssystems;
- in mangelhaften Konstruktionsbeschreibungen und daher auch unzulänglichen Betriebsanleitungen.

Seit dem Unfall gibt allein schon der Gedanke an die Nutzung eines Turbogenerators beim Auslaufen Anlaß zu größten Bedenken. Aber die Konstrukteure beabsichtigten, auf diese Weise bei Stromausfall für die Stromversorgung des rasch wirkenden Abschnitts im dritten Kanal des Notkühlsystems für den Reaktorkern zu sorgen, falls solch eine Situation jemals bei einem größtmöglichen Störfall auftreten sollte.

Solange man dieses Auslaufregime nicht in der beschriebenen Weise nutzen kann, dürfen die zur Zeit betriebenen RBMK-Reaktoren und ihr Drei-Kanal-Reaktorkern-Notkühlsystem aufgrund der SVKKW-82-Bestimmungen nicht in Leistungsbereichen von mehr als 50 Prozent des Nennwertes arbeiten. Dennoch wird das auch weiterhin gemacht.

Die sechs ersten RBMK-Reaktoren in Sosnowyj Bor, Kursk und Tschernobyl werden jetzt seit fast zwanzig Jahren praktisch ohne Notsicherheitssystem betrieben, und kein Experte scheint daran interessiert, die Größenordnung eines potentiellen künftigen Unfalls zu analysieren.

Nebenbei bemerkt, die neuen Sicherheitsvorschriften, SVKKW-88, übertragen wie zuvor die Verantwortung für die Sicherheit ausschließlich dem Bedienungspersonal des Kernkraftwerks, während Chefkonstrukteur und leitender Wissenschaftler abermals außerhalb der Schußlinie bleiben.

Hier mag sich der Leser fragen: Die Öffentlichkeit läßt sich ja vielleicht bereitwillig an der Nase herumführen – doch wie steht es mit der IAEO-Konferenz im August 1986, die Hunderte von Fachleuten aus vielen Ländern besuchten? Wie konnten sie sich die Auffassung der sowjetischen Delegation unter Leitung des Akademiemitglieds W. A. Legassow zu eigen machen?

Diese Frage läßt sich mit einem Auszug aus dem Bericht der Internationalen Beratergruppe für nukleare Sicherheit[7] (einer IAEO-Gruppe) beantworten. Der Bericht entstand im September 1986 auf Anforderung des Direktors der IAEO und unter Rückgriff auf die Informationen, die die sowjetischen Fachleute geliefert hatten:

«Der größte Teil dieses Berichts ist den sorgfältig zusammengestellten Informationen entnommen, die von den sowjetischen Fachleuten auf der Konferenz vorgelegt worden sind... Unter normalen Betriebsbedingungen ist der Leistungskoeffizient des RBMK bei voller Leistung negativ und wird erst positiv, wenn die Leistungsabgabe auf weniger als etwa 20 Prozent der vollen Leistung reduziert wird. Der Betrieb des Reaktors in einem Leistungsbereich von weniger als 700 Megawatt wird – im Hinblick auf die Probleme, die bei dem Bemühen auftauchen, die thermohydraulischen Parameter im Normalbereich zu halten – durch die Betriebsvorschriften eingeschränkt...»

Um die erforderliche Verteilung der Energieabgabe und die effiziente Nutzung der negativen Reaktivität in Notsituationen zu gewährleisten, schreiben die Regeln vor, daß «mindestens dreißig Steuerstäbe in den Reaktorkern eingefahren bleiben müssen...»

Das Auftreten einer positiven Reaktivitätsexkursion, das durch das System der Steuer- und Notstäbe verursacht werden kann, wird in dem Bericht nicht einmal erwähnt. Allerdings wird das Vorkommen eines positiven Leistungskoeffizienten in niedrigen Leistungsbereichen eingeräumt.

Stellen wir noch einmal klar, daß vor dem Unfall nicht eine einzige Bestimmung den Betrieb des Reaktors in einem Leistungsbereich unter 700 Megawatt und mit einer weniger als dreißig Stäben entsprechenden Reaktivitätsreserve untersagte. In keiner Beschreibung und keiner Betriebsanleitung wurde das Auftreten eines positiven Leistungskoeffizienten erwähnt.

Diese Einschränkungen wurden erst *nach* dem Unfall eingeführt. Wie wir sehen, können die «sorgfältig zusammengestellten Informationen» der sowjetischen Fachleute auch als Fehlinformation betrachtet werden. Wenn ich zu diesen «Informationen» noch die (meines Wissens falsche) Behauptung hinzufüge, das Bedienungspersonal des Reaktors habe alle Sicherheitssysteme für den Wasserstand und den Dampfdruck in den Separatoren abgeschaltet und damit den Reaktor ohne jede Sicherheitsvorkehrung hinsichtlich seiner thermischen Parameter gelassen, so kann ich mich des Eindrucks nicht erwehren, daß die Untersuchung des Unfalls in falsche Bahnen gelenkt wurde. Wenn das tatsächlich der Fall war, hatte man dann die Absicht, die wirklichen Ursachen zu verschleiern?

Viele Fragen bleiben offen, unter anderem auch die, wer die Täter und wer die Opfer waren. Eines ist klar: Solange die Frage der nuklearen Sicherheit in der oben beschriebenen Weise behandelt wird, läßt sich die Wiederholung solcher Unfälle nicht ausschließen. Nur eine wahrheitsgetreue, öffentliche Darlegung der Ursachen, die zu der Tschernobyl-Tragödie (und anderen) geführt haben, werden uns vor falschen Entscheidungen der verantwortlichen Stellen schützen und für eine wirksame öffentliche Kontrolle in Sicherheitsfragen sorgen. Wir alle wissen, daß jede unserer Handlungen mit einem gewissen Risiko verbunden ist, doch bei jedem Schritt sollten wir uns vergewissern, ob das Risiko, das wir in Kauf nehmen, vertretbar oder unvermeidlich ist.

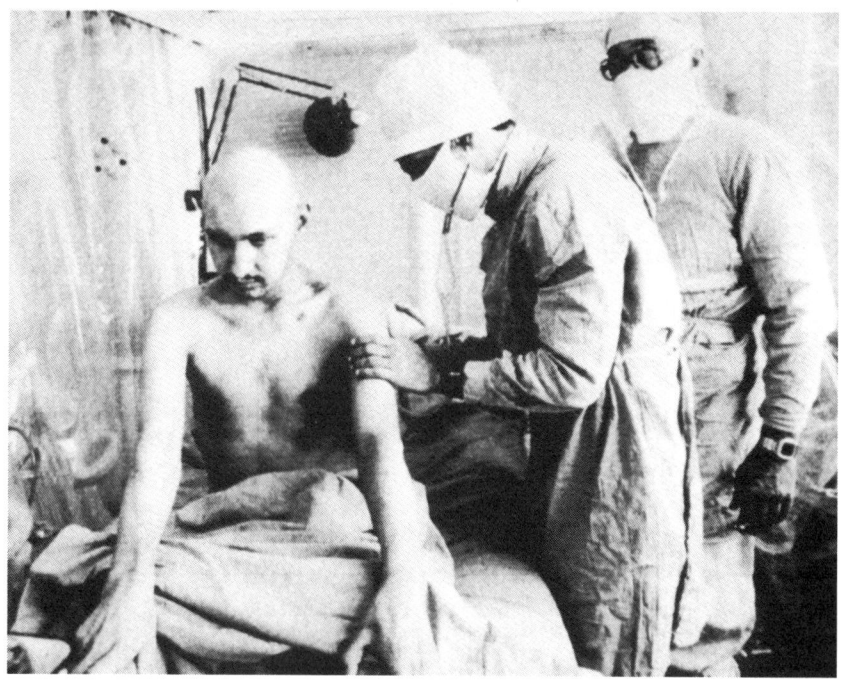

Abb. 19: Strahlenopfer im Moskauer Krankenhaus «Nummer sechs».

Abb. 20: Ein Gebiet von dreißig Kilometern im Umkreis des Kernkraftwerks
Tschernobyl ist jetzt für die Öffentlichkeit gesperrt. Auf dem Schild,
das die beiden Männer tragen, steht «Verbotene Zone».

Die Zone

Als wir in Kiew aus dem Flugzeug stiegen, fiel unser Blick als erstes auf die Kavalkade schwarzer Regierungslimousinen und die Gruppe besorgter ukrainischer Funktionäre. Sie hatten keine präzisen Informationen, sagten aber, die Situation sei ernst. Wir zwängten uns in die Autos und fuhren zum Kraftwerk.

Ich muß sagen, zu diesem Zeitpunkt hatte ich keine Ahnung, daß wir uns einem Ereignis globalen Ausmaßes näherten, einem Ereignis, das, wie es heute scheint, in die Geschichte eingehen wird wie große Vulkanausbrüche, die Zerstörung von Pompeji oder ähnliches.

Akademiemitglied Walerij Legassow
«Meine Pflicht, davon zu berichten» (russisch), Moskau 1989

Das Ministerium für Mittleren Maschinenbau (MinSredMasch) – das Ministerium, das die gefährlichen RBMK-Reaktorblöcke entwickelte – und die ganze Sowjetunion waren auf eine Katastrophe wie die von Tschernobyl nicht vorbereitet. (Ist man anderswo besser gewappnet?) Es gab keine klaren Pläne für Notfallmaßnahmen und keine der notwendigen technischen Instrumente und Roboter. Es gab kein professionell geschultes Notfallkommando, das eine radioaktive Verseuchung so großen Ausmaßes schnell lokalisieren und effektiv damit umgehen konnte.

Einsatzgruppen, die ihrer Aufgabe entsprechend im Falle einer Nuklearexplosion den *Ground zero* betreten müssen, waren nicht mit Schutzkleidung ausgestattet und verfügten weder über Mittel noch Methoden, um dafür zu sorgen, daß die radioaktiven Nuklide sich nicht weiter ausbreiteten.

Alles wurde erst im Laufe der Ereignisse organisiert – die Arbeit der Regierungskommission selbst wie die verschiedener Komitees und von über vierzig Ministerien und Institutionen.

Das Land setzte all seine Ressourcen frei, um mit der Katastrophe fertig zu werden. Milliarden Rubel und gewaltige menschliche Anstrengungen wurden aufgebracht. Lastwagen mit Ausrüstung, angeforderter wie uner-

betener, stauten sich Hunderte von Kilometern vor Tschernobyl. Es war
einfach keine Zeit, sie zu entladen.

Der schmerzlichste Aspekt jedoch war, daß Hunderte, Tausende von
Menschen von ihren Familien und ihrer Arbeit fortgerissen wurden. Sie
wurden zum Noteinsatz gerufen, oft mitten in der Nacht, ohne Rücksicht
auf ihre Gesundheit oder Verpflichtungen, wurden in Militäruniformen
gesteckt und ohne jede Vorbereitung und Ausbildung schutzlos in die
Hölle der Sonderzone geworfen (die 10-Kilometer-Zone rund um den
Unglücksort). Mit Schaufeln und Händen mußten sie den radioaktiven
Graphit einsammeln, den der zerstörte Reaktor auf das Dach des
benachbarten Blocks 3 geschleudert hatte.

Gegen Ende Mai 1986 begann man, die regulären (einberufenen) Soldaten in der Zone durch Reservisten zu ersetzen; über 650 000 Menschen
wurden durch die Zone geschleust. Ohne ordentliche dosimetrische und
medizinische Überwachung begannen sie den «Sarkophag» zu bauen,
den Schutzbehälter um den beschädigten Reaktorblock.

Abb. 21: Die 30-Kilometer-Sperrzone.

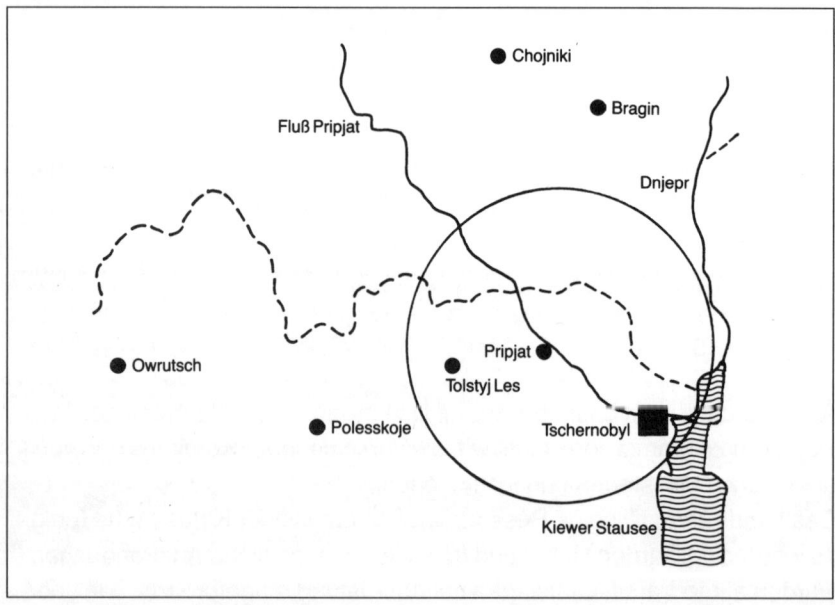

Strahlenschutz

Der größte Unterschied zwischen der Räumungsaktion von Tschernobyl und anderen Unternehmungen ähnlicher Größenordnung ist, daß die Lösungen einfacher Probleme gewöhnlich nicht vorausgeplant, sondern im Laufe ihres Entstehens gefunden wurden. Unter den Tschernobyler Bedingungen jedoch konnte ein Beurteilungsfehler selbst beim kleinsten Schritt später schwerwiegende Folgen haben.

Hinzu kam, daß die Räumungsarbeiten durch eine unnötig verflochtene Organisationsstruktur behindert wurden. Als Koordinator fungierte die Regierungskommission; sie hatte es mit zahlreichen Gruppen des Verteidigungsministeriums und verschiedener ziviler Ministerien und Institutionen zu tun, von denen einige erst nach der Katastrophe ins Leben gerufen wurden. Die Zuständigkeiten blieben häufig unklar.

Dies führte auch zu einer Reihe von Komplikationen bei der dosimetrischen Überwachung und der Durchsetzung der Strahlenschutzmaßnahmen. Viele Probleme blieben ungelöst.

Der Chefingenieur der dosimetrischen Überwachung

Dmitrij Wassiltschenko erklärte mir die Organisation des Strahlenschutzdienstes von 1986 bis 1990. Seit 1986 hat er in der Zone an der Dekontaminierung von Block 1, 2 und 3 gearbeitet und war während einer der gefährlichsten Phasen der Entfernung hochradioaktiven Schutts mit uns zusammen auf dem Dach von Block 3. Mit einem Wort, er ist ein Experte für Strahlenschutz – in jenem riesigen Maßstab, wie ihn Tschernobyl setzte. Er schildert im folgenden die Situation.

Die Hauptprobleme bei der Durchsetzung von Strahlenschutzstandards waren:
1. Zuwenig dosimetrische Geräte und unzureichende Laborausrüstung.
2. Zuwenig Personendosimeter mit großem Meßbereich.
3. Fehlen eines automatisierten Kontrollsystems für Personendosimeter (nicht nur in Tschernobyl, sondern in der gesamten UdSSR), das auch als Basis einer Datenbank für individuelle Strahlenbelastungen zur späteren Auswertung hätte dienen können.

4. Ein personell schlecht ausgerüstetes System der Strahlenüberwachung und zuwenig Datenspeicher, die mit einem Unglück von dieser Dimension fertig geworden wären. Das ständige Personal der Strahlenüberwachung in Tschernobyl war nicht in der Lage, die Computerfachleute mit zuverlässigen Informationen zu versorgen.

5. Fehlen moderner Vorrichtungen, um die interne Strahlenbelastung zu messen, und Fehlen von Hilfsmitteln zu ihrer Berechnung.

6. Unzureichendes Strahlenschutztraining und ein fast vollständiger Mangel an Grundinformationen über Strahlenschutzmaßnahmen bei der Bevölkerung von Pripjat. Meiner Meinung nach ist eine Folge davon, daß erheblich mehr Menschen verstrahlt wurden, als zu rechtfertigen ist.

7. Zuwenig Dosimetriespezialisten, was eine sinnvolle Einsatzorganisation nach dem Unfall praktisch unmöglich machte.

8. Dem Schutz und der Sicherheit der Arbeiter wurde seitens der Verwaltung des Kernkraftwerks (Direktor und Chefkonstrukteur) zuwenig Aufmerksamkeit gewidmet. Obwohl dies auf den ersten Blick unbedeutend erscheinen mag, hatte es meiner Meinung nach einen erheblichen negativen Einfluß auf den weiteren Verlauf der Ereignisse.

Die Disziplin der Belegschaft, das strikte Befolgen aller Instruktionen, Regeln und Vorschriften hängt weitgehend vom Führungsstil und dem Ausmaß an Unterstützung ab, das die Abteilung für Werkschutz und Sicherheit am Arbeitsplatz – und insbesondere der Direktor des Kernkraftwerks – demonstriert. Meine langjährige Erfahrung auf diesem Gebiet hat mich überzeugt, daß der Werkschutzabteilung kein anderer als der Direktor selbst vorstehen muß.

9. Fehlen eines automatisierten Strahlenschutzsystems in allen kerntechnischen Einrichtungen, insbesondere in Tschernobyl.

Meine sich über vier Jahre erstreckende Analyse der Gewohnheiten des Strahlenschutzpersonals hat gezeigt, daß diese neun Punkte ein professionelles Vorgehen der Mitarbeiter behinderten, obwohl sie im Einzelfall sehr wohl in der Lage waren, selbständig zu handeln, und das auch hätten tun sollen.

Ein weiterer Grund dafür, daß eine so große Zahl an Menschen hohen Strahlendosen ausgesetzt wurde, war unser sogenannter «Patriotismus»-Effekt. Dieser Effekt hat zusammen mit der Unkenntnis des Kraftwerkpersonals und all derer, die zur Durchführung der Räumungsarbeiten hinzugezogen wurden, sowie dem

Fehlen von elementaren Kenntnissen der Strahlenschutzregeln dazu geführt, daß sich die Zahl der Strahlenopfer noch erhöhte. Die Evakuierung der Stadt Pripjat und des Kraftwerkpersonals von Tschernobyl bedeutete, daß nur eine kleine Gruppe ausgebildeter Leute im Kraftwerk zurückblieb, um die drei abgeschalteten Reaktorblöcke zu befreien. Praktisch das gesamte Arbeitsschutz- und Sicherheitspersonal wurde vom Kraftwerk abgezogen. Daher war das Niveau der zur Gewährleistung sicherer Arbeitsbedingungen nötigen Meßtätigkeit eher rudimentär. Die Regierungskommission teilte die Aufgabe der Strahlenüberwachung unter den verschiedenen Ministerien auf; im Prinzip war jedes Ministerium für seine eigenen Leute verantwortlich. Zu dem damaligen Zeitpunkt schien das die klügste Entscheidung zu sein.

Später jedoch erkannte man die Nachteile dieser Verfügung: Vor allem wegen mangelnder Koordination zwischen den Ministerien gingen unschätzbare Informationen über das Ausmaß der Strahlenbelastung einer großen Zahl von Personen verloren. Hierüber sind ehemalige «Liquidatoren» besonders verbittert. Mitte Mai 1986 wurde im Atomkraftwerk Tschernobyl ein Strahlenschutzdienst eingerichtet. Die Aufstellung erfolgte überstürzt und in desorganisierter Weise, das Personal dafür wurde aus anderen Kraftwerken herbeigeholt. Da die Dienstzeiten dieser Leute zwischen einem und fünfzehn Monaten betrugen und sie außerdem hauptsächlich aus WWER-Anlagen[1] kamen, waren sie mit der Arbeitsweise des Kraftwerks Tschernobyl nicht vertraut, und diese Abteilung konnte daher nicht effektiv arbeiten.

Ich sollte aber erwähnen, daß die Leitung dieser Abteilung durch den stellvertretenden Chefingenieur der Räumungsarbeiten sehr kompetent war. Er tat sein Bestes, um diese Nachteile auszugleichen, und sorgte für die Rekrutierung einiger hochqualifizierter Dosimetriespezialisten, die bis Oktober 1986 vor Ort blieben. Meiner Meinung nach ermöglichte uns die Anwesenheit dieser Spezialisten, die Strahlenbelastung der Aufräumkolonnen auf ein Minimum zu begrenzen. Mit Hilfe von Armeeangehörigen und einer kleinen Zivilistengruppe leistete diese Abteilung einen großen Teil der Grundarbeit.

Das größte Problem bei der Organisation eines wirksamen Strahlenschutzprogramms lag in der Notwendigkeit, die Belastungsdosen einer so großen Anzahl von Menschen zu messen und zu registrieren. Das Maschinenbauministerium (MinSredMasch) und das Verteidigungsministerium waren für die Strahlenüberwachung ihrer eigenen Mitarbeiter verantwortlich. Das Maschinenbauministerium hatte sein Meßverfahren für individuelle Strahlenbelastung recht gut und professionell organisiert. Das Verteidigungsministerium dagegen verfügte im Prinzip nur über Ortsdosimeter (zur Messung der Gesamt-Strahlenexposition) und benutzte Berechnungen der Gammastrahlenstärke. Für den Zeitraum 1986 bis 1987 gibt es keinerlei Daten über die Strahlenexposition von Armeeangehörigen; sie gingen verloren.

Die Strahlenbelastung der Mitarbeiter anderer Ministerien wurde von der Gruppe des Kraftwerks Tschernobyl gemessen. Doch dieses Meßprogramm wurde erst gegen November/Dezember nach akzeptablen Standards organisiert. Grund dafür war die Komplexität der Aufgabe: eine große Zahl verschiedener Organisationen und Institutionen, eine große Zahl zu überwachender Personen, keine einheitliche Arbeitszeitregelung in der Zone (manche Schichten gingen rund um die Uhr, manche Personen arbeiteten einen ganzen Monat oder länger, verließen dann die Zone und kamen später wieder usw.), weitgehende Unkenntnis der Strahlenschutzmaßnahmen und mangelnde Professionalität, mangelhafte Disziplin und ungenügendes Verantwortungsbewußtsein. Infolgedessen arbeitete das Personal des Kohleindustrieministeriums, des Energieministeriums und anderer Behörden in den meisten Fällen ohne jegliche individuelle dosimetrische Kontrolle in hochradioaktiven Bereichen. Das ist bis heute ein Grund für große Unzufriedenheit bei denen, die 1986 an den Arbeiten in Tschernobyl beteiligt waren.

Der trotz all dieser Erschwernisse erzielte Standard der Strahlenkontrolle wäre unmöglich gewesen ohne modernste Computertechnik. Sie ermöglichte es, ein einzigartiges System individueller dosimetrischer Überwachung zu entwickeln und in die Praxis umzusetzen. Es wird bis heute benutzt.

Im Jahr 1986 basierte die Strahlenüberwachung wegen der enormen Strahlenbelastung weitgehend auf der Messung von Gamma-Strahlung. Diese Messungen wurden von Milizionären des Verteidigungsministeriums an allen kontrollierten Zufahrten zur Zone mit Hilfe transportabler DP-5-Dosimeter vorgenommen und betrafen die gesamte die Zone verlassende Ausrüstung. Automatische Radioaktivitätsmessungen fanden ausschließlich am «Ditjatki»-Tor statt, mittels einer 1986 vom Institut für Kernphysik der Ukrainischen Akademie der Wissenschaften entwickelten und gebauten Strahlungskontrollstation für Fahrzeuge.

Noch ein paar Bemerkungen zur Messung der individuellen Strahlenexposition, der wichtigsten Aufgabe der Dosimetrie. Ich erwähnte bereits, daß die Dosimetrie auf Beschluß der Regierungskommission aufgeteilt wurde auf das Energie-, das Verteidigungs- und das Maschinenbauministerium. Das Hauptproblem lag beim Verteidigungsministerium – zur Tätigkeit der anderen beiden gibt es keine grundsätzlichen Fragen. Das Problem ist nicht einfach und wird sich im Laufe der Zeit noch verschärfen, wenn die Beschwerden der an der Räumungsaktion beteiligten Soldaten, die jeweils für eine kurze Zeitspanne an den Unfallort gebracht wurden, sich verschlimmern.

Es ist bekannt, daß aufgrund eines Regierungserlasses gewisse Privilegien festgesetzt wurden, darunter auch die einmalige Zahlung eines fünffachen Gehalts an Personen, die eine Dosis von 5 AED *[Allowed Equivalent Dose]* oder mehr erhalten haben. Diese Zuschläge wurden von 1986 an bis auf den heutigen Tag ausgezahlt. Das machte die dosimetrische Überwachung erheblich komplizierter. Ende 1986 und während des ganzen Jahres 1987 wurden zahlreiche Fälle von Strahlenexposition über 25 rem gemeldet. Jeder dieser Fälle wurde untersucht und jeder Betroffene zu weiterer medizinischer Kontrolle in die MS-1226-Klinik geschickt. In der Stadt Tschernobyl wurde am Wawilow-Institut für Genetik ein Labor für zytogenetische Untersuchungen von Chromosomenaberrationen eingerichtet. In der Regel wurden hohe Ganzkörperdosen durch diese Untersuchungen *nicht* bestätigt.

Jetzt zur Ausstattung mit Meßgeräten. Auf den ersten Blick scheinen genügend dosimetrische und physikalische Laborgeräte auf dem Markt zu sein. Doch von wenigen Ausnahmen abgesehen sind diese Geräte für die Bedingungen in der Zone nicht geeignet. In den vier Jahren nach dem Unfall sind keine neuen Geräte, die solchen Umständen angemessen und praktisch in der Anwendung wären, hergestellt oder auch nur entwickelt worden (mit Ausnahme des DRG-01-T, das nur die Höhe der Gamma-Strahlung mißt. Es gibt keine technischen Mittel zur Überwachung der Kontamination von Menschen durch Beta-Strahler. Infolgedessen werden an allen Zufahrten zur Zone nichtstandardisierte, vom Institut für Kernphysik entwickelte Meßapparate eingesetzt. Dasselbe gilt für die physikalische Laborausrüstung. Heute benutzt die Dosimetrie für ihre Routineaufgaben nur importierte Instrumente – Geräte aus heimischer Produktion sind notorisch unzuverlässig. Und Instrumente zur Messung interner Strahlungsdosen werden hier nicht einmal hergestellt.

Vier Jahre Erfahrung haben folgendes gezeigt:

- Vom Zeitpunkt des Unfalls an führten schwere Fehler in der Organisation des Strahlenschutzes, vor allem durch die Verteilung dieser Aufgabe auf so viele Behörden und Ministerien, zu Unstimmigkeiten und mangelhafter Kommunikation. Die zahlreichen für die dosimetrische Überwachung verantwortlichen Gruppen wurden in keiner Weise koordiniert, was in vielen Fällen zu widersprüchlichen Daten führte.
- Indem man militärisches Personal aus der Zone hinausverlegte, trug man zur zusätzlichen Verbreitung von Radioaktivität bei.
- Das Strahlenschutzpersonal war sehr schlecht ausgestattet und verfügte nicht über die notwendigen Geräte.
- Die Überbesetzung der Räumungstrupps verhinderte die Durchführung eines rigorosen Strahlenschutz-Ausbildungsprogramms.

- Es herrschte ein gravierender Mangel an Luftschleusen für das Personal, besonders 1986.

Aufgrund der Erfahrungen dieser vier Jahre meine ich, daß es unbedingt notwendig ist, eine nationale Institution mit einem Minimum an Mitarbeitern zu schaffen, die über ein breites Gerätespektrum und über eine umfassende Dokumentation verfügt – für den Fall eines ähnlichen Unglücks irgendwo auf der Welt. Diese Institution sollte einen angemessenen Status haben und das Recht, neue Technologien in Serienproduktion zu geben, alte Geräte aus dem Verkehr zu ziehen, standardisierte Dokumentationsverfahren, Methodiken und Instruktionsmaterial zu entwickeln. Außerdem sollte es Aufgabe dieser Einrichtung sein, nach einem Unfall, bei dem radioaktive Stoffe freigesetzt wurden, die Notfallmaßnahmen zu organisieren.

Dekontamination und Räumungsarbeiten

Die größte Einsatzgruppe war mit vierzigtausend Mann die des Verteidigungsministeriums, darunter fünftausend Offiziere und zehntausend Techniker. Je nach Größe des Gebiets, auf dem gearbeitet wurde, und der Geschwindigkeit, mit der eine Aufgabe erledigt werden mußte, variierte die Zahl der jeweils anwesenden Armeeangehörigen zwischen fünf- und zehntausend.

Leider waren die Leute des Verteidigungsministeriums nicht in der Lage, die Dekontamination – vor allem im Innern des Kernkraftwerks – ohne den Rat und die Aufsicht geschulten Kraftwerkspersonals durchzuführen. Der Gebrauch des elektronischen und mechanischen Geräts erforderte besondere Ausbildung und Überwachung. Der größte Teil des Personals von Tschernobyl war jedoch evakuiert worden – zurückgeblieben war nur eine kleine technische Bedienungsmannschaft. Ohnehin ist zu bezweifeln, daß das Werkspersonal hätte helfen können, wenn es am Ort geblieben wäre, da die meisten mit Methoden und Praxis der Dekontamination nicht vertraut waren.

Die Abteilungen des Kraftwerks, deren Mitarbeiter normalerweise für Dekontamination zuständig sind, haben gewöhnlich nur mit Luftschleusen für das Personal, der Wäsche und Reinigungsarbeiten in Personalräumen mit relativ niedrigem Strahlenniveau zu tun, wofür keine besondere Ausbildung erforderlich ist. Das Reparatur-Team muß nur die lokale Dekontaminierung bei Säuberungsarbeiten nach kleineren Zwischenfällen durchführen, bei denen keine hohen Strahlendosen anfallen. Insgesamt ist die Zahl der innerhalb des Produktionsverbands «SojusAtomEnergo» für die Dekontamination in den verschiedenen Kernkraftwerken zuständigen Abteilungen recht klein. Am besten ausgestattet sind davon die des Kolsker und des SRI-Kernkraftwerks.

Die Operationsgruppe in der Sonderzone hatte die Aufgabe, die Höhe der Radioaktivität auf dem Gelände festzustellen und dieses, alle Bauwerke, alle Innenräume und Ausrüstung, zu dekontaminieren.

Es sei betont, daß niemand in der Operationsgruppe der Sonderzone irgendwelche Erfahrungen mit der Organisation von Dekontaminierungsprojekten hatte, schon gar nicht in einem so gewaltigen Maßstab. Es gab keinen Einsatzplan für empfohlene Dekontaminationsmaßnahmen.

Die Ausarbeitung eines solchen Plans wurde den wissenschaftlichen Abteilungen der Energie- und Technik-Ministerien übertragen (andere Wissenschaftlergruppen aus regionalen Forschungsinstituten wurden verschiedentlich um Rat gebeten). Diese wissenschaftlichen Institutionen verfügten über eine Vielzahl an Dekontaminierungstechnologien und -methoden, die allerdings noch nie vorher in einer Großaktion kombiniert worden waren. Unter welchen Bedingungen sie die größte Wirkung zeigen würden, hatte man niemals getestet.

Die vier Phasen der Räumungsarbeiten

Bei den Aktivitäten im Rahmen der «Liquidation der Unfallfolgen» lassen sich vier Stadien mit jeweils eigener primärer Zielsetzung unterscheiden. Alle Anstrengungen konzentrierten sich auf den Einschluß der von dem explodierten Block 4 freigesetzten Strahlung. Die Ausführung aller Arbeiten unterstand der Leitung der Regierungskommission.

26. April – 1. Juni 1986: Die Nordseite von Block 4 und die Ostseite von Block 3 wurden dekontaminiert, um das Gebiet für die anschließenden Arbeiten vorzubereiten. Die Zufahrtsstraßen mußten dekontaminiert werden, um die im einzelnen nicht vorgeplanten weiteren Arbeiten durchführen zu können. An diesem Stadium des Projekts war das Werkspersonal nicht beteiligt.

Die Ergebnisse der Dekontamination waren kümmerlich: Das Strahlungsniveau in dem dekontaminierten Gebiet änderte sich nicht. Fünftausend Kubikmeter Erde wurden zu einem eilig ausgehobenen «Endlager» in der Zone gekarrt, doch dieses Lager wurde den Standardanforderungen für Atommülldeponien in keiner Hinsicht gerecht – nicht einmal annähernd.

Die Abwesenheit des Kraftwerkpersonals bedeutete, daß die Arbeiten prinzipiell nicht adäquat überwacht wurden. Vor allem war das Zufahrtsgleis zur Versorgung von Block 3 und 4 völlig zerstört, und die Wasser- und Stromversorgung sowie andere Versorgungslinien zu Block 3 wurden unter einer Schicht aus Zementstaub begraben, der zusammen mit radioaktiven Bodenpartikeln vom Wind über das ganze Areal gewirbelt wurde. Die nachträgliche Korrektur dieser Fehler erforderte einen gewaltigen Aufwand.

Ganz besonders erschwert und kompliziert wurde diese erste Phase dadurch, daß es keinen Notorganisationsplan für die Schadensbekämpfung im Falle eines GAU in einem solchen Kraftwerk gab.

1. Juni – 15. Juli 1986: Diese zweite Phase des Projekts umfaßte Beginn und Durchführung der vorläufigen Dekontamination von Block 1 und 2. Die Hauptverantwortung für diese Maßnahmen wurde einem Stab aus Vertretern der Werksleitung, der Bauabteilung des Kernkraftwerks Tschernobyl, des Verteidigungsministeriums, des Ministeriums für Mittleren Maschinenbau und des Gesundheitsministeriums übertragen; die Leitung hatte der Chefkonstrukteur des Kernkraftwerks Tschernobyl. Die designierten Mitglieder des Stabs (mit

Ausnahme der Mitarbeiter des Kraftwerks und des Verteidigungsministeriums) nahmen jedoch nur sporadisch an dem Projekt teil. Im allgemeinen wurden alle die Sonderzone betreffenden administrativen Entscheidungen im Dialog zwischen der Verwaltung des Kernkraftwerks und dem Leiter der Operationsgruppe für die Sonderzone getroffen, mit täglicher Lagebeurteilung bei Einsatztreffen.

In dieser Phase leisteten viele Wissenschaftlergruppen bedeutende Beiträge – es ergaben sich viele Gelegenheiten für Empfehlungen und Vorschläge. Doch da diesen Gruppen eine koordinierende Institution fehlte, war es sehr schwierig zu entscheiden, welche der vorgeschlagenen Maßnahmen man nun durchführen sollte. Das war das Hauptproblem in der zweiten Phase. Da zudem die Umsetzung von Vorschlägen nicht durch die wissenschaftlichen Berater selbst überwacht und kontrolliert wurde und es keine kritische Auswertung gab, waren Enttäuschung und Frustration vorprogrammiert. Der Enthusiasmus dieser Gruppen schwand dahin, und nach und nach zogen sie sich zurück.

In dieser zweiten Phase wurde die Kraftwerksbelegschaft beträchtlich erweitert. Die Mitarbeiter des Kraftwerks versuchten, sich an den Dekontaminierungsarbeiten zu beteiligen. Wegen des dringenden Bedarfs an solchen gut geschulten Kräften war es jedoch notwendig, die Strahlenexposition jedes einzelnen niedrig zu halten, damit sie auch für Reparatur- und Installationsarbeiten an den beiden anderen Blöcken zur Verfügung standen. Aus diesem Grund wurden Dekontaminierungsspezialisten von anderen Kraftwerken wie etwa dem Kolsker Kernkraftwerk hinzugezogen.

In dieser Phase wurde ein Verwaltungsgremium für die Dekontaminierung der Sonderzone gebildet, das fortan mit dem Stab des «Liquidationsprogramms» zusammenarbeitete. Dieses Gremium entwickelte mehrere Pläne, zivile Experten und Militärspezialisten in die Organisation der Einsatz- und technischen Leitung einzubeziehen.

15. Juli – November 1986: Zu diesem Zeitpunkt hatte der gesamte Führungsstab des Räumungs- und Dekontaminationsprojekts seine Tätigkeit aufgenommen. Er beschloß folgende Ziele und Vorgehensweisen:

- Dekontamination der Innenräume des Kernkraftwerks Tschernobyl;
- Dekontamination von Häusern und anderen Bauten in der Sonderzone;
- Dekontamination des Bodens der Sonderzone;
- Minimierung des Staubs in der Sonderzone;

- Minimierung des von Block 4 ausgehenden Staubs;
- Dekontamination des Daches von Block 3; die schwerste und gefährlichste Aufgabe von allen war die Beseitigung der starken Strahlenquellen auf dem Dach von Block 3, mit tödlichen Strahlenfeldern bis zu 4000 Röntgen pro Stunde.

Die wichtigsten Sonderaufgaben innerhalb und außerhalb der Zone waren in dieser Phase:

- Bau der Betonummantelung (des «Sarkophags») um Block 4;
- Reparatur und Wiederinbetriebnahme von Block 1 und 2;
- Dekontamination von Block 3;
- Dekontamination der allgemein zugänglichen Bereiche des Kernkraftwerks Tschernobyl, der Stadt Pripjat und von Gebäuden innerhalb der 30-Kilometer-Zone;
- Bau des nahegelegenen Dorfes «Seljonyj Mys» für das Kraftwerkspersonal von Tschernobyl.

Ab Dezember 1986: Phase 4 des Projekts, die bis heute weiterläuft, umfaßte die vollständige «Einsargung» von Block 4, die Reparatur und das Wiederanfahren von Block 3, den vollen Betrieb von Block 1, 2 und 3, die Einsargung von Block 5 und 6, weitere Dekontaminierung verseuchter Gebiete und den Bau der Ortschaft Slawutitsch für das Personal des Kernkraftwerks Tschernobyl.

Im November 1986 wurde der Produktionsverband «Kombinat» zu einer der Hauptinstanzen für die Maßnahmen in der Zone umgebildet. Die Schaffung von «Kombinat» in seiner heutigen Gestalt stellt eine weitere strategische Fehlentscheidung innerhalb des Programms zur Schadensbekämpfung dar.

Abb. 22: Das Schild «PRIPJAT» begrüßte früher die Besucher der Stadt.
Jetzt steht es hinter dem Stacheldraht, der den evakuierten Ort umgibt.

Berichte aus erster Hand

Strahlenschutz in der Praxis

Ich sprach mit Jewgenij Akimow über die Bedingungen, die im Sommer 1986 in der Zone herrschten.[2] Er kam etwa einen Monat vor mir nach Tschernobyl. Vom ersten Entwurf für den «Sarkophag» bis zu seiner Fertigstellung war er stellvertretender Chefkonstrukteur im Kernkraftwerk Tschernobyl. Akimow ist in den gefährlichsten Abschnitten der Zone gewesen und wurde zu Recht mit einem der höchsten Verdienstorden der Nation ausgezeichnet.

T: Vier Jahre sind seit jenem ereignisreichen Sommer 1986 vergangen, Zeit genug, um sich über das Geschehen jenes Jahres und der Zeit davor Gedanken zu machen. Sie müssen doch einige neue Ideen haben – welche sind das, und wie und warum sind Sie in Tschernobyl gelandet?
A: Ich habe seit 1961 im Atomenergiebereich gearbeitet. Wenn Sie meine sechs Studienjahre mitzählen, bin ich schon seit 35 Jahren auf diesem Gebiet tätig. Meine erste Stelle bekam ich im Sibirischen Kernkraftwerk als Reaktoringenieur und arbeitete mich zum Schichtleiter des Reaktorblocks hoch. Später ging ich an das größere Kursker Kernkraftwerk, wo ich vom Schichtleiter zum Stellvertretenden Technischen Einsatzleiter aufstieg.
T: Haben Sie die Anfänge des Kursker Zentrums miterlebt?
A: Ja, ich war von Anfang an dort. Ich habe daran mitgewirkt, alle vier Blöcke des Kursker Werks ans Netz zu bringen.

T: RBMK-Blöcke?
A: Ja. Deshalb kann ich behaupten, daß ich wirklich alles über Kernenergieproduktion aus eigener Anschauung weiß. Ich kenne ihre Schwächen, ihre Probleme, ihre Siege und ihre Tragödien.
Als das Unglück von Tschernobyl passierte, wußte ich gar nichts davon. Selbst wir, die Beschäftigten in der Atomindustrie, wurden nicht informiert. Die ersten Nachrichten sickerten am 28. April durch, sie waren widersprüchlich und verwirrend. Wir dachten, eine Art Wasserstoffexplosion habe stattgefunden, eine Knallgasexplosion. Weitere Details waren nicht bekannt, und wir begannen, nach möglichen Gründen für eine Wasserstoffexplosion in einem Kernkraftwerk zu suchen. Wir analysierten alle uns bekannten Wasserstoffquellen, doch da wir keinerlei verläßliche Information hatten über das, was wirklich geschehen war, konnten wir uns das Ausmaß des Unfalls nicht annähernd vorstellen.

Schließlich begannen die widersprüchlichen Nachrichtenfetzen sich zu einem Bild zu ordnen. Und das trotz der striktesten Geheimhaltung selbst gegenüber uns Spezialisten.

T: Meinen Sie Geheimhaltung auch innerhalb ein und derselben Abteilung?

A: Sogar in derselben Abteilung wurde jeweils angestrengt auf Geheimhaltung geachtet. Doch selbst die uns zugänglichen Daten vermittelten mir den Eindruck, daß es sich um einen großen Strahlenunfall handeln mußte. Ich weiß aus meiner Erfahrung mit dem letzten Strahlenunfall, was das ist. Ich weiß, daß bei einem solchen Unfall die Mannschaft periodisch ausgewechselt werden muß. Der Einsatz in hochverstrahlten Bereichen erfordert Arbeit in kurzen Schichten. Doch für diese Mannschaften braucht man kompetente Leute, die mit den Geräten vertraut sind, die wissen, was getan werden muß.

Ich wußte: Ich hatte die Kenntnisse, die jetzt gefordert waren, und deshalb war mir schon am 2. Mai klar, daß man wahrscheinlich meine Dienste brauchen würde.

Ich rief den früheren Chef von Glaw-AtomEnergo an, Gennadij Anatoljewitsch Weretennikow, und sagte ihm, ich hätte eine Vorstellung von der Größe der Gefahr und von dem, was vorgefallen sei, obwohl ich die näheren Umstände nicht kenne. Ich

erklärte mich bereit, mich an der Beseitigung der Unglücksfolgen zu beteiligen – schließlich bin ich ein Experte auf diesem Gebiet, und ihr Kraftwerk ist identisch mit unserem. Das heißt, der Komplex, die Gebäude, die technische Ausstattung, alles ist mir vertraut.

T: Meinen Sie, daß es eine genaue Übereinstimmung zwischen dem Kursker und dem Tschernobyler Kraftwerk gibt?

A: Ja. Die Entsprechung ist praktisch eins zu eins bei allen vier Blöcken. Natürlich war jeder Block eine Verbesserung gegenüber seinem Vorgänger, aber diese Verbesserungen sind eher äußerlich.

Am 7. Mai kriegte ich aus Moskau Order zur Abreise. Vom 8. Mai, 6 Uhr morgens, bis zum 30. November war ich in Tschernobyl und habe das Gelände in dieser Zeit praktisch nicht verlassen.

Mir wurden ziemlich unterschiedliche Aufgaben übertragen. Anfangs, im Mai, war ich für die Koordinierung der Aktivitäten der verschiedenen Arbeitsgruppen zuständig, die sich im Kernkraftwerk Tschernobyl eingefunden hatten.

T: Was war Ihr stärkster Eindruck, als Sie an jenem 8. Mai morgens ankamen?

A: Die Leere. Sie wurde größer, je weiter wir uns näherten; ich kam mit dem Auto aus Kurtschatow, und hinter Kiew, als wir näher kamen, konn-

ten wir die zunehmende Menschen-
leere fühlen, obwohl wir nachts fuhren. Ich begann das mit all meinen
Sinnen zu spüren.

Als ich an jenem Morgen in den Ort
Tschernobyl hineinkam, sah ich nicht
eine lebende Seele; nur ein paar
Hunde lungerten herum. Wir nahmen die Straße nach Pripjat und fanden schließlich Leute, die wir nach
dem Büro des Energieministeriums
fragen konnten. Sie wußten es auch
nicht, sagten aber, ich würde es
schon an den vielen Soldaten und
Militärlastwagen sehen.

T: Waren zu der Zeit keine Reservisten dort?

A: Nein. – Ich fand die Soldaten.
Niemand hielt mich auf, als ich in das
Armee-Hauptquartier hineinging.
Schließlich hörte mir ein Oberst
einen Moment lang zu und schickte
mich zum Büro des Energieministe-
riums auf der gegenüberliegenden
Straßenseite. Es war im selben
Gebäude wie die Regierungskom-
mission untergebracht.

Nachdem wir Quartier bezogen hatten, ging ich zum Büro des Energieministeriums zurück, um mich beim
Stellvertretenden Minister Schascha-
rin zu melden. Er bat mich, Platz zu
nehmen, er sei noch einen Augenblick beschäftigt.

Dort drinnen war eine stürmische
Diskussion im Gange, doch als Neu-
ankömmling konnte ich nicht recht
verfolgen, worum es ging. Nachdem

ich da bis zwölf Uhr mittags gesessen
hatte, wußte ich immerhin, daß es
ziemliche Meinungsverschiedenhei-
ten gab, daß man nicht systematisch
vorging, um Entscheidungen über
elementare Fragen herbeizuführen.
Mehr und mehr neue Probleme
kamen zur Sprache, die man in den
Griff zu kriegen versuchte. Eine
Menge Fragen tauchte plötzlich auf,
kaum einer hatte sie vorhergesehen.
Das heißt, die meisten waren völlig
unvorbereitet.

Die Mittagszeit nahte, und Schascha-
rin fragte mich, ob ich schon gegessen hätte. Als ich verneinte, sagte er
mir, ich solle essen gehen, ich könne
ja selbst sehen, was für ein Chaos
herrsche. Er versprach, nach meiner
Rückkehr würden wir uns unterhal-
ten.

Ich ging essen. Gott sei Dank war es
damals nicht schwierig, ein Mittag-
essen zu finden. Man ging einfach
irgendwo rein, wo es nach Essen
roch, und niemand fragte, wer man
war und was man wollte. Man kriegte
einfach was zu essen und ging dann
seiner Wege.

T: Gab es noch keine Lebensmittel-
karten?

A: Nein, noch nicht. Die Verpfle-
gung wurde hauptsächlich vom Mili-
tär organisiert. Als ich vom Mittag-
essen zurückkam, verbrachte Schascharin buchstäblich ein paar Minuten mit mir. Er sagte: «Sie sehen, was
wir hier für ein Durcheinander

haben. Sie haben einen vorurteils-freien Blick, bleiben Sie doch da, hören Sie zu und schreiben Sie einen Bericht. Keinen richtigen Bericht, mehr so eine Art kleinen Aktions-plan, der einen Teil dieser Energie hier in Bahnen leiten könnte.» Ich verstand.

Ich begann besser aufzupassen und zu analysieren, was da vor sich ging. Am selben Abend schrieb ich nieder, was ich für den richtigen Aktionsplan hielt. Ich zeigte ihn einigen Freunden und Kollegen und fragte, was sie richtig und was sie falsch daran fan-den und wie man das Falsche verbes-sern könnte. Aber alles, was ich auf-geschrieben hatte, hielten auch sie für richtig. Sie fügten nur ein paar Kommentare hinzu. Besonders mein früherer Direktor vom Kursker Werk, Walerij Kusmitsch Galeri-chin, war sehr hilfreich – er gab mir einige gute Ratschläge.

Am nächsten Tag legte ich Schascha-rin das Papier vor. Er sagte mir, ich sollte auch Ilins Zustimmung dazu einholen, da so viele Punkte darin mit medizinischer Versorgung zu tun hätten. Ich hatte keine Ahnung, wer dieser Ilin war. Als ich hinkam, um ihn zu fragen, war er in einer Bespre-chung. Anschließend empfing er mich schroff und begann sofort, ver-schiedene Punkte des Plan zu strei-chen. Er strich alle Details aus, die nichts mit Medizin zu tun hatten, zum Beispiel solche, die sich auf die

sowjetische Regierung bezogen. Dabei sagte er dauernd: «Das ist nicht meins, das hat mit uns nichts zu tun.» Darauf sagte ich, diese Dinge brauche er nicht zu streichen, da es ohnehin klar sei, daß sie ihn nicht beträfen. Da gäbe es nur ein paar Punkte, die mit medizinischer Ver-sorgung zu tun hätten, und sie sollten sorgfältig daraufhin durchgesehen werden, ob sie korrekt formuliert und entsprechend ihrer Bedeutung in richtiger Rangfolge aufgeführt seien. Später stellte sich heraus, daß die Vorschläge meines Plans, die sich auf gesundheitliche Aspekte bezogen, besonderes Interesse erweckten. Obwohl sie, rundheraus, umfangrei-che Maßnahmenbündel erforderten. Einige dieser Vorschläge genehmigte er zwecks Weiterentwicklung, doch letzten Endes reichte er mir meinen Bericht einfach ohne irgendwelche konstruktiven Änderungen zurück.

T: Hatten die medizinischen Punkte mit Strahlenschutz zu tun?

A: Sie hatten mit Strahlenschutz und auch mit anderen Maßnahmen zum Gesundheitsschutz zu tun. Vor allem betonten sie die Notwendigkeit eines Gesundheitsüberwachungspro-gramms – daß man erstens diejenigen gründlich untersuchen müßte, die sich zu dieser Zeit im Kraftwerk auf-hielten, dann die Menschen in der Arbeitersiedlung und drittens dieje-nigen, die man in andere Regionen evakuiert hatte – und die mußte man erst mal ausfindig machen. Um es kurz zu machen, ich kann Ihnen sagen, daß dieser Entwurf leider überhaupt keinen Einfluß auf die folgenden Entscheidungen der Regierungskommission oder des Gesundheitsministeriums hatte, das damals unter der Leitung von Ilin stand.

T: War er lange da?

A: Keine Ahnung. Ich weiß nur, daß er gelegentlich auftauchte. Ich meine, er war wohl bis zum 20. Mai in Tschernobyl.

Als ich Schascharin darüber berichtete, erkannte auch er in all dem Wirrwarr die Tragweite meiner Empfehlungen offenbar nicht. Er schickte mich zur Zivilschutzzentrale (später von uns «Bunker» genannt), um da einzuspringen. Ich fragte ihn, was denn meine Aufgabe sein solle. Er sagte, ich solle soweit wie möglich die Koordinierung der Tätigkeit der Ministerien, Behörden und anderer Organisationen vorbereiten, die später für die Aufräumarbeiten und die Dekontamination des Außenbereichs verantwortlich sein sollten.

Mit diesen Aufgaben war ich praktisch den ganzen Mai über beschäftigt. Wir arbeiteten rund um die Uhr. Menschen kamen und gingen – zivile und militärische Gruppen, die an dieser oder jener Aufabe arbeiteten, die ihnen die Regierungskommission übertragen hatte. Wir mußten entscheiden, ob es nicht zu gefährlich war, sie in dem ausgewiesenen Bereich arbeiten zu lassen, mußten sichere Arbeitsbedingungen schaffen und nötigenfalls für Strom sorgen; wir mußten uns um ihre Wäsche und um die Umkleideräume kümmern, Verpflegungsdienste organisieren und so weiter.

T: Wie wurden Fragen des Strahlenschutzes entschieden? Sie waren vom 9. Mai an im Bunker. Wie wurde entschieden, wie lange jemand bleiben durfte – und wurden die Strahlenwerte jedes einzelnen überwacht?

A: Schwer zu sagen. Bei mir jedenfalls nicht.

Als ich nach Tschernobyl fuhr, hatte ich schon eine Vorstellung davon, was mich erwartete, und hatte deshalb alles für meine persönliche Sicherheit Notwendige mitgenommen, unter anderem auch Meßgeräte. Ich stattete mich so gut aus, wie ich konnte. Daher machte ich mir anfangs keine Sorgen und achtete nicht darauf, wieweit man sich um andere Leute kümmerte. Ich weiß aber, daß mich in dieser ganzen Zeit kein Mensch fragte, ob ich ein Dosimeter hätte und ob meine Werte in Ordnung sind.

T: Haben die Mediziner Sie untersucht? Wann wurde die erste Blutuntersuchung bei Ihnen gemacht?

A: Das erste Mal wurde mir im August Blut abgenommen. Die Mediziner kümmerten sich nicht um mich, und es gab keine Analyse der Blutuntersuchung. Deshalb gefielen Ilin meine Vorschläge ja auch nicht, in denen ich auf genau diese Probleme aufmerksam gemacht hatte, die für jeden einzelnen Menschen hätten gelöst werden müssen. Jeder hätte vor und nach der Arbeit untersucht werden müssen. Und jeder hätte seine persönliche Strahlenschutzkleidung sowie Strahlenmeßgeräte haben müssen. Ohne sie ist es nicht nur unmöglich, unter solchen Bedingungen zu arbeiten, es ist regelrecht kriminell. Doch die Menschen arbeiteten unter diesen Umständen.

Ich kann Ihnen ein Beispiel für das Niveau der Strahlenüberwachung geben, die wir hatten; so etwas hätte ich mir nicht träumen lassen.

Eines Nachts – an das genaue Datum erinnere ich mich nicht mehr, es war so gegen drei Uhr morgens, und ich hatte gerade Dienst – kam ein nervös wirkender junger Mann herein. Da alle Strahlenschutzanzüge trugen, wußte ich nicht, wer er war. Als ich endlich mit meinen Telefongesprächen fertig war, fragte ich ihn, ob er mich wegen irgend etwas sprechen wolle. «Ja», sagte er. «Schießen Sie los!» sagte ich. «Fragen Sie, bevor dieses Telefon wieder rappelt.»

Er brauche eine Bestätigung, sagte er, eine Bescheinigung darüber, wo er und seine Kumpel gearbeitet hätten. Ich sagte, bei mir könne er so eine Bescheinigung nicht kriegen – wie sollte ich denn überprüfen, wo er gearbeitet habe. Aber ich fand es interessant, wie er die Frage formuliert hatte, deshalb fragte ich ihn, wofür er die Bescheinigung brauche, er solle mir auf der Karte zeigen, wo er gearbeitet habe.

Er erklärte mir, er brauche die Bescheinigung für seinen Vorgesetzten bei der Armee, denn ohne sie würde niemand glauben, daß sie in hochverstrahlten Bereichen gewesen seien, und es würde nicht in ihre Papiere kommen.

Ich war natürlich völlig verblüfft. Ich begann ihm sehr genau zuzuhören. Wir holten eine Geländekarte heraus, und ich fragte ihn: «Wissen Sie, wo Sie eingesetzt waren?», und er sagte «Ja» und zeigte mir einen Punkt in der Nähe der Mülldeponie für feste und flüssige Stoffe. Ich sah, daß wir dort 60 Röntgen pro Stunde gemessen hatten, und fragte ihn: «Wie lange haben Sie in der Gegend gearbeitet?» – «Ungefähr dreißig Minuten», sagte er. Plötzlich fühlte ich mich ziemlich unwohl.

T: Hatten sie irgendwelche Meßausrüstung?

A: Sie hatten keine Geräte.

Ich fragte: «Ist das alles?» Er sagte: «Nein, hier war ich auch noch.» Er zeigte mir die Gegend in der Nähe der Rohrbrücke. Die Stelle war mit 35 Röntgen pro Stunde markiert. Ich fragte: «Ist das alles?», und er antwortete: «Nein, hier noch.» Und er zeigte mir das Gelände der «Heureka»-Cafeteria; sie wurde später abgerissen. Dort betrug die Strahlung etwa 50 Röntgen pro Stunde. Ich fragte: «Ist das alles?» Er sagte: «Das ist alles. Dann kamen wir hierher in den Verwaltungskomplex.» Das waren also 60, 35 und 50 Röntgen pro Stunde an diesen Stellen, macht zusammen 145, und durchschnittlich hatte er an jeder Stelle dreißig Minuten verbracht, macht zusammen 70 bis 75 Röntgen.

Das sind Jugendliche! Das war noch die reguläre Armee, Rekruten, die ihren normalen Wehrdienst ableisteten. Ich fragte diesen Jungen nach seinem Namen. Er war so alt wie mein Sohn. Ein netter, freundlicher Kerl. Ich erinnere mich nicht an seinen Nachnamen, aber sein Vorname war Serjosha.

T: Wann war das?

A: Das muß so zwischen dem 15. und 20. Mai 1986 gewesen sein.

Ich fragte: «Aber wieso brauchst du diese Bescheinigung von mir? Ist das heute dein erster Arbeitstag?» – «Nein, der dritte», antwortete er. «Wer hat euch denn bis jetzt die Bescheinigungen ausgestellt?» – «Unser Oberfeldwebel.» – «Und wo ist er jetzt?» – «Seit zwei Tagen nicht mehr da», antwortete er. Und ich sagte: «Also weil ihr eure Bescheinigungen nicht mehr kriegt, habt ihr beschlossen, zu mir zu kommen?» Er

nickte. Ich fragte: «Zu wie vielen wart ihr denn da?» Zu sechst, sagte er. Ich erklärte ihm: «Hier hast du Papier, schreib die vollständigen Namen auf, eure Ränge, den Namen eures Vorgesetzten und eure Divisionsnummer, und dann schreib ich euch allen die Bescheinigungen.» Ich wußte, wenn ich diese Bescheinigungen schreibe, würden die Jungs bestenfalls Urlaub bekommen und schlimmstenfalls eine Disziplinarstrafe. So waren die Zustände bei der Armee; nur in manchen Einheiten, hoffe ich. Ich kann nichts Generelles über die Einheiten sagen, aber dieser Vorfall ist absolut schockierend. Ich war richtig erschüttert.

Ich schrieb ihm seine Bescheinigung, und er ging weg. Eine halbe Stunde später kam er mit einer Namensliste seiner Kameraden wieder. Ich unterzeichnete die Papiere mit all meinen Rängen und Ehrenzeichen, damit sie möglichst eindrucksvoll aussahen. Den Jungen hab ich nie wiedergesehen. Die Strahlenüberwachung war so miserabel, daß es mich umgehauen hat. Schließlich war ich praktisch in der Atomindustrie großgeworden, aber so etwas hatte ich noch nie erlebt.

In meinem Arbeitsleben hat es alle möglichen Störfälle bei Standardmaßnahmen gegeben. Wir hatten Unfälle mit radioaktiver Verseuchung, aber immer nur lokal, in einem Raum, einem Gebäude, nichts

Größeres, und dann war der Dosimetrist die wichtigste Person. Ohne seine Erlaubnis durften auch ranghöchste Funktionäre nirgends den Fuß hinsetzen. Wir waren da lückenlos durchorganisiert.

Aber hier gab es keine Dosimetristen – zumindest nicht genug für ein Unterfangen von dieser Dimension. Es waren nicht nur zuwenig, das ist nur ein Teil des Problems, das eigentliche Thema war damals noch nicht einmal angesprochen worden: die Einführung einer strengen Strahlenkontrolle.

Die Aufräumungsarbeiten hätten gar nicht begonnen werden dürfen, bevor nicht die Strahlungsverhältnisse in vollem Ausmaß und detailliert bekannt waren. Man tat es aber doch – leider.

Unsere Bemühungen, Dosimetriespezialisten heranzuholen, führten zu nichts. Wir versuchten, sie über die Chemischen Truppen zu bekommen. Ich muß dieser hochmotivierten Einheit der sowjetischen Armee Gerechtigkeit widerfahren lassen: Das waren sehr verantwortungsbewußte und mutige Männer. Doch es waren zu wenige.

T: Hatten sie denn anständige Geräte?

A: Sie hatten Geräte, aber deren Qualität ließ viel zu wünschen übrig. Und ich glaube, daß sich an der Qualität der Strahlenmeßgeräte seither nicht viel geändert hat. Es gab einfach nicht genügend Leute, vor allem keine ausgebildeten.

Das waren Art und Umfeld meiner Arbeit bis Ende Mai 1986.

Die Ukrainische Akademie der Wissenschaften

Bis jetzt ist die Rolle einer wichtigen Institution, der Ukrainischen Akademie der Wissenschaften, noch nicht erwähnt worden. Ihr Vizepräsident, Wiktor G. Barjachtar, 1986 zum stellvertretenden Leiter der Einsatzkommission der Ukrainischen Akademie der Wissenschaften für den Unfall im Kernkraftwerk Tschernobyl ernannt und seit 1989 Vorsitzender der Kommission der Ukrainischen Akademie der Wissenschaften für das Schadensbeseitigungsprogramm, und Walentin Nowikow, Doktor der Physik und Mathematik, Sekretär der Sektion Physik und Mathematik der Ukrainischen Akademie der Wissenschaften und 1986 Sekretär der Einsatzkommission, schrieben über die Mitwirkung ukrainischer Wissenschaftler an den Räumungsarbeiten in Tschernobyl:

Heute sind viele Dokumente, die hinter sieben Siegeln verborgen waren, Besitz von «Glasnost» geworden. Der Schleier des Geheimnisses wurde gelüftet, das Stillschweigen über die Ereignisse von Tschernobyl gebrochen. Daher können wir jetzt über den Beitrag unserer Akademie der Wissenschaften zu der sogenannten «Liquidation der Folgen des Unfalls im Kernkraftwerk Tschernobyl» sprechen. Heute verfügen wir über genügend Stück für Stück gesammelte und im Laufe der Zeit bestätigte Informationen.

Natürlich wäre es schön, wenn man sagen könnte, die Hauptarbeit sei geleistet, und nur noch einige Kleinigkeiten seien zu tun. Doch leider scheint es, als beginne die Arbeit jedes Jahr von neuem. Bittere, schon vor langer Zeit gesammelte Erfahrungen haben niemanden etwas gelehrt und werden nicht genutzt. Seit der sofortigen Evakuierung der Bewohner Pripjats, Tschernobyls und einiger kleinerer Orte innerhalb der 30-Kilometer-Zone sehen die Behörden den weiteren Ereignissen mit extremer Passivität zu und beteiligen sich nicht aktiv daran, deren Verlauf zu beeinflussen.

In dieser Situation erscheint es uns notwendig, einen schematischen Abriß dessen zu geben, was die Ukrainische Akademie der Wissenschaften geleistet hat. Und es wäre unverzeihlich, wenn wir den selbstlosen Einsatz vieler einzelner nicht erwähnten, der vergessen und nicht weiter genutzt wurde.

Am 28. April erfuhr das Präsidium der Ukrainischen Akademie der Wissenschaften, daß in Tschernobyl etwas passiert war. Am 27. April hatten Mitarbeiter des Instituts für Kernforschung der Ukrainischen Akademie der Wissenschaften während ihrer routinemäßigen Messungen der Radioaktivität im Bereich Kiew erhöhte Gamma-Strahlung festgestellt. Sie stießen auf eine «heiße Spur», der sie folgten, und fanden hinter einem Gebüsch in Straßennähe ein geparktes Auto und ein paar Leute beim Picknick. Sie alle und ihr Auto «glühten». Die Menschen wurden sofort ins Institut gebracht und medizinisch versorgt. Es waren Leute aus Pripjat. Der Schlußsatz des Berichts zu diesem Ereignis lautete: «Nach der Behandlung wurden die Opfer zur Städtischen Epidemiologischen Klinik geschickt.» Zu diesem Zeitpunkt wußte noch niemand von uns etwas über einen nuklearen Notfall – und es war schon der 28. April.

Dank der Mitarbeiter des Instituts für Kernforschung in Kiew und anderer Spezialistengruppen wurde die Periode des «radiologischen Analphabetentums» verkürzt. Doch wir erinnern uns noch, wie exotisch Geräte wie Dosimeter den Laien erschienen.

Die Radioaktivität wurde direkt aus den offenen Fenstern gemessen. Sie stieg vor unseren Augen: Im Laufe weniger Stunden wurde klar, daß extreme Maßnahmen getroffen werden mußten. Am selben Tag wurde auf einer Dringlichkeitssitzung von Fachleuten am Institut für Kernforschung beschlossen, daß zuallererst die Überwachung der Radioaktivität der Milch direkt in den Kiewer Molkereien organisiert werden mußte. Die erforderlichen Kabinen wurden im Institut gebaut, und bereits am 4. Mai begannen die Messungen. Diese Kabinen wurden in zwei der Molkereien mit Mitarbeitern des Instituts für Kernforschung besetzt; eine dritte wurde vom Physikalischen Institut, und eine vierte vom Institut für Metallphysik überwacht. Während der Maifeiertage wurde die organisatorische Arbeit geleistet, die Regierung der Republik wurde informiert, und am 3. Mai wurde eine Einsatzkommission der Ukrainischen Akademie der Wissenschaften unter dem Vorsitz ihres Vizepräsidenten Wiktor Trefimow gegründet. Die unbestrittene Autorität der Einsatzkommission der Akademie war ihr Präsident Boris Jewgenjewitsch Paton. Sein einzigartiges Geschick und sein Einsatz förderten die Arbeit der Kommission und der Akademie in vieler Hinsicht und überwanden Barrieren, die viele andere aufgehalten hätten.

Viele Leute warfen später der Akademie und besonders ihrem Präsidenten Panikmache vor. Doch wir meinten, es sei besser, auf alle Eventualitäten vorbereitet zu sein, statt die Augen vor dem zu verschließen, was, wenn auch mit geringer Wahrscheinlichkeit, eintreten könnte. Schließlich war auch die Wahrscheinlichkeit, daß es zu einem Unfall wie dem von Tschernobyl kommen würde, sehr gering – und doch war er passiert.

Die Arbeit der Kommission begann auf unkonventionelle Art. Wir hatten bereits begriffen, daß keine Zeit zu verlieren war; daher stellten wir eine Prioritätenliste auf und begannen umgehend mit den notwendigen Schritten zu ihrer Realisierung. Standardverfahren waren nicht anwendbar, und mögliche Reaktionen auf unser Verhalten in Form von Disziplinarmaßnahmen kamen uns gar nicht in den Sinn.

Neben der Organisationsarbeit befaßten sich die Kommissionsmitglieder mit den Details der Strahlenphysik und nahmen sich das inzwischen zum Bestseller avancierte Buch «Standards des Strahlenschutzes» (1976) noch einmal vor. «Röntgen», «rad», «Gray», «Sievert», «Becquerel», «Curie» wurden zu Standardbegriffen in unserem täglichen Vokabular.

Um das Sammeln, Analysieren und Melden von Daten, die bei zukünftigen Entscheidungen von zentraler Bedeutung sein konnten, umgehend zu organisieren und zu beschleunigen, wurde das Kernforschungsinstitut in eine Überwachungs- und Meßstation umgewandelt. Das ermöglichte die ständige Überprüfung und schnelle Reparatur aller Meßgeräte.

Natürlich war für eine Großstadt mit einer Bevölkerung von mehreren Millionen eine Vielzahl von Geräten erforderlich, in erster Linie Instrumente zur Überprüfung der radioaktiven Belastung von Milch, Brot und Wasser.

Mitarbeiter der Institute für Physik, Metall- und Halbleiterphysik, Physikalische Chemie, Geochemie und Mineralogie/Geologie beteiligten sich am Sammeln von Daten. Am besten vorbereitet waren die Geologen, denn bei der Suche nach Rohstoffen stießen sie oft genug auf niedrige natürliche Strahlungsdosen und hatten daher schon Erfahrung und die notwendigen Meßgeräte.

Erst heute wissen wir zu schätzen, in welch unglaublichem Tempo diese Arbeit geleistet wurde – rund um die Uhr, ohne Schlaf- oder Eßpausen. Die ersten Wissenschaftler in den Molkereien waren Mitglieder der Ukrainischen Akademie der Wissenschaften; sie führten nicht nur Analysen durch, sondern bildeten auch das Molkereipersonal an den Meßgeräten aus. Über einen Zeitraum von zwei Monaten wurden etwa vierhundert Personen aus verschiedenen Ministerien und Behörden in Kursen am Institut für Kernforschung geschult. Ähnliche Kurse wurden ab Mitte Mai an der Kiewer Staatsuniversität abgehalten.

Das Institut für Kernforschung und die Ukrainische Akademie der Wissenschaften wurden die wichtigsten Sammelstellen für die Meßergebnisse. Tausende von Strahlenmessungen wurden täglich durchgeführt. Leider wurde das gemeinsam mit dem Institut für Kernenergie der Weißrussischen Akademie der Wissenschaften entwickelte Probenauswahlverfahren nicht immer korrekt angewandt, und manchmal war nicht einmal bekannt, woher die Proben kamen. Aus diesem Grund gab es so viele widersprüchliche und unvollständige Informationen, daß es unmöglich war, sich ein realistisches Bild von einem bestimmten Tag in einem bestimmten Gebiet zu machen.

Uns war völlig klar, daß man die Daten systematisieren mußte, und so zogen wir für diese Aufgabe das Gluschkow-Institut für Kybernetik der Ukrainischen Akademie der Wissenschaften hinzu. Das Ergebnis war das heute wohlbekannte Strahlenüberwachungssystem. Erste Priorität hatte die Überwachung der Wasserreserven im Kiewer Stausee und entlang des ganzen Wassersystems des Dnjepr.

Gleichzeitig wurden Arbeiten allgemeinerer Art durchgeführt: Neben dem Sammeln, Systematisieren und Analysieren von Daten bereiteten wir Empfehlungen für die Behörden vor. Die vordringliche Aufgabe bestand zu diesem Zeitpunkt darin, die Regierung mit objektiven Informationen zu versorgen, sie auf die Konsequenzen aller möglichen Folgen des Unfalls hinzuweisen und ihr Vorschläge für angemessene Reaktionen zu unterbreiten.

Motivierend wirkte in den frühen Tagen der Kommission, als noch niemand die Fragen «wie?» und «was?» beantworten konnte, zweifellos die Tatsache, daß die Ukrainische Akademie der Wissenschaften sich in ihrer (früher so vielen, selbst führenden Experten unerklärlich scheinenden) ablehnenden Haltung gegen den Bau und die Erweiterung des Kernkraftwerks Tschernobyl bestätigt sah. Diese Position hatte sie seit Ende der siebziger Jahre in zahlreichen Briefen bei vielen Gelegenheiten vorgetragen.

Als nächstes gingen wir das Problem der Wasserversorgung in dem strahlenverseuchten Gebiet an. Die Nachricht, das sowjetische Gesundheitsministerium bereite neue, provisorische Grenzwerte für die zulässige radioaktive Belastung vor, die sich auch auf die Wasservorräte beziehen sollten, konnte uns weder beruhigen noch hoffnungsvoll stimmen. (Diese provisorischen Grenzwerte wurden erst am 30. Mai 1986 eingeführt.) Es war klar, daß dies eine politische Entscheidung war. Wir hingegen mußten uns ein Bild davon machen, was mit dem Dnjepr-Wasser passieren würde, wenn durch Regen radioaktiver Boden in den Fluß geschwemmt würde.

Durch Tschernobyl hatten wir die Möglichkeit, Daten zur Bewertung heranzuziehen, die viele Jahre hindurch in systematischen Untersuchungen und Beobachtungen gesammelt worden waren – vorher hatten viele ihren Nutzen angezweifelt. Bereits um den 15. Mai waren die wichtigsten Parameter zur Beurteilung der Situation detailliert ausgearbeitet und wurden an die entsprechenden ausführenden Organe weitergeleitet. Jeder erinnert sich – nicht nur in Kiew, sondern am ganzen Lauf des Dnjepr –, welche Anstrengungen die Regierung unternahm, Brunnen zu bohren und neue Wasserleitungen zu installieren. Gleichzeitig arbeitete man daran, Regenwolken daran zu hindern, sich dem Katastrophengebiet zu nähern.

Heute können wir sagen, daß wir noch Glück hatten und das schlimmste aller möglichen Szenarien nicht Wirklichkeit wurde; doch waren wir darauf gefaßt, auch mit einer noch ernsteren Situation als der fertig zu werden, die tatsächlich eingetreten war.

Fast das gesamte Institut für Kolloid-
und Hydrochemie der Ukrainischen
Akademie der Wissenschaften
bemühte sich direkt an den Stauseen
um die Dekontamination der Wasservorräte. Priorität hatte der Kiewer
Stausee, da er dem Unfallort am
nächsten lag.

Der erste große Erfolg war die Messung der Radioaktivität in der direkten Umgebung von Block 4. Die
Strahlung lag dort weit über dem
Meßintervall der anfangs verfügbaren Instrumente. Im Institut für
Kernforschung wurden neue Instrumente entwickelt, die 10 000 Röntgen pro Stunde messen konnten.
Bereits am 10. Mai nahmen Mitglieder des Kernforschungs- und des
Physikalischen Instituts von Panzer-
fahrzeugen aus Strahlungsmessungen
an der Ruine vor. So zeichnete sich
allmählich ein klareres Bild ab.

Ein wichtiger Faktor, der ein
rasches, reibungsloses Zusammenwirken aller beteiligten Institutionen
ermöglichte, war das Abweichen von
etablierten Verfahrensweisen, in
erster Linie das Fehlen von «Admini-
stratoren». Natürlich mangelte es
nicht gänzlich an Direktiven von
oben, meist Warnungen wie: «Ihr
könnt dies nicht tun, ihr könnt das
nicht tun.» Manchmal waren sie
schlicht absurd. Wieso konnten diese
Menschen nicht verstehen, daß
Geheimniskrämerei eine Behinde-
rung war? Wir mußten vollständig

Zugang zu zuverlässigen Informationen haben, egal, ob sie mit der offiziellen Version übereinstimmten
oder nicht. Und wer wußte denn, was
morgen als geheim deklariert werden
würde?

Besondere Zensurmaßnahmen löste
unser GAU-Szenario aus – bis dann
unsere Arbeit von höchsten Regierungsstellen als korrekt anerkannt
wurde. Das geschah erst gegen Ende
1986 und nicht ohne Beteiligung des
Akademiemitglieds W. A. Legassow.
Einige Ministerien der UdSSR
äußerten ganz offen ihr Mißfallen
über die Initiative der Ukrainischen
Akademie der Wissenschaften und
warfen ihr vor, außerhalb der Legali-
tät zu operieren. Wir konnten nicht
verstehen, wie es möglich war, daß
wir, die über die Mittel zum Helfen
verfügten, daran gehindert werden
sollten, sie einzusetzen. Schließlich
gab es in unserem Land keine Experten für die Schadensbekämpfung
nach nuklearen Unfällen. Wir mußten alle aus der Praxis lernen und
waren davon überzeugt, daß die Wissenschaftler der Ukraine der Aufgabe gewachsen waren.

Betrachten wir die Situation in Weißrußland. Sie war schlimmer als bei
uns in der Ukraine. In den ersten
Tagen waren überhaupt keine
ordentlichen Daten verfügbar. Erst
Mitte Mai erhielten wir die ersten,
bruchstückhaften Informationen
vom Institut für Atomenergie der

Weißrussischen Akademie der Wissenschaften. Bemühungen, auf unseren Vorschlag hin auf breiter Basis Kontakte zwischen den beiden Akademien zu etablieren, gediehen nicht weiter als bis zur Unterzeichnung eines Protokolls über die Notwendigkeit eines Informationsaustausches über den Unfall am 26. Mai 1986. Wir verfügten auch über keinerlei Daten aus der Russischen Republik und haben bis heute keine bekommen. Das ist bedenklich, da viel radioaktiver Schlamm sowohl aus Rußland als auch aus Weißrußland in die Ukraine geschwemmt wird. Damals jedoch waren wir zu sehr mit unseren eigenen Problemen beschäftigt.

Wenn man heute Sitzungsprotokolle und private Notizen durchsieht, wundert man sich, wie es zum damaligen Zeitpunkt überhaupt möglich war, die Probleme zu formulieren, deren vordringliche Bedeutung uns heute klar ist. Die Positionen der Ukrainischen Akademie zur Kernkraft, zu den Auswirkungen der Kontamination auf Umwelt und Gesundheit und zur Zukunft der Zone sowie ihre ablehnende Haltung gegenüber Neubesiedlungsplänen wurden in den ersten Monaten nach dem Unfall bestätigt. Es ist bedauerlich, daß nicht alles dokumentiert worden ist. In jenen Tagen blieb nicht viel Zeit zum Schreiben.

Kritische Situationen waren unvermeidlich. Zum Beispiel waren wir sehr früh davon überzeugt, daß unsere Ausstattung völlig veraltet war. In einigen Fällen konnte die Regierungskommission uns helfen, in anderen die ukrainische Regierung. Doch das reichte nicht. Wie glücklich waren wir, die Versicherungen von J. A. Israel zu lesen: «Schreiben Sie nur, was Sie brauchen. Ich werde persönlich zu Nikolaj Iwanowitsch [Ryshkow] gehen und es beschaffen.» Einige unserer Kollegen bemerkten, daß im Gebäude des Nationalkomitees für Hydrometeorologie hervorragende ausländische Geräte ausgestellt waren. Doch diese Geräte standen uns nicht zur Verfügung, also baute die Technische Abteilung des Instituts für Kernforschung neue Apparate. Oder man denke an die Strahlenmessungen: Wir alle erinnern uns an die vom Komitee für Hydrologie präsentierten offiziellen Zahlen; sie stimmten nicht mit unseren Werten überein. Es wurden abfällige Bemerkungen über die «Inkompetenz» unserer Fachleute gemacht. Das Akademiemitglied A. P. Alexandrow veranlaßte sogar, daß uns eine Gruppe von hundert Leuten «zur praktischen Unterstützung» geschickt wurde. Die ersten, die ankamen, erkannten ziemlich bald, daß ihre Hilfe in Wirklichkeit gar nicht gebraucht wurde. Eine Wissenschaftlergruppe des Instituts für Kernforschung mahnte, es sei notwendig, zuverlässige Informationen über die Höhe der Radioaktivität zu veröffentlichen, und wurde dabei vom ganzen Institut unterstützt. Sofort gab es Versuche, diese Gruppe zu schikanieren. Der Standhaftigkeit der Akademie ist es zu verdanken, daß ein Bericht über die Kontaminationswerte und die spätere, zweite Phase der Evakuierung aus den betroffenen Gebieten erschien.

Nach dem 20. Mai sprachen einige radikalere Geister schon von einer Rückführung der evakuierten Bevölkerung. In früher als geheim deklarierten Archiven findet man, bürokratisch verklausuliert, Hinweise auf den «Eindruck» der Ukrainischen Akademie der Wissenschaften, daß dies nicht durchgeführt werden könne, bevor die Folgen einer solchen Aktion nicht geklärt seien. Aus heutiger Sicht war das die einzig richtige Haltung – damals aber betrachtete man die Position der Akademie als Herausforderung.

Über fünftausend Menschen aus dreißig Instituten und zwanzig Organisationen beteiligten sich an all diesen Aufgaben. Über sechshundert von uns haben direkt in der Zone gearbeitet.

Abb. 23: Dekontaminierung in Kiew.

Abb. 24: Der Bau des «Sarkophags», der den zerstörten Block 4 des Reaktors einschließen sollte; er wurde zum Symbol für das Tschernobyl nach der Katastrophe.

Der Sarkophag

Nachdem ich im Kraftwerk Tschernobyl gewesen war, kam ich zu dem Schluß, daß dieser Unfall der Zenit, der absolute Höhepunkt der Mißwirtschaft war, die unser Land nun jahrzehntelang verheert hat...
Selbst in jenen Tagen waren wir merkwürdig gut gelaunt. Das hatte nichts zu tun mit unserer Beteiligung an den Räumungsarbeiten nach einem so tragischen Geschehen. Verzweiflung war der Hintergrund, vor dem alle Ereignisse gesehen wurden. Doch der Enthusiasmus entstand durch die Art, wie die Leute arbeiteten, durch die Geschwindigkeit, mit der man unsere Wünsche erfüllte, durch die Effizienz, mit der verschiedene technische Probleme behandelt wurden. Wir begannen umgehend mit der Bewertung der ersten Entwürfe für den Schutzbehälter um den zerstörten Block.

Akademiemitglied Walerij Legassow
«Meine Pflicht, davon zu berichten» (russisch), Moskau 1989

Bis Ende Mai 1986 hatte man den Strahlenpegel in der Sonderzone gemessen, der Abwurf von Sand, Dolomit und Blei in die Ruine von Block 4 (der anscheinend bei Tausenden Bleivergiftung verursachte) war fast abgeschlossen, und es wurde klar, daß in den Reaktortrümmern keine unkontrollierbare Kettenreaktion mehr ablief. Zu diesem Zeitpunkt wurde zum erstenmal auf Sitzungen der Regierungskommission über den Bau des Sarkophags diskutiert.

Block 4 war die Hauptquelle der radioaktiven Verseuchung. In der Zeit zwischen dem Beginn der ersten Arbeiten und der Fertigstellung des Sarkophags am 30. November 1986 wurden achtzehn verschiedene Entwürfe für ein optimales Containment, einen Schutzbehälter, zur Diskussion gestellt. Sie alle erforderten ungeheure Mengen an Beton und Metall.

Natürlich kostete dieser Bau außerdem viel Zeit. Wegen der hohen Radioaktivität war es unmöglich, sich direkt an der Ruine aufzuhalten –

alle Arbeiten mußten ferngesteuert ausgeführt werden. Das Abschalten der übrigen Blöcke für zwei oder gar drei Jahre wurde nicht einmal in Erwägung gezogen. Die politische Führung setzte unmißverständliche Prioritäten: Das Containment mußte sofort errichtet werden.

Die Bauarbeiten begannen im Juni. In der zweiten Julihälfte 1986 wurden die ersten Betonblöcke neben der zerstörten Reaktorwand hochgezogen. Der Sarkophag ähnelt einer terrassierten Pyramide. Die Fundamentierung der untersten Stufe war der wichtigste Schritt, da diese dann wenigstens teilweise vor der Strahlung schützte und die weitere Arbeit erleichterte. Gegen Ende September 1986 erhoben sich die Wände des Sarkophags in riesigen Zwölfmeterstufen zu einer Höhe von sechzig Metern. Dreihunderttausend Kubikmeter Beton und sechstausend Tonnen Metall wurden gebraucht, um den Sarkophag zu bauen. Die Arbeit wurde unter extremer Radioaktivität durchgeführt. Wo immer es möglich war, wurden ferngesteuertes Gerät oder Hubschrauber eingesetzt. Wenn nötig, wurde auch im Handbetrieb gearbeitet – selbstlos schufteten die Menschen rund um die Uhr.

Nur mit Hilfe von Videokameras, Ferngläsern und Beobachtungen vom Hubschrauber aus konnten Zustand und Stabilität der Reaktorruine eingeschätzt werden. Mit Rücksicht auf die Eigenschaften des Untergrunds und die Schwierigkeit, die Stabilität der Ruinenwände zuverlässig zu berechnen, beschloß man, den Sarkophag so leicht wie möglich zu halten. Als sich dennoch im Juli/August herausstellte, daß man noch mehr Beton brauchte, wurden binnen zwanzig Tagen drei neue Zementfabriken auf dem kontaminierten Gelände errichtet.

Einer der ungewöhnlichsten Arbeitsabschnitte war die Installierung des Dachgerüstes: Ein 72 Meter langer, sieben Meter breiter und 165 Tonnen schwerer Metallrahmen wurde von oben auf die Wände gelegt; dann wurden große Rohre auf diesen Rahmen gerollt und darauf schließlich dünne Eisenplatten befestigt. Man kann sich kaum vorstellen, was für eine schwierige Aufgabe dies für die Monteure war, die die Teile des Gerüsts exakt an ihren Platz bugsieren mußten, ohne wirklich sehen zu können, was sie da machten. Gleichzeitig wurde ein Tunnel unter dem Reaktor durchgegraben, um sicherzugehen, daß kein Kernmaterial ins Erdreich sickerte.

Ich sprach über die verschiedenen Stadien und Aspekte der Bauarbeiten mit Jewgenij Akimow, dem stellvertretenden Chefingenieur des Kernkraftwerks Tschernobyl.[1] Er war weitgehend in die Arbeiten am Sarkophag involviert und sorgte dafür, daß er in kürzester Zeit und mit einer möglichst geringen Ausbreitung von Radioaktivität fertiggestellt wurde.

T: Wann begann die eigentliche Bauphase?

A: Im Juni 1986. Als erstes bauten wir die Stützmauer für den Gußbeton. Sie wurde auf Zugmaschinen errichtet und dann so nahe wie möglich an die Ruine herangefahren. Das war der erste Schritt beim Bau des Sarkophags. Er ermöglichte uns, für den zweiten Schritt etwas näher an den Reaktor heranzugehen. Das heißt, wir errichteten eine senkrechte Wand, die uns gegen einen Teil der Strahlung schützte. Der Raum zwischen dieser Wand und dem Reaktor wurde dann mit Beton aufgefüllt. Die nächste «Stufe» wurde auf dieses Betonfundament gesetzt, wieder etwas näher am Reaktor, und so weiter. So kamen wir langsam von der Seite an den Reaktor heran.

Die Arbeitsbedingungen waren sehr hart – wir maßen an verschiedenen Stellen 150, 170, ja sogar 190 Röntgen pro Stunde. Unter solchen Bedingungen menschliche Arbeitskraft einzusetzen ist ziemlich schwierig.

T: War die Radioaktivität näher an der Ruine höher?

A: Natürlich war sie höher. Ich selbst bin nie an der Ruine gewesen. Ich sah keinen Sinn darin. Man konnte den Reaktor von der Kote aus sehen, und das war nahe genug, um sich eine Vorstellung von der Situation zu machen. Außerdem war die in der Kote gemessene Radioaktivität hoch genug für mich.

Die Bauarbeiten gingen wirklich sehr gut voran. Ich meine die Arbeiten am Boden, alles, was mit den Wänden zu tun hatte, das Gießen des Betons, das alles wurde voller Patriotismus getan. Mit dem gleichen Einsatz ging das Auffüllen der Wand auf der Seite der Generatorenhalle vonstatten, die ebenfalls bei der Explosion beschädigt worden war, als Gerüstteile auf sie fielen. Auch da war die Strahlung sehr hoch, an einigen Stellen 50 bis 80 Röntgen pro Stunde. Der Mechanisierungsgrad bei den Arbeiten dort war der höchste des ganzen Sarkophag-Projekts. Die bereits mit Leitungsröhren für den Beton versehenen Plattformen wurden an Ort und Stelle geschoben, und dann wurde der Beton hineingepumpt. Zwischen die aufgerichtete Stützmauer und die Wand der Generatorenhalle wurde er mit Hilfe von Kränen gegossen, und dann, als es möglich war, wurde Kies mit Maschinen hineingekippt. Unter Kies wurden auch die Transformatoren begraben. Erst danach war es möglich, sich dem Reaktor von der Seite der Generatorenhalle aus zu nähern. Der spektakulärste Abschnitt der ganzen Operation war die Montage des Metallgerüsts. Es wurde ferngesteuert mit Hilfe von DEMAG-Kränen aufgesetzt. Die Stabilität dieses Gerüsts war die Grundlage für die Stabilität aller anderen Faktoren. Gott sei Dank wurde alles so gut ausgeführt, wie es unter den gegebenen Umständen möglich war.

T: Wann wurde das Gerüst montiert?

A: Es wurde Ende August, Anfang September installiert. Ich kann mich nicht genau erinnern. Danach ging die Arbeit etwas schneller voran, als die obere Schicht aus Rohren an ihren Platz gerollt wurde. Die Oberfläche über dem Reaktor wurde dadurch erheblich verringert. Dann konnten wir auch damit beginnen, die Seitenflächen fertigzustellen. Diese Arbeit war nun einfacher, da die Strahlenquelle unter dem Beton begraben war.

Anschließend wurden Schutzwände errichtet – eine zweite Wandschicht aus Betonblöcken, die mit Bleiplatten verstärkt waren. Das war eine gewaltige Arbeit, eine unglaubliche Leistung. In den meisten Fällen, besonders in Innenräumen, wurde von Hand gearbeitet. Die Baumaterialien wurden von den Männern her-

angetragen. Da es zu Kurzschlüssen hätte kommen können, durften wir keine elektrischen Leitungen installieren. Brände mußten um jeden Preis vermieden werden, denn die Folgen wären unabsehbar gewesen. Sie hätten ein weiteres Strahlungsleck verursachen können, dessen Emissionen sich unter den richtigen Witterungsbedingungen weit über den Standort des Kraftwerks hinaus hätten ausbreiten können. Deshalb wurde so viel von Hand gemacht – nicht, weil keine Maschinen verfügbar waren, sondern aus Sicherheitsgründen.

Ich muß die Menschen hervorheben, die an der Errichtung des Containments mitgewirkt haben. Sie alle, von den Ingenieuren am Reißbrett bis zu denen, die die eigentlichen Bau- und Montagearbeiten direkt vor Ort am Reaktor leisteten, boten aufopferungsbereit alle ihre Reserven auf.

T: Wann wurden die regulären Armeeangehörigen durch Reservisten ersetzt?

A: Ende Mai. Mitte Mai kamen die Leiter der Aufräumungsaktion zu dem Schluß, daß es nicht richtig sei, junge Männer, die ihr Leben noch vor sich hatten, in diesem hochverstrahlten Gebiet festzuhalten. Gegen Ende Mai hatte die Ablösung begonnen, und im Juni befanden sich keine jungen Soldaten mehr in der Zone. Sie wurden durch fünfunddreißig- bis fünfundvierzigjährige Reservisten ersetzt.

T: Beim Bau des Sarkophags muß man wohl zu einigen ziemlich unkonventionellen Mitteln gegriffen haben?

A: Ein Problem war die Errichtung des Daches, auf das dann die Rohre gerollt wurden, und wie man es stabil genug für eine solche Belastung machen konnte. Es ist nicht übertrieben, wenn ich sage, daß wir täglich vor extrem schwierigen Situationen standen. Weil es so viele ungewöhnliche Probleme gab und es schon einige Zeit her ist, kann ich mich nur an die Zeit erinnern, als wir das Dach und die letzten Stützen installierten.

T: Was meinen Sie mit Stützen?

A: So nannten wir die Abstützung zwischen Seitenwand und Dach. Der seitliche Schutzschild. Wir arbeiteten im Oktober immer noch unter extremen Bedingungen, als Boris Jewdokimowitsch Schtscherbina, der Vorsitzende der Regierungskommission für die Räumungsaktion in Tschernobyl, eintraf und verlangte, die Schutzschicht oben auf dem Reaktor müsse verstärkt werden. Bis auf den heutigen Tag besteht die Abdeckung des Sarkophags nur aus einer Schicht Metallplatten. Den eigentlichen Schutz stellt die Schicht aus Rohren unter den Stahlplatten dar. Der Beton, der ursprünglich den Abschluß bilden sollte, wurde nie aufgebracht. Das unterblieb aus

guten Gründen: weil man den metallenen Schutzschild direkt auf das alte Metallgerüst gelegt hatte und es unmöglich war, festzustellen, wie stabil es noch war. Daher wußten wir auch nicht, wie tragfähig die Metallabdeckung wirklich war.

Als also Schtscherbina von den Bauingenieuren einen Plan für eine Gußbetondecke verlangte, sagte der Leiter des Konstruktionsteams, Wladimir Alexandrowitsch Kurnosow: «Ich werde keinen Gußbeton aufbringen, denn die Berechnungen zeigen, daß das Metallgerüst unzuverlässig ist, daß es seine Belastungsgrenze erreicht hat, und wenn irgend jemand Beton draufgießen will, soll er das ohne mich tun.»

Schtscherbina hörte das gar nicht gern, doch man blieb bei Kurnosows Entscheidung. Ich glaube, daß Kurnosow recht hatte. Auf jeden Fall wird seine Haltung von der heutigen Situation, den neuen Daten, über die wir verfügen, bestätigt. Die Hülle wird ununterbrochen überwacht, und alle Untersuchungen zeigen, daß Kurnosows Entscheidung richtig war.

T: Als man mit dem Bau des Sarkophags begann, fragte jemand, was mit ihm nach Ablauf seiner dreißigjährigen Lebensdauer geschehen solle. Wie soll man ihn wieder auseinandernehmen? Muß der Beton gesprengt werden, wenn man ihn demontieren will?

A: Ich glaube nicht, daß die Frage so gestellt wurde – daß die Hülle des Reaktors dreißig Jahre halten würde.

T: Wieso?

A: Weil das Problem in Wirklichkeit ein zweifaches war. Die eine Seite betraf das praktische Vorgehen – wie man den Block einschließen und die Emission von radioaktiven Partikeln in die Umgebung unterbinden konnte. Der Behälter mußte nach dem schnellsten und einfachsten Verfahren, das binnen kürzester Zeit realisierbar war, errichtet werden. Das ist das Ziel, das zumindest wir anstrebten.

Ob diese Schutzhülle dreißig Jahre oder länger halten würde, war das zweitrangige Problem, das nicht wirklich diskutiert wurde. Wir dachten, wenn wir erst das erste Problem gelöst hätten, könnten wir uns mit dem zweiten befassen.

T: Aber der Sarkophag ist doch wohl kein endgültiger Sarg? Ich meine, jeder hat das begriffen.

A: Natürlich ist er kein Sarg. Er ist kein Grab, weil sich die Spaltprodukte über die Barriere der ersten Schutzwand hinaus verteilen. Ihre Dynamik wird nicht überwacht, und eine meßtechnische Überwachung wurde bei der Planung des Projekts auch nicht vorgesehen. Es gibt auch keinen Plan für weitere Räumungsarbeiten. Es gibt kein Belüftungssystem, wie es sich für eine vorschriftsmäßige Lagerung von Atommüll gehört. Deshalb kann man den Sarkophag nicht als Endlager bezeichnen, obwohl er im Prinzip ein Sarg zumindest für einige Jahre ist. Ich bin fest davon überzeugt, daß es sinnlos ist, den radioaktiven Abfall aus dem Behälter herauszuholen. Das würde viel zu viele Menschenleben kosten – die Arbeiter wären zu hoher Radioaktivität ausgesetzt. Ich finde, daß Menschen unter keinen Bedingungen einer solchen Gefahr ausgesetzt werden dürfen. Heute sollten sich alle unsere Anstrengungen darauf konzentrieren, dafür zu sorgen, daß nichts von dem, was im Sarkophag eingeschlossen ist, austreten kann.

T: Meinen Sie, daß wir, technisch gesehen, noch nicht vorbereitet sind auf eine endgültige Lösung für den Sarkophag?

A: Über diese Frage habe ich viel nachgedacht. Nein, wir verfügen noch nicht über die notwendige Technologie zur Lösung dieses Problems. Vielleicht haben wir auch ideologisch noch nicht alles durchdacht, um zu einer Lösung zu gelangen. Wir werden große Teile des Metallgerüsts abbauen müssen. Dafür brauchen wir Maschinen und Methoden, die es noch nicht gibt – vielleicht existieren sie schon auf dem Reißbrett. Uns fehlt auch die Ausrüstung, um ferngesteuert die Abfallteile in transportable Brocken zu zerschneiden. Die Lagerungskapazität für festen Abfall auf dem

Gelände ist zu gering; man könnte unmöglich alle kontaminierten Teile endlagern. Sie aus Tschernobyl rauszubringen wäre auch nicht richtig. Neue Behälter müßten gebaut werden, neue Mittel, radioaktiven Abfall durch nichtkontaminiertes Gebiet von Ort zu Ort zu transportieren, müßten entwickelt werden. Das ist nicht nur technisch schwierig, es ist auch ein gesellschaftliches Problem. Es wäre nicht zu rechtfertigen. Es besteht kein Grund, die Verseuchung aus der Zone herauszutragen. Im Gegenteil, unsere Anstrengungen sollten sich darauf richten, eine weitere Verbreitung zu verhindern. Später, wenn man neue Bauten errichtet und neue Techniken entwickelt hat, werden wir neue Ideen haben, eine neue Theorie, und dann können wir uns mit kühlerem Kopf an die Lösung dieser Probleme begeben.

Heute ist die wichtigere Frage nicht, wie wir die Verseuchung in der 30-Kilometer-Zone beseitigen, sondern wie wir mit den Folgen dieses Unfalls für die Bevölkerung fertig werden. Das alles hat die Menschen sehr beunruhigt, sie mißtrauen nicht nur allem, was mit Kernenergie zu tun hat, sondern auch jeder Form von Nukleartechnologie. Daher sollte man sich wirklich hüten, eine weitere kollektive Psychose zu fördern.

T: Hat jemand gemessen, wieviel Radioaktivität während des Sarkophag-Baus wirklich freigesetzt wurde?

A: Es ist schlicht unmöglich, die tatsächlichen Emissionswerte zu schätzen. Ich kann das nur theoretisch überschlagen. Der Grund dafür ist einfach, daß jeden Tag neue Probleme auftauchten und neue Bereiche gemessen werden mußten, Stellen, deren Strahlungspegel am Vortag noch unbekannt waren. Daher ist so eine Berechnung nie durchgeführt worden.

T: Aber andere Berechnungen hat man aufgestellt – damit Menschen nicht zu hohen Strahlungsdosen ausgesetzt wurden. Der Grenzwert von 25 rem mußte streng eingehalten werden.

A: Das war zumindest unser Ziel. Die Arbeitsschichten wurden so eingeteilt, daß die Arbeiter unter diesem Wert blieben.

Aber ich muß etwas Wichtiges anmerken: Der Bau des Sarkophags fiel in die Zuständigkeit des Maschinenbauministeriums und seiner Mitarbeiter. Das sind Menschen, die schon früher immer an Projekten gearbeitet hatten, die mehr oder weniger gefährlich waren oder mit radioaktiver Kontamination zu tun hatten. Ihre psychologische Vorbereitung auf diese Arbeit war selbst in einer solchen experimentellen Situation, die vorher unvorstellbar für sie gewesen war, immer noch viel besser als die aller anderen Beteiligten, selbst der Militärs. Sie waren geistig und seelisch gewappnet. Ihre Einstellung half wirklich, die Arbeit voranzutreiben. Ein solches Bauwerk hinzustellen, und das zum allerersten Mal, und in kürzester Zeit wirklich komplexe technische Probleme zu lösen, oft ohne die nötigen Maschinen, mit minimaler Mechanisierung, aber maximaler Effizienz – das ist wahrhaftig eine heroische Leistung. Dieser Geist fehlte leider in den anderen Arbeitsgruppen. Das Tempo, mit dem andere Aufgaben erledigt wurden, selbst in Bereichen mit hohen Strahlenwerten, war viel geringer, als wir geplant hatten. Einfach weil die Arbeiter psychologisch nicht vorbereitet waren. Es ist niemandem persönlich anzulasten, daß einige Arbeiten nicht abgeschlossen wurden – schuld war die mangelnde Vorbereitung der Ausführenden. Wer war denn auf eine solche Tragödie gefaßt? Niemand. Wir hätten es aber sein sollen.

T: In der Presse hieß es, die gesamte Emissionsmenge von Three Mile Island habe in der Größenordnung von 115 rem gelegen. Heißt das pro Person?

A: Nicht pro Person – insgesamt. Aber Three Mile Island und Tschernobyl kann man nicht vergleichen. Und zweitens gingen die Amerikaner ganz anders vor. Sie evakuierten einfach die Umgebung und ließen für eine ausreichend lange Zeit niemanden in das Gebiet hinein. Das heißt, bis die Spitzenaktivität der kurzlebigen Radionuklide auf das maximal zulässige Niveau abgefallen war. Dann gingen sie an die Arbeit.

T: Wieviel hat der Sarkophag gekostet?

A: Über die Kosten kann ich Ihnen überhaupt nichts sagen, und offen gestanden habe ich mir auch keine Gedanken darüber gemacht. Ich weiß nur, daß er zweifellos teuer war. Wahnsinnig teuer. Aber ich würde den Preis nicht in Rubel ausdrücken. Ich würde die menschlichen Kosten veranschlagen, und nicht nur in rem. Das ist die eine Seite des Problems. Und dann haben wir noch die moralische Lektion, die psychologische Lektion, die das Unglück nicht nur denen erteilt hat, die in der Nähe von Tschernobyl wohnten, die an den Aufräumungsarbeiten beteiligt waren, sondern der ganzen Welt. Ich bin überzeugt, daß diese Verluste bedeutend höher waren als die materiellen Kosten, die wir beim Bau der Betonhülle für Block 4 in Kauf nehmen mußten.

T: Gleichzeitig mit dem Verschließen des Sarkophags wurde das Dach des benachbarten Block 3 gesäubert. Wie waren diese beiden Vorhaben miteinander gekoppelt?

A: Diese Arbeiten hingen tatsächlich zusammen. Meine Hauptaufgabe bestand darin, alle Arbeitsgruppen zu koordinieren. Doch zusätzlich war ich vom Energieministerium dazu ausersehen worden, den Bau des Sarkophags zu leiten; die meisten meiner Pflichten betrafen Organisationsfragen. Zum Beispiel mußte ich entscheiden, wer sich dem Reaktor nähern durfte, welche Maschinen nach Block 3 und welche nach Block 4 geschickt werden sollten, als die beiden Blöcke getrennt wurden. Man beabsichtigte, Block 3 wieder ans Netz zu bringen. Da in den Blöcken 1 und 2 schon Menschen unter vergleichbaren Bedingungen arbeiteten, war es wohl eine vernünftige Entscheidung, den Betrieb von Block 3 wiederaufzunehmen. Und da Block 3 jetzt zusätzliche Kilowatt produziert, nehme ich an, daß es psychologisch und ökonomisch letztlich der Mühe wert war.

Zu Ihrer Frage nach der Verbindung zwischen dem Bau des Sarkophags und der Dekontamination der Betondecke von Block 3: Zuerst mußten wir das Dach abräumen. Alle Metallteile, die Rohre und selbst Kühlelemente, die auf das Dach geschleudert worden waren, mußten wieder hintergeworfen werden. Der meiste Schutt hatte sich unter Rohren angesammelt, was die Aufgabe erheblich erschwerte. All dieser Müll wurde zurück in die Ruine von Block 4 gekippt, da sie die nächstgelegene «Deponie» war und das auch am einfachsten schien. Aber das Dach von Block 3 mußte in kürzerer Zeit

gesäubert werden, als man für den Bau der Hülle um Block 4 brauchte. Und genau in diesem Fall machte sich unser berühmtes bürokratisches Kommunikationschaos nachhaltig bemerkbar. Eine Abteilung hatte die Aufgabe, Block 4 abzuschotten, die andere sollte das Dach von Block 3 reinigen. Jede der beiden befaßte sich nur mit ihrer eigenen Angelegenheit, ohne auch nur einen Gedanken an die andere zu verschwenden. Ich versuchte, den Einsatz dieser beiden Abteilungen nach Kräften zu koordinieren. Doch aus verschiedenen Gründen und vielleicht wegen einiger Besonderheiten der betreffenden Abteilungen war das unmöglich. Als der Sarkophag schon kurz vor der Vollendung stand, hatte man auf dem Dach von Block 3 gerade erst mit der Arbeit angefangen. Nur die größeren Trümmer waren abgeräumt, der feinere, aber stark strahlende Explosionsschutt lag immer noch da oben.

Die Ausrüstung der Räumkolonne war lachhaft unzulänglich. Das Ministerium für Mittleren Maschinenbau arbeitete mit aller Kraft auf den endgültigen Einschluß von Block 4 hin, aber das Energieministerium, das heutige Ministerium für Atomkraftwerke[2], konnte offensichtlich nicht Schritt halten.

T: War es denn nicht möglich, den DEMAG-Kran zeitweilig für die Räumungsarbeiten an Block 3 einzusetzen? Block 4 wäre doch nicht explodiert, oder?

A: Nein, Block 4 wäre nicht explodiert, soviel wußten wir schon. In dieser Hinsicht war er absolut sicher, und es bestanden keine weiteren Gefahren. Aber der DEMAG-Kran wurde sowohl für das Räumen des Daches als auch für den Bau des Sarkophags benötigt, und der Sarkophag hatte absoluten Vorrang. Nach meiner persönlichen Meinung war diese Entscheidung politisch motiviert. Man wollte unbedingt verkünden, daß Block 4 eingeschlossen und die Gefahr gebannt sei. Selbst die höheren Verwaltungsränge erkannten, wie eng diese beiden Projekte zusammenhingen. Doch so groß ist der Mangel an Koordination, die Macht der bürokratischen Mißwirtschaft bei uns: Sie ließ es zu, daß ein Problem gelöst und dabei ein anderes verschlimmert wurde. Ich muß mir selbst Vorwürfe machen, daß ich mich nicht durchgesetzt habe, daß ich meinen Einfluß unterschätzt und diese Entscheidung hingenommen habe. Auf jeden Fall ist es passiert.

T: Was können Sie uns über den Tunnelbau unter dem Fundament von Block 4 sagen?

A: Das war einer der Höhepunkte im Kampf um die Neutralisierung von Block 4.

T: War das im Mai?

A: Die Grabungsarbeiten für den Tunnel begannen ernsthaft um den 21., 22. Mai 1986. Aufgrund von Schätzungen der Fachleute bestand eine gewisse Gefahr, daß der Rest des heißen Kerns sich durch das Fundament brennen könnte und all die Radioaktivität dann ins Erdreich eindringen würde. Deshalb mußte diese Gefahr ausgeschaltet werden.

T: Bestand die Gefahr, daß der Reaktor auf seiner Stützkonstruktion in die Erde einsinken würde?

A: Später stellte sich heraus, daß die Basis der Belastung tatsächlich nicht standgehalten hatte. Wir wissen jetzt, daß die Stützkonstruktion (nur zwei gekreuzte Träger) gebrochen ist. Das untere Gerüst liegt auf dem Boden unter dem Reaktor. Doch damals wußten wir das nicht, denn man konnte nicht einfach hingehen und nachsehen. Auf jeden Fall hatten wir beschlossen, einen Tunnel unter dem Reaktorboden hindurch zu graben und einen Schutzschild einzubauen.

In dem Tunnel installierten wir Wärmeaustauscher. Wir betteten sie in Beton, um die Temperatur überwachen zu können. Stieg sie an, konnten wir schätzen, wie nahe der Kern dem Boden war, und die Pumpen anschalten, um Wärme abzuleiten. So hatte das Betonbett in Wirklichkeit zwei Funktionen: Es sollte die überschüssige Wärme abziehen und ein radioaktives Leck in den Erdboden verhindern. Es war unser Glück,

Abb. 25: Neue Ausrüstung wird inspiziert.

daß die Situation sich nie so weit zuspitzte. Deshalb kann man jetzt leicht darüber debattieren, ob der ganze Aufwand notwendig war oder nicht. Damals, als wir sehr unsicher waren, schien er eindeutig nötig. Diese Arbeit wurde in erster Linie vom Kohleministerium unter der Leitung von Michail Iwanowitsch Schadow ausgeführt. Schadow klagte darüber, daß die Radioaktivität so gut wie nicht gemessen wurde. Die meisten Leute in seinem Beruf sind mit solchen Kontrollsystemen nicht vertraut. Ich half ihm, so gut ich konnte. Ich half, indem ich dafür sorgte, daß vor Beginn jeder Schicht ein Dosimetrist am Ort war, der die Radioaktivität feststellte und den Arbeitern sagte, wie lange sie arbeiten konnten. Wir bemühten uns, diese Praxis möglichst weitgehend aufrechtzuerhalten, um die Männer bei ihrer schwierigen Aufgabe zu unterstützen. Das hatte nichts mit Angst zu tun, sondern war eine Frage des Gewissens. Es wurde gar nicht über fünffache Gehälter oder ähnliches geredet. Die Leute spürten, daß das Problem, dem sie gegenüberstanden, das Schicksal nicht nur der Bewohner der direkten Umgebung, sondern auch der Menschen außerhalb besiegeln konnte. Deshalb arbeiteten sie, ohne an sich selbst zu denken. Normalerweise mit Schaufeln und Schubkarren wie in alten Zeiten. Der Tunneleingang lag dort, wo das kondensierte Wasser stand, wo die Graphitbrocken aus dem Reaktor herumlagen, und die Radioaktivität betrug nach meinen eigenen Werten bis zu 200 Röntgen pro Stunde. Deshalb meinte man, es sei nicht klug, zuviel Arbeitsgerät in die Tunnelöffnung zu bringen.

Wir drängten die Leute immer wieder dazu, ihre Schutzanzüge anzuziehen. Im Tunnel selbst waren die Bedingungen besser, obwohl kontaminierter Schlamm und Staub von draußen hineingeschleppt wurden. Natürlich waren die Menschen hohen Strahlenfeldern ausgesetzt. Vor allem durch Inhalation. Das Arbeiten und Atmen unter Gasmasken war unter diesen Umständen so schwierig, daß man oft regelrecht auf die Arbeiter einprügeln mußte, damit sie sich diese Dinger aufsetzten. Wegen dieser Bedingungen und weil die Männer ganz spezielle Aufgaben erhielten, die binnen weniger Minuten erledigt werden mußten, war das schwere Handarbeit. Sie verlangte viel Mut und große Anstrengung.

T: Wissen Sie, was aus den Jungs geworden ist, die den Tunnel gegraben haben?

A: Ich weiß es nicht, aber nach den letzten Berichten in den Zeitungen und im Fernsehen muß es ihnen sehr schlecht gehen. Sie bekommen nicht die medizinische Versorgung, die sie brauchen. In einigen Fällen, vielleicht sogar in den meisten, haben Menschen, die an dieser Arbeit beteiligt waren, jetzt alle möglichen Gesundheitsschäden. Man behauptet, ihre Krankheiten hätten mit ihrer Zeit in Tschernobyl und ihrer Arbeit in kontaminierter Umgebung nichts zu tun. Das macht diese Leute wütend – zu Recht. Am meisten empört sie die Gleichgültigkeit des medizinischen Personals. Es ist wirklich erstaunlich: Menschen, die den humanitären Beruf schlechthin gewählt haben, den Kampf um die menschliche Gesundheit, verraten ihre Verantwortung. Sie machen sich eines Verbrechens schuldig.

T: Was hat uns Tschernobyl für die Zukunft gelehrt? Zum Beispiel für den Fall – Gott behüte – eines weiteren Unfalls?

A: Einer der schwersten Fehler war, daß nicht genug Sorgfalt auf den Strahlenschutz und die Risikominimierung verwandt wurde. Und es gibt keine Datenbank für alle Personen, die in Tschernobyl gearbeitet haben.

Ich erinnere mich noch sehr gut, was ein Journalist 1987 sagte. Die Diskussion hatte überhaupt nichts mit der Tragödie von Tschernobyl zu tun. Es ging um das Thema Glasnost. Einer der Journalisten erklärte, Glasnost breite sich immer weiter aus, man könne über alles offen reden. Und dann sagte er, wenn Tschernobyl fünf Jahre eher passiert wäre, hätte es zwei Möglichkeiten gegeben: Entweder wir hätten überhaupt nichts von dem Unfall erfahren, oder – wenn es unmöglich gewesen wäre, ihn zu vertuschen – er wäre uns als der beste Unfall der Welt präsentiert worden. Ich war davon zutiefst betroffen.

Meiner Meinung nach lag all unseren Arbeitsplänen ein großes Chaos zugrunde, so viel wurde unter der Hand arrangiert. Die wichtigste Frage ist, wie man mit den Sicherheitsproblemen umging. Gott sei Dank gab es keine anderen Unfälle, nun ja, mit wenigen Ausnahmen vielleicht.

Ich muß sagen, die Strahlenschutzüberwachung der Arbeiter war sehr kümmerlich. Ich will Ihnen ein Beispiel erzählen, das mich persönlich betrifft. Ich verbrachte zehn bis zwölf Stunden täglich direkt auf dem Gelände des Kernkraftwerks in Strahlenfeldern, die viel höher waren als im «Skasotschnyj»-Lager der Jungen Pioniere, wo wir wohnten. Aber offiziell bin ich bis heute als jemand registriert, der nicht mehr als 2 Röntgen erhalten hat. Ich werde Ihnen erzählen, wie das kam.

Das Lager «Skasotschnyj» liegt etwas über dreißig Kilometer vom Kraftwerk entfernt. In diesem Lager wurde die Radioaktivität an verschiedenen Stellen mit 5 bis 12 Milliröntgen pro Stunde gemessen. Wenn ich also sieben Monate auf dem Lagergelände verbracht hätte, ohne es zwischendurch zu verlassen, hätte ich schon über 25 Röntgen. Das ist wohl ein deutliches Beispiel dafür, wie man sich um den Strahlenschutz der Arbeiter sorgte.

T: Wie wurden denn die Strahlenschutzprobleme in der Atomindustrie gelöst? Sie sagten, das wichtigste Kontrollmittel seien einfache Messungen mit dem Dosimeter gewesen.

A: Soweit ich informiert bin, werden Strahlenschutzfragen in der Atomindustrie wie überall in unserer Wirtschaft auf höchster Verwaltungsebene entschieden – so paradox das auch scheinen mag, wenn man sich Tschernobyl anguckt. Es gibt eine Menge von Sicherheitsschranken: ein automatisches Strahlenüberwachungssystem, ein Personenüberwachungssystem und ein strenges Sicherheitssystem, das den Zutritt regelt. Ein ausgebildeter Strahlenschutzbeauftragter mißt die Strahlungswerte und setzt fest, wie lange jemand arbeiten darf. In den dreißig Jahren, die ich in der [Atom-]Industrie gearbeitet habe, ist mir nie zu Ohren gekommen, daß jemand einer höheren Belastung als 5 Röntgen pro

Jahr ausgesetzt war. Wenn es solche Fälle gab, hingen sie mit Schadensbegrenzung zusammen, und die Arbeiter wußten darüber Bescheid, daß sie in Bereichen mit höherer Radioaktivität eingesetzt wurden. Doch selbst diese Dosen überschritten, soweit ich mich erinnere, nicht 10 bis 12 Röntgen pro Jahr; und die Arbeiter erhielten auch eine Entschädigung. Die Strahlenkontrolle wurde also auf einem genügend hohen Niveau und mit dem nötigen ausgebildeten Personal organisiert.

Doch dann passierte das Unglück. Es gab nicht genügend Meßspezialisten. Es gab nicht einmal genug Dosimeter. Sie wurden schleunigst angeliefert, doch die Modelle, die da kamen, waren erst ab 0,5 Röntgen zuverlässig. Lagen die abgelesenen Werte unter 0,5, wurde einfach 0 aufgeschrieben. Wenn also jemand einen ganzen Monat in einem Strahlenfeld von 0,4 Röntgen arbeitete, wurde er trotzdem unter Nulldosis registriert. Wahrscheinlich ging es mir genauso.

Ich habe keine Ahnung, wie das passieren konnte. Erst viel später erfuhr ich davon, vielleicht im September. Ich hatte mich nicht weiter dafür interessiert – ich dachte, die überprüfen mich auf Radioaktivität und legen die Ergebnisse einfach nicht vor. Ich war an die Geheimhaltung von Daten gewöhnt und nahm es so hin, daß sie nicht veröffentlicht wurden.

T: Wieso sollten dosimetrische Werte geheim sein?

A: Ich sehe darin auch keine Logik. Früher, als ich unter Bedingungen lebte, wo ständig dies oder das für geheim erklärt wurde, hielt ich es einfach für selbstverständlich, daß Strahlungswerte ebenfalls geheim sein müßten. Ich dachte über solche Dinge nicht weiter nach. Wir wußten, daß jemand unsere Strahlenbelastung überwachte und uns nötigenfalls warnen würde.

T: Aber manchmal können Menschenleben von diesen Daten abhängen.

A: Ja, aber bei Routinearbeiten gibt es Strahlenkontrollgeräte und Leute, die auf dich aufpassen. Darum bin ich überhaupt nicht auf den Gedanken gekommen, daß mich jemand belügen könnte.

T: Hatten Sie vielleicht einfach nur Pech, daß bei Ihnen die Strahlenbelastung nicht gemessen wurde? Wurden Ihre Mitarbeiter gemessen?

A: Nein. Wie ich später herausfand, erging es den anderen genauso. Meine Freunde hatten mich schon überredet, wenigstens eine Blutuntersuchung machen zu lassen. Das tat ich zum erstenmal im August. Als ich nach den Untersuchungsergebnissen fragte, sagte man mir, sie seien noch nicht fertig. Danach hatte ich so viel zu tun, daß ich vergaß, noch einmal nachzufragen. Ich kenne die Ergebnisse dieser Untersuchung bis heute nicht. Das ist die «Strahlenüberwachung», die uns zuteil wurde. Die Leute sollten ja auch nicht nur Kontrollmessungen machen. Sie waren auch für Präventivmaßnahmen zuständig, zum Beispiel sollten sie Personen aus der Zone schaffen, wenn sie ihre maximale Belastung erreicht hatten. Die maximale Strahlenbelastung war auf 25 Röntgen festgesetzt worden. Aber ich sah keinerlei systematische Maßnahmen, um den Schutz der Arbeiter bei der Aufräumungsaktion in Tschernobyl zu gewährleisten.

Abb. 26: Die voll bitterer Ironie «Bioroboter» genannten Männer bei der Arbeit, bekleidet mit futuristisch anmutender Schutzausrüstung, die sie nur unzureichend gegen die tödliche Strahlung abschirmte (Aufnahme vom September 1986).

Im Rachen der Hölle

Was! Natürlich gab es keine Panik! Was sagen Sie? Würde ich denn lügen? Sind wir nicht immer froh, wenn man uns ruft? Zu allem bereit – selbst zum Sterben?

Wladimir Schowkoschitnyj

Es war September 1986. Die Desinformation der Öffentlichkeit erreichte ihren Höhepunkt. Die Aufmerksamkeit der Weltöffentlichkeit konzentrierte sich auf die Sonderzone. Viele Menschen waren bereits gestorben und in Bleisärgen auf dem Mitinsker Friedhof in der Nähe von Moskau beigesetzt worden. Die Presse berichtete, daß es uns gelungen sei, sehr zügig die Folgen des Desasters zu überwinden. Doch zu dieser Zeit betraten wir gerade erst die hochverstrahlten Bereiche: 1000, 2000 . . . 4000 rem pro Stunde. Das waren die Strahlenwerte, die wir Anfang September 1986 auf dem Dach von Block 3 vorfanden.

Das hätte der Zeitpunkt zum Innehalten sein müssen, um abzuwarten, nachzudenken und besondere Verfahren und Maßnahmen zu entwickeln, wie man die Probleme unter diesen tödlichen Bedingungen angehen konnte. Aber nein! «Weiter! Bringt die abgeschalteten drei Blöcke des beschädigten Kraftwerks schnell wieder ans Netz!» lautete unsere Order.

Doch die Arbeit kam zum Stillstand. Deutsche, japanische, sowjetische Roboter – keiner war solchen ultrahohen Strahlenfeldern gewachsen. Die Lösung war einfach: eine einmalige Dosis von 20 rem pro Person zuzulassen und Soldaten auf das Dach zu schicken – «Bioroboter».

Am 19. September 1986 wurden Menschen in den Rachen der Hölle entsandt.

Das Dach von Block 3

In den gefährlichsten Bereichen des Geländes von Tschernobyl nach dem
Unglück überstieg die Radioaktivität 500 Röntgen pro Stunde. Das Gebiet
rund um Block 4 war eine dieser Zonen – die Radioaktivität dort betrug 400
Röntgen pro Stunde, andere waren die Abschnitte «N» und «M», die Dachflächen und Aufbauten von Block 3, wo die Strahlenwerte 800 bis 1000 Röntgen
pro Stunde oder mehr erreichten, und die Schornsteinplattformen.

Zone N ist das Dach des Gebäudes 6001 des Ventilatorhauses. Der Bereich
mißt 24 mal 24 Meter und liegt in einer Höhe von 61 Metern. Die Dachfläche
wird durch einen 40 Zentimeter hohen Rand begrenzt. Die Dachabdeckung
besteht aus 585 x 100 Zentimeter großen, ein bis drei Tonnen schweren Stahl-
betonplatten, die mit einer 5 bis 10 Millimeter dicken Bitumenschicht überzo-
gen sind. Ein Rohr mit einem Durchmesser von 150 Millimetern läuft rings um
den Rand dieser Zone.

Abb. 27: Eine Skizze des Daches von Block 3 mit seinen hochverstrahlten Bereichen.
Der Kreis bezeichnet die Basis des Entlüftungsschornsteins (den man auf dem Foto auf
Seite 154 sehen kann). L, M, N beziehen sich auf verschiedene im Text beschriebene
Dachabschnitte. VSRO ist die russische Abkürzung der Bezeichnung für die Anlage, in
der man flüssigen radioaktiven Abfall entsorgt.

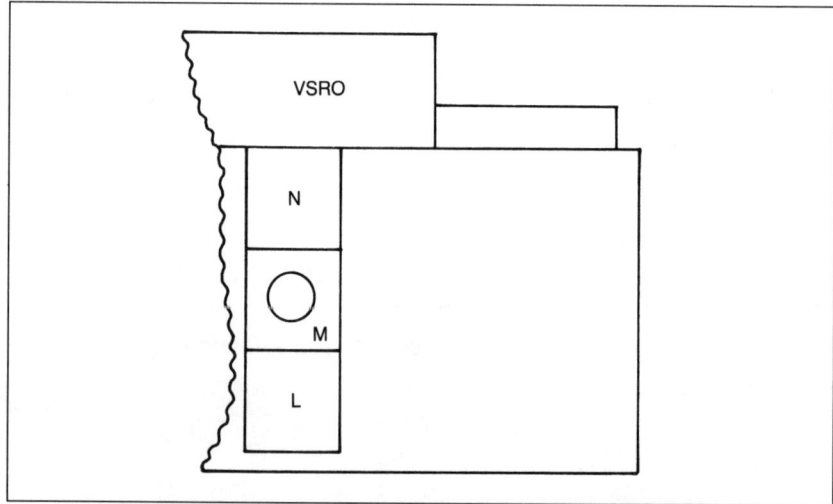

Zone N grenzt direkt an die Seitenwand von Gebäude 7001. Aus dieser Wand ragt über einen Teil der Zone N ein Lüftungsrohr von 1000 Millimeter Durchmesser. Zone N ist der Mittelteil des gemeinsamen Daches von Block 3 und 4.

Die Explosion in Block 4 durchbrach die Stahlbetondachplatten der zentralen Reaktorhalle und schleuderte sie in alle Richtungen. Einige landeten in den Abschnitten N und M. Teile des Reaktors – darunter zerstörte Brennelemente und Brennstäbe sowie Brocken der Graphitummantelung mit einem Gesamtgewicht zwischen 140 und 150 Tonnen – wurden ebenfalls über die Dächer dieser Abschnitte verstreut.

Die Schätzwerte, die ein Erkundungstrupp mitbrachte, beliefen sich auf über 20 Tonnen Explosionsschutt in Zone N, etwa 100 Tonnen in Zone M und 15 bis 20 Tonnen auf den Schornsteinplattformen.

A. S. Jurtschenko, W. M. Starodumow und G. P. Dmitrow vom Strahlenmeßtrupp des «Atomenergie-Reparaturverbands» betraten als erste diese hochstrahlenden Bereiche und maßen die Stärke der ionisierenden Strahlung in Zone N. Die Werte reichten von 100 Röntgen pro Stunde am Eingang bis zu 900 Röntgen pro Stunde an der Peripherie.

B. J. Schtscherbina, damals Stellvertretender Vorsitzender des Ministerrats der UdSSR, unterzeichnete am 19. August 1986 die Genehmigung für den Beschluß der Regierungskommission, dem Verteidigungsministerium der UdSSR zusammen mit der Kraftwerksleitung die Aufgabe zu übertragen, die Zonen N und M und die Schornsteinplattformen von stark strahlendem Explosionsschutt zu räumen und diesen in die Ruine von Block 4 zu werfen.

Man hatte vorher schon einen Räumungsplan aufgestellt, der den Einsatz von DEMAG-Kränen vorsah. Dieser Plan wurde jedoch aufgegeben, als alle DEMAG-Kräne für den Bau der Betonhülle um Block 4 abgezogen wurden. Es gab Versuche, mit sowjetischen und ausländischen Robotern zu arbeiten, doch alle versagten, sobald sie in Bereichen mit zu hoher Radioaktivität eingesetzt werden sollten.

Die Aufgabe, die Trümmer – die auseinandergerissenen Brennelemente, die Betonbrocken – zu beseitigen, wurde nun von Männern mit Schabern, Zangen, Schaufeln, Haken und Tragen ausgeführt. Der Plan sah vor, den Schutt aufzusammeln und in die Reaktorruine von Block 4 zu kippen. Frisch eingetroffene Arbeitskräfte, in Einheiten und Staffeln organisiert, wurden zu den Gebäuden 5001 und 6001 geleitet, wo jeder Einheit eine besondere Aufgabe zugewiesen wurde. Sie erhielten eine allgemeine Anweisung, wie sie die Arbeit auszuführen hatten. Die Instruktion der für die Einheiten zuständigen Offiziere fand am Abend vor jedem Einsatz statt. Leitstellen-Offiziere erhielten spezielle Instruktionen.

Den radioaktiven Schutt in den Krater von Block 4 zu werfen war ein ziemlich problematisches Unterfangen, da die Wege, auf denen er vom Fundort zur Reaktorruine geschafft werden mußte, sehr schwierig und gefährlich waren.

Der Führung der an der Arbeit beteiligten Soldaten wurde höchste Bedeutung beigemessen. Aus diesem Grund wurde ein besonderer Befehlsstand (in der Nähe von Gebäude 6001) errichtet. Fernsehmonitore wurden dort installiert, und der Befehlsstand wurde mit einem Kurzwellensender ausgestattet, der ihn mit dem Kontrollzentrum für die Räumungsarbeiten und dem Armee-Hauptquartier verband. Stark vergrößerte Photographien der gefährlichsten Bereiche (Zonen N, M und Schornsteinplattformen), Pläne, auf denen die Zugangswege in die Zonen eingezeichnet waren, und Modelle von Brennstäben, Brennstabbündeln, Graphitmoderatorblöcken und anderen gefährlichen Gegenständen standen zur Verfügung.

Die Leute, die eintrafen, um diese Arbeit zu verrichten (Wehrdienstpflichtige und Unteroffiziere), waren Freiwillige. Die Kommandeure der Einheiten und Staffeln wählten die Männer aus und gaben ihnen eine Einführung. Jeder Mann unterschrieb, daß er die wichtigsten Vorschriften gelesen und verstanden hatte – von besonderer Bedeutung waren die Benutzungsvorschriften für die Sicherheitsausrüstung.

Die verschiedenen Aufgabenbereiche wurden täglich von der Einsatzgruppe des Verteidigungsministeriums, dem Wissenschaftszentrum und den Mitarbeitern des Kontrollzentrums des Kraftwerks Tschernobyl für die Säuberungsaktion festgelegt. Die Befehle wurden den Kommandeuren der Einheiten und Staffeln mindestens zwölf Stunden vor dem festgesetzten Arbeitsbeginn mitgeteilt.

Die Grundinstruktion der Kommandeure führten Mitarbeiter des Wissenschaftszentrums und des Tschernobyler Kontrollzentrums für die Aufräumungsarbeiten durch. Das Personal wurde auf seine Aufgaben anhand eines speziell für diesen Zweck angefertigten Modells des Einsatzbereichs vorbereitet, das die derzeitige Situation in der Zone N darstellte und es erlaubte, die Männer mit dem geplanten Vorgehen vertraut zu machen.

Folgende Schutzausrüstung wurde ausgegeben:

- zum Schutz der Lungen: Gasmasken Typ «Astra-2», «RM-2» oder «Astra-1»;
- zum Schutz des Rückenmarks: 3 Millimeter dicke Bleiplatten;
- zum Schutz der Gonaden: ein 3 Millimeter dickes Blei-Bruchband;
- zum Schutz der Augen vor Staub: Schutzbrille mit mindestens 2 Millimeter dicken Gläsern;
- zum Schutz von Gesicht und Händen vor Beta-Strahlung: eine Acrylmaske von 2 bis 5 Millimeter Dicke;
- zum Schutz der Füße: 1,5 Millimeter dicke Bleieinlagen für die Stiefel;
- zum Schutz des Körpers (Brust und Rücken): Bleischürzen;
- zum Schutz der Hände: Baumwollhandschuhe, über denen bleigefütterte Fäustlinge getragen wurden;
- zum Schutz von Nacken und Kehle: eine mindestens 1,5 Millimeter dicke Bleiplatte.

Die Schutzkleidung wurde in einem besonders ausgestatteten Bereich mit Hilfe der Kommandeure der Einheiten und Staffeln angezogen und angepaßt. In der Regel war immer ein Bataillonskommandeur mit seinem Stab zugegen.

Um die von den Männern absorbierten Strahlendosen zu messen, wurde ein besonderer Posten eingerichtet, wo Strahlensondierungsoffiziere und Kommandeure der Einheiten die Dosimeter ablasen. Diese Dosimeter wurden an alles militärische Arbeitspersonal abgegeben und unter dem Brustschutz getragen. Die abgelesenen Werte wurden in ein Register eingetragen.

Während die eine Gruppe bei der Arbeit war, stand schon die nächste Gruppe in Schutzkleidung in Bereitschaft, um, falls nötig, Hilfe zu leisten. Vom Anfang bis zum Ende der Operation herrschte erhöhte Wachsamkeit, um die Sicherheit der in den gefährlichsten Bereichen arbeitenden Männer zu gewährleisten.

Während der ganzen Zeit, in der Männer in diesen Abschnitten arbeiteten, gab es nur einen Zwischenfall – ein Soldat verstauchte sich den Fuß, als er einen Graphitbrocken in den Reaktor warf und stürzte. Der Schichtkommandeur und der Strahlensondierungsoffizier kamen ihm sofort zu Hilfe und führten ihn aus dem Bereich weg. Es wird auch berichtet, daß ein Soldat während der Instruktionen, als der Arbeitsablauf in der Zone über Fernsehmonitor gezeigt wurde, vor Angst in Ohnmacht fiel. Er wurde medizinisch versorgt und zu seiner Einheit zurückgeschickt.

Wenn ein Team am Arbeitsplatz ankam, waren zehn bis fünfzehn Sekunden dafür bestimmt, sich in der Zone zu orientieren und die «Mülldeponie» – die Reaktorruine – anzusehen. Die Norm für die Trümmermenge, die jeder Mann wegzuschaffen hatte, wurde auf 50 Kilogramm Graphit oder 10 bis 15 Kilo Brennelement-Bruchstücke festgesetzt. Die Durchschnittszeit, die jeder in der Zone verbrachte, lag zwischen anderthalb und dreieinhalb Minuten. Die durchschnittliche absorbierte Strahlendosis betrug 12 bis 20 rem. Das Wegräumen des hochradioaktiven Schutts von den Dächern fand in der Zeit vom 19. September bis zum 1. Oktober statt. Zu dieser von sowjetischen Soldaten durchgeführten Operation, in der Bereiche mit einer Radioaktivität von 500 Röntgen pro Stunde und mehr geräumt wurden, gibt es weltweit nichts Vergleichbares im Umgang mit radioaktiver Strahlung.

Räumt die Schornsteinplattformen!

Es begannen auch die Aufräumungsarbeiten auf den Plattformen 2 bis 5 des Schornsteins mit dem Ziel, die Strahlungseinwirkung auf Zone M zu verringern. Als die Arbeit beendet war, wurden auf der ersten Schornsteinplattform nur noch 30 Röntgen pro Stunde gemessen. Der Räumungsplan sah vor, daß die Trümmer in die Zone M hinunter und von dort aus in die Ruine von Block 4 geworfen wurden. Die Radioaktivität in Zone M und auf der Plattform wurde dadurch auf ein Zehntel reduziert, was die Organisation der folgenden Operationen erheblich vereinfachte. Doch die Arbeit in großer Höhe erforderte gut trainierte, mutige Männer. Ihr Alter spielte keine so große Rolle. Die Soldaten, die in den Zonen N und M und auf den Plattformen arbeiteten, waren zwischen 35 und 40 oder älter.

Die Regierungskommission beschloß, mit der Säuberung der Plattformen Kadetten in der Grundausbildung der Feuerwehrakademien des Innenministeriums in Charkow und Lwow zu betrauen. Aus der Gruppe der Auszubildenden meldeten sich Freiwillige. Sie wurden nach ihrer körperlichen Fitness in berufsspezifischen Sportarten und nach ihrer Fähigkeit ausgewählt, in großer Höhe auf Leichtmetalleitern zu arbeiten.

Am 30. September kamen die Kadetten in Tschernobyl an und wurden in ihre Aufgabe eingewiesen. Um 17 Uhr desselben Tages wurde ein Experiment durchgeführt, um festzustellen, wieviel Zeit man benötigte, um auf die Plattformen 2, 3, 4 und 5 zu klettern und zum Ausgangspunkt zurückzukehren. Gleichzeitig sollten die Freiwilligen den Arbeitsanfall abschätzen, der sie auf jeder Plattform erwartete, und jeweils die Radioaktivität messen.

Der Kadett Wiktor Sorokin schaffte es, diese erste Aufgabe in fünfzehn Minuten auszuführen, und erhielt dabei eine Dosis von 18 rem. Aufgrund dieses Experiments konnte man berechnen, wie lange die Arbeit auf den Schornsteinplattformen dauern würde.

Ein Arbeitsplan für die Dekontamination der Plattformen wurde aufgestellt:
* Plattform 2: 10 Minuten und 10 Männer;
* Plattform 3: 15 Minuten und 6 Männer;
* Plattform 4: 20 Minuten und 2 Männer;
* Plattform 5: 25 Minuten und 2 Männer.

1. Oktober 1986: Um 9 Uhr trafen die Männer am Gebäude 5001 ein, wo man ihnen die Ergebnisse des Experiments mitteilte und ihnen ihre Aufgaben erläuterte. Die Charkower Feuerwehrkadetten W. S. Gorbanko und P. K. Kuschakow gingen als erste an die Arbeit. Sie kletterten zur Plattform 5 hinauf und räumten sie vollständig. Auf dem Weg nach unten beschlossen sie, über ihren Auftrag hinaus noch auf Plattform 2 weiterzuarbeiten, wurden jedoch von einer Sirene zum Ausgangspunkt zurückgerufen. Insgesamt hatten diese beiden 22 Minuten lang gearbeitet.

Das zweite Paar war bereit, Plattform 4 anzugehen: die Kadetten A. I. Florow und W. M. Subarew. Sie brauchten 20 Minuten zur Räumung ihrer Plattform.

In fünfzehnminütigen Abständen wurden kleine Gruppen zur Plattform 3 hochgeschickt. Sie brauchten anderthalb Stunden, um Plattform 3 vollständig zu säubern.

In zehnminütigen Abständen wurden die Einsatzteams zur Plattform 2 hinaufgeschickt. Insgesamt wurden 1,5 Tonnen radioaktiver Schutt von den Schornsteinplattformen 2, 3, 4 und 5 weggeräumt. Die Graphitbrocken, die die Männer von den Plattformen in die Zone M hinuntergeworfen hatten, wurden von Soldaten des 258. Motorisierten Zivilschutzregiments fortgeschafft. Nur 46 Mann waren daran beteiligt.

Die Säuberungsaktion in den besonderen Gefahrenzonen und auf den Dachflächen von Block 3 machten uns schmerzlich bewußt, daß weder die Sowjetunion noch irgendein anderes Land über die Techniken oder Technologien verfügt, um mit einer solchen Aufgabe fertig zu werden. In der Praxis wurde die schlimmste Arbeit – das Fortschaffen des Graphits, der Brennstäbe usw. – mit Hilfe kleiner, improvisierter Geräte und Vorrichtungen geleistet. Die Roboter versagten, sobald ihre Elektronik hoher Strahlenbelastung ausgesetzt wurde. Es gab keine Mittel zum wirkungsvollen Schutz der Menschen, die in Bereichen mit 500 Röntgen pro Stunde und mehr arbeiteten.

In der Vorbereitungsphase, bevor die Arbeit begann, wurde Schutzkleidung entworfen und angefertigt; sie sollte die absorbierte Strahlendosis um das 1,6fache verringern. Diese Ausstattung könnte als Grundlage für eine verbesserte Version benutzt werden, die größeren Schutz und mehr Bequemlichkeit böte, ohne den Träger so stark zu behindern. Wegen der Auswirkungen ionisierender Strahlung auf den ganzen Körper wäre es am besten, einen einteiligen Overall zu entwickeln.

Ein Problem war der schwierige Zugang zum Einsatzort für Menschen wie Roboter. Zukünftige Entwicklungsarbeiten an Robotern für nukleare Unfälle sollten folgende Faktoren berücksichtigen:

- die Auswirkungen hoher Radioaktivität;
- die Unzugänglichkeit vieler Arbeitsplätze;
- die oft komplizierten Wege innerhalb des Arbeitsbereichs und die Notwendigkeit, in hochverstrahlten Bereichen zu manövrieren;
- die zu erwartende Unebenheit des Terrains (durch Graphithaufen, Brennstäbe etc.);
- die zu erwartende Notwendigkeit, Trümmerstücke von bis zu drei Tonnen Gewicht zu bewegen;
- den Bedarf nach Fernsteuerung von einem sicheren Platz aus.

Ein General erinnert sich an die Schlacht

Generalmajor Nikolaj Tarakanow vom Verteidigungsministerium der Sowjetunion, oberster Leiter der Dekontaminierungsaktion auf dem Dach von Block 3, gibt in seinen Erinnerungen folgenden Bericht:

Der anspruchsvollste und gefährlichste Teil der Dekontaminierungsarbeiten betraf die Dachflächen von Block 3, wo eine bedeutende Menge hochradioaktiven Schutts aus Block 4 gelandet war. Da lagen Bruchstücke der Graphitmoderatorblöcke, Brennstabbündel, Druckrohre aus Zirkon und so weiter. Die Dosisleistungen dieser Objekte waren extrem hoch und bedrohten das Leben eines jeden, der in ihrer Nähe zu tun hatte.

Vom 26. April bis zum 17. September 1986 lag diese enorme Menge Material auf dem Dach von Block 3 und den Plattformen des Hauptabluftkamins. Es wurde vom Wind herumgewirbelt und vom Regen heruntergeschwemmt, während wir darüber nachdachten, wie man es wegschaffen könnte. Große Hoffnungen setzten wir auf die Roboter, die man uns versprochen hatte. Schließlich kamen sie. Mehrere Roboter wurden von Hubschraubern in den Gefahrenzonen abgesetzt – doch sie funktionierten nicht. Ihre Batterien waren schnell leer, und ihre Elektronik versagte. Einige Zeit vorher war ein Plan zur «Dekontamination der Dachflächen des Hauptblocks und der angrenzenden Gebäude» entwickelt worden. Dieser Plan stammte von einem Moskauer Institut. Er sah den Einsatz zweier DEMAG-Kräne vor («Made in West Germany», Kostenpunkt 4,5 Millionen Rubel), um die Dächer mit Magnetgreifern zu räumen, den Einsatz von hydraulischen Mehrschalengreifern und Hydraulikpumpen, die mit einem Druck von 8 bis 10 Atmosphären arbeiteten, sowie von «Vorstern-770», in Finnland hergestellten hydraulischen Manipulatoren. Außerdem mußten spezielle Betonpisten für die DEMAG-Kräne gebaut werden, um sie manövrierfähig zu machen.

Vor Erstellung dieses Plans hatten jedoch praktisch keine dosimetrischen oder technischen Untersuchungen stattgefunden (abgesehen von einigen von Hubschraubern aus gemachten Aufnahmen). Der Leiter des Strahlenmeßtrupps, Alexander Jurtschenko, hatte einige Vorstöße gemacht. Als er die Zone N zum erstenmal betrat, versagte sein DP-5-Monitor, weil die Strahlendosis über dem Meßintervall lag. Das brachte die Aufklärungseinsätze für eine Weile zum Stillstand. Man plante nun, die Radioaktivität in den zugänglichen Bereichen mit Hilfe eines Dosimeters zu messen, das am Haken eines Krans befestigt war. Um den Transport der Explosionstrümmer von Ort zu Ort auf ein Minimum zu beschränken und nicht auf besondere Lagerschächte angewiesen zu sein, wurde beschlossen, den Schutt in die Ruinen von Block 4 zu werfen. Dafür mußte das Dach von Block 3 vor Fertigstellung des Sarkophags geräumt werden. Dessen Bau aber war die vordringliche Aufgabe, ein Einsatz der DEMAG-Kräne für die Reinigungsarbeiten auf dem Dach hätte seine Fertigstellung verzögert, und so wurde dieser Plan nicht ausgeführt.

Es war also dringend geboten, eine Alternative zu finden, die diese Interessenkollision umging. Eine weitere, genauere Erkundung des Einsatzortes wurde von Mitgliedern der Spezialeinheit für Strahlensondierung des Genossen Jurtschenko durchgeführt, wobei man die Dachflächen in verschiedene Zonen aufteilte – N, M, K usw. Genauso wurde die Radioaktivität unter den Dächern von Block 3 gemessen. Aufgrund der neuen Informationen über die Dachflächen von Block 3 schlug das Kontrollzentrum für die Schadensbekämpfung einen anderen Räumungsplan vor. Dieser erfor-

derte unter anderem den Einsatz eines DEMAG-Krans, der auf der Nordseite des Blocks aufgestellt werden sollte, sowie von hydraulischen Polypgreifern, ferngesteuerten Maschinen und halbautomatischen Geräten für den Handbetrieb.

Außerdem wurde ein «Liebherr»-Kran benötigt, um die Ausrüstung auf die Dächer zu schaffen. Der Plan bekam das Plazet der Regierungskommission, wurde jedoch später ebenfalls aufgegeben, weil kein DEMAG verfügbar war.

Während der gesamten von mir geleiteten Operation in den besonderen Gefahrenzonen habe ich nicht ein einziges Mal einen Roboter wirklich arbeiten sehen. Dafür sah ich einen, der aus dem Graphit gezogen werden mußte. Er war durch die Radioaktivität ausgebrannt und zu einem Hindernis für die Arbeiten in Zone M geworden.

Ende September stand der Sarkophag (diese anschauliche Bezeichnung wurde allgemein benutzt) kurz vor seiner Schließung durch große Stahlrohre. Diese Aufgabe bot genug Schwierigkeiten eigener Art, sie wurde aber noch komplizierter dadurch, daß unbedingt erst Tonnen radioaktiven Schutts von den benachbarten Dachflächen und Schornsteinplattformen abgeräumt werden mußten, bevor der Sarkophag dichtgemacht werden konnte. Dieser Schutt mußte um jeden Preis eingesammelt und in das klaffende Loch im zerstörten Reaktor geworfen werden; dann erst konnte man alles mit einem stabilen Dach abdecken. Doch wie sollten wir diese Zonen mit ihrer tödlichen Strahlung angehen? Versuche, hydraulische Greifer und andere mechanische Geräte einzusetzen, blieben erfolglos. Die Presse hatte viel Wirbel um die «Wunderroboter» gemacht, doch sie versagten. Hinzu kam, daß die Bereiche, in denen die Explosionstrümmer gelandet waren – um den Entlüftungsschornstein des Hauptblocks herum und auf den Plattformen –, sehr schwer zugänglich waren. Die betroffenen Partien lagen 71 bis 150 Meter hoch. Es wurde immer klarer, daß die einzig mögliche Lösung darin bestand, Männer zu dieser Arbeit hinaufzuschicken. Das war der Schluß, zu dem viele Experten und Mitglieder der Regierungskommission kamen.

Am 16. September 1986 folgte ich den Instruktionen, die ich in einer kodierten Nachricht von Generalleutnant B. A. Plyschewskij und General J. M. Waulin aus Tschernobyl erhalten hatte, und flog mit einem Hubschrauber hin, um an einer Sitzung der Regierungskommission teilzunehmen. Das Thema war die Dekontamination der Dachflächen von Block 3 und der Schornsteinplattformen. Ich kam um 16.00 Uhr an und meldete mich bei Ply-

schewskij. Wir gingen direkt zur Sitzung, die unter dem Vorsitz Schtscherbinas in dessen Büro stattfand. Jurij N. Samoilenko referierte über das anstehende Problem. Wir gingen zur Reliefkarte hinüber, wo rote Fähnchen und andere Symbole die Strahlenverteilung markierten. Er gab uns eine klare Schilderung der Situation und wies uns speziell auf die besonderen Gefahrenzonen hin. Samoilenko berichtete, alle Versuche, die Trümmer mit mechanischen Mitteln zu beseitigen, hätten zu keinen Ergebnissen geführt. Nur ein Weg bliebe uns noch – Soldaten herzuholen und alles mit den einfachsten Geräten von Hand zu machen. Bedrücktes Schweigen herrschte. Jeder von uns wußte, welche Gefahr das für diejenigen bedeutete, die diese Arbeit zu leisten hatten. Das war der erste Gedanke. Zweitens – war dies wirklich alles, was ein Jahrhundert technologischen Fortschritts uns gebracht hatte? In der Stunde höchster Not verfügten wir weder über die Technik noch über Methoden, um mit solch einer Aufgabe fertig zu werden! Schtscherbina ging noch einmal alle anderen Möglichkeiten durch: Keine davon bot eine wirkliche Lösung. Dann wandte sich der Vorsitzende der Kommission an Plyschewskij und sagte: «Ich werde den Regierungsbefehl unterzeichnen, der die Hilfe der Armee anfordert.» Plyschewskij antwortete: «Die

Truppen müssen den Befehl vom Verteidigungsministerium bekommen.» Schtscherbina versprach, persönlich Kontakt mit dem Verteidigungsminister aufzunehmen, und sagte, wir müßten uns auf das Unternehmen vorbereiten.

Alle stimmten der Entscheidung zu. Sie wurde wirklich nicht leichtgenommen – doch es gab keinen anderen Weg. Außerdem wurde beschlossen, daß ich die Einsatzleitung auf wissenschaftlicher und praktischer Ebene übernehmen sollte. Auf derselben Sitzung gab es zahlreiche Ratschläge zur Vorbereitung der Aktion, unter anderem auch den Vorschlag eines Vorbereitungsexperiments. Es wurde angenommen.

Am 17. September brachte uns ein Hubschrauber zu der dafür ausgewählten Stelle, das heißt zur Zone M. Alexander A. Salejew, Kandidat der Medizinischen Wissenschaft und Oberstleutnant in der Sanitätstruppe der Armee, hatte den Auftrag erhalten, die Arbeitsmöglichkeit in der Zone zu testen. Alle Strahlenschutzmaßnahmen waren getroffen worden. Salejew trug einen hauptsächlich aus Blei bestehenden Schutzanzug. All diese Ausrüstung brachte, wie das Experiment zeigte, eine Verringerung der Strahlenwirkung um den Faktor 1,6. Zusätzlich mußte er etwa zehn Instrumente und Monitore verschiedener Art tragen. Er folgte einer sorgfältig ausgearbeiteten

Route. Seine Aufgabe war, durch ein Loch in der Wand zum Dach zu gelangen, die Dachfläche zu inspizieren, einen Blick auf den zerstörten Reaktor zu werfen, fünf oder sechs Schaufeln radioaktiven Graphits hinunterzuwerfen und dann bei Ertönen des Signals zurückzukommen. Oberstleutnant Salejew schaffte dies alles in einer Minute und dreizehn Sekunden. Wir folgten jeder seiner Bewegungen mit angehaltenem Atem.

Einen Bericht über das Experiment und unsere Schlußfolgerungen daraus schickten wir der Kommission. Die Kommissionsmitglieder prüften den Report und die Unterlagen, die wir für die militärischen Arbeitskräfte vorbereitet hatten (Dienstanweisungen, Merkblätter etc.), und gaben ihre Zustimmung.

Zu unseren Empfehlungen gehörte auch eine Liste von Eigenschaften, über die Freiwillige für diese Arbeit verfügen sollten. Sie mußten psychisch belastbar und gut anpassungsfähig sein. Sie mußten auch die physische Kraft besitzen, ihre Aufgaben in extrem kurzer Zeit auszuführen, bevor sie ihre maximal zulässige Strahlendosis erreicht hatten. Folgende Prinzipien wurden bei der Auswahl der Soldaten und ihrer Vorbereitung auf diese Aufgaben befolgt: Das Wichtigste war die Bereitschaft, die Arbeit unter den herrschenden extremen Bedingungen zu tun; zweitens fand parallel zur medizinischen Untersuchung ein weiteres Auswahlverfahren statt, das fähige, genaue, ruhige, ausgeglichene, umsichtige Männer heraussuchte; drittens mußten die Freiwilligen in guter körperlicher Verfassung, kräftig und reaktionsschnell sein. Gefragt war die Altersgruppe zwischen 30 und 45 Jahren.

Das war die ideale Kombination persönlicher Eigenschaften, nach der die Fachleute, die die Auswahl trafen, suchten. Dieses Verfahren brachte uns Arbeiter, die imstande waren, den Zeitraum bis zum Erreichen des Grenzwertes so effizient wie möglich für die Erfüllung ihrer Aufgaben zu nutzen.

Allerdings trat während der gesamten Zeit von Juli bis November 1986, in der das Kontrollzentrum für die Schadensbekämpfung für alle Operationen verantwortlich war, das Gesundheitsministerium der UdSSR mit keinerlei Empfehlungen auf den Plan und untersuchte die Arbeiter nicht ein einziges Mal auf ihren psychischen Zustand hin. Selbst die körperlichen Untersuchungen waren äußerst dürftig. Die Mitglieder der Spezialeinheit für Strahlensondierung wurden in den ganzen vier Monaten ihres Einsatzes in hoch- und extrem hochverstrahlten Bereichen nur einer einzigen Blutuntersuchung unterzogen.

Große Wichtigkeit wurde dem Vorbereitungstraining beigemessen. Im September 1986 wurde auf dem Baugelände, wo die Reaktorblöcke 5 und 6 entstanden, ein Übungsterrain abgesteckt, das man mit Schutt und Attrappen von Granitblöcken, Brennstabbündeln und Zirkonröhren sowie mit Zugangslöchern und Pfaden wie in der Gefahrenzone ausstattete.

Vom 18. September an stand so eine Nachbildung der Zone M für das Training der Freiwilligen zur Verfügung. Eine ungefähre Vorstellung von der Größenordnung des Vorhabens bekam man durch Luftaufklärung. Die Aufnahmen halfen uns bei der Überprüfung unserer Strategie und der Vorbereitung eines Einsatzplans.

Um Zugang zur Zone N zu schaffen, wurde eine Öffnung von einem Meter Durchmesser (später auf zwei mal anderthalb Meter vergrößert) in die Seitenwand des Lüftungsschachts geschnitten. Die Schutzkleidung fertigten die Soldaten von Hand an; jeder Schutzanzug wog 20 bis 25 Kilogramm.

Am 18. September waren die fieberhaften Vorbereitungsarbeiten abgeschlossen. Alles mußte übereilt geschehen; da die Kommission ihre Hoffnungen ganz auf die Roboter gesetzt hatte, war viel Zeit verstrichen. Die Methode, zu der wir uns schließlich gezwungen sahen, war nicht gründlich genug durchdacht, so daß wir in aller Hast in der kurzen zur Verfügung stehenden Zeit einfache mechanische Geräte und Schutzkleidung entwerfen und herstellen mußten.

Das Verteidigungsministerium ernannte eine besondere Kommission zur Überwachung der Arbeitsbedingungen und zur strategischen Unterstützung der Soldaten. Sie stand unter dem Befehl von General I. A. Gerassimow und umfaßte Vertreter aller Truppenteile sowie des Generalstabs, des Obersten Politbüros, der Ingenieure, der Logistiker usw. Nach einem Treffen mit dem Vorsitzenden der Regierungskommission, Schtscherbina, gingen wir alle zum Flughafen, bestiegen einen Hubschrauber und flogen los, um den Schauplatz der Operation zu inspizieren.

Der Hubschrauber schwebte erst über Block 3, dann direkt neben dem großen Entlüftungsschornstein, dann dicht neben dem zerstörten Reaktor selbst. All die herausgeschleuderten Trümmer, all der Schutt, mehr als 100 Tonnen, wie es aussah, mußten von Hand eingesammelt, zum Rand getragen und in die Ruine hinuntergeworfen werden.

Die Kommission kehrte nach Tschernobyl zurück, um die bevorstehende Operation noch einmal durchzusprechen. Bei dieser Besprechung waren nur Militärs anwesend. Kaum einer mochte etwas sagen. Nur Vize-

Admiral W. A. Wladimirow machte einen Vorschlag: Der Grenzwert solle hochgesetzt werden.

Gerassimow erstattete Bericht über den Stand unserer Vorbereitungen und die Situation insgesamt. Er erklärte entschieden, daß mit Ausnahme der Armee niemand imstande sei, mit dieser Aufgabe fertig zu werden. Er erhielt den Durchführungsbefehl.

Binnen einer halben Stunde war ich an meinem Befehlsstand in Block 3, wo die Soldaten ungeduldig gewartet hatten.

Am Nachmittag des 19. September stand die Chemische Truppe in Schutzkleidung unter Bataillonskommandeur Major W. Biba bereit, und meine Assistenten instruierten die Männer. Sie wurden über die Entscheidung des Verteidigungsministeriums informiert, daß diese Arbeit nur den Männern der sowjetischen Armee anvertraut werde. Ich sagte, daß jeder, der krank sei oder sich nicht wohl fühle, aus dem Glied treten solle. Niemand rührte sich. So war es jeden Tag während des ganzen Unternehmens.

Auf das Kommando «Los!» wurde die Stoppuhr gedrückt. Die Männer gingen in die Zone N hinaus und begannen mit Greifzangen, Kratzern und Schaufeln zu arbeiten. Im Verlauf dieser Operation gab es Momente, wo wir nahe daran waren aufzugeben. Die Schwierigkeiten

Abb. 28: Bereit zum Hissen der Fahne.

schienen unüberwindlich, und es wäre kriminell gewesen, die Männer noch länger der Strahlenbelastung auszusetzen.

Jeder Soldat betrat die Gefahrenzone nur einmal und nur für eine kurze Zeit.

Nie werde ich den 1. Oktober vergessen – den letzten Tag unserer Operation. Das zu erledigende Pensum war besonders groß. In Zone M befanden sich zwei beschädigte Roboter, die in Graphitbrocken und anderem Schutt steckengeblieben waren. Es gelang uns, sie mit Hilfe eines Hubschraubers herauszuziehen, wir mußten aber in mehreren Schichten Soldaten hinausschicken, um sie freizumachen und zu sichern.

Dann kamen die Polypgreifer und Hochdruckspritzen unter dem Befehl von Wiktor Golubew zum Einsatz. Der Mut und der technische Einfallsreichtum dieses Mannes kannten keine Grenzen.

Um 20.30 Uhr warf eine Brigade der Chemischen Truppe die letzten Graphitbrocken und die letzten Brennstabsplitter in die Ruine. Die Sirene stieß einen Heulton aus, länger als gewöhnlich. Alle im Befehlsstand brüllten «Hurra!». Es wurde beschlossen, am nächsten Tag die Fahne am Entlüftungsschornstein zu hissen.

Die gesamte Besatzung unseres Befehlsstands kletterte die Feuerleiter hoch und durch ein Loch im Dach hinaus in die Zone M. Eine kurze Versammlung wurde abgehalten, und wir schüttelten Jurtschenko, Sotnikow und Starodumow herzlich die Hände. Ihnen wurde die Fahne übergeben. Sie kletterten mit ihr hoch, hißten sie und kamen ohne Zwischenfall wieder herunter. Wir gratulierten ihnen, umarmten alle, die mit uns Dienst getan hatten, und machten eine große Panoramaaufnahme von «unserem Brückenkopf».

So endete die erste Phase der Dekontamination des Daches von Block 3.

Abb. 29: Auf dem Entlüftungsschornstein von Block 3 wird die Flagge gehißt, um die «Vollendung» der Schadensbeseitigung zu symbolisieren. Es wird jedoch noch Jahrhunderte dauern, bis der Schaden wirklich als beseitigt gelten kann (Aufnahme vom 1. Oktober 1986).

Abb. 30: Bauarbeiten am Tunnel unter Block 4 (Foto vom September 1986).

Die «Liquidatoren»:
damals und heute

Der Tod eines jeden Menschen zehrt an mir,
weil ich Teil der Menschheit bin.
Versuche niemals zu erfahren
wem die Stunde schlägt –
denn sie schlägt dir.

John Donne
«Nacktes denkendes Herz»

Während der verbleibenden Monate des Jahres 1986 und der ersten
Hälfte von 1987 schritt die Arbeit in den hochverstrahlten Abschnitten der
Zone voran. Doch hat diese sogenannte technische Dekontamination, die
nun schon seit mehr als fünf Jahren in der Zone durchgeführt wird, die
Umweltbedingungen nicht verbessert.

Inzwischen durften die Katastrophenhelfer, die bis Ende Mai 1986 in der
Zone arbeiteten, nach Hause zurückkehren, und auch die Reservisten
haben ihre normale Tätigkeit wiederaufgenommen.

In der Zeit von 1986 bis 1987 bezeichnete die Presse die über 650 000
Menschen, die an den Aufräumungsarbeiten teilnahmen, als «Helden».
Jetzt nennt man sie «Liquidatoren» oder «Räumungskräfte» und hat sie
schon vergessen. Die Zeit, die sie in den hochverstrahlten Gebieten der
Zone ohne angemessene Schutzanzüge und medizinische Überwachung
arbeiteten, ging nicht spurlos an ihnen vorüber. Sie erkrankten, wurden
arbeitsunfähig, und viele zogen sich vom Leben zurück.

In einem letzten Versuch, auf die Mißachtung ihrer sozialen Nöte hinzuweisen, traten einige dieser bereits leidenden Menschen in den Hungerstreik und gründeten den «Tschernobyl-Bund».

Ein «Liquidator» berichtet

Iwan I. Sgorelo, 51 Jahre alt, Kandidat der Ingenieurswissenschaften, jetzt aufgrund «normaler Krankheit» Invalide der Gruppe I[1]:

Worte wie «Mitleid» und «soziale Gerechtigkeit» werden bei uns in der UdSSR immer häufiger gebraucht. Für Tausende von Menschen klingen sie wie blanker Hohn gegenüber ihrer Person und ihrem Schicksal. Das friedliche Atom von Tschernobyl wurde wild, und der Sturm, den es entfachte, traf diese Menschen. Dabei waren sie es, die dem Aufruf folgten und in ihren Arbeitsanzügen aus Baumwolle, nur mit einer dünnen Gazemaske über Nase und Mund, alles in ihrer Macht Stehende unternahmen, um die Fehler und falschen Berechnungen anderer zu korrigieren, um die Bedrohung zu verringern, die über weiten Gebieten des Landes lag. Die obersten Mediziner und die Vertreter des Ministeriums für Atomkraftwerke beruhigten sie mit Märchen über die Harmlosigkeit der Strahlenbelastung, der sie ausgesetzt waren. Die Zeit verging, und diese Menschen sind so gut wie vergessen. Selbst der Kongreß der Volksdeputierten verlor kein Wort über sie. Und dennoch führten diese Menschen einen Krieg gegen einen Feind, wie man ihn sich grausamer und heimtückischer kaum vorstellen kann. Für viele Veteranen dieses Krieges stellen sich die Folgen erst jetzt allmählich heraus.

In einer gleichzeitig in der UdSSR und den USA ausgestrahlten Fernsehsendung schätzten die amerikanischen Fachleute die Zahl der Opfer in unserem Land, die der Unfall von Tschernobyl wahrscheinlich zur Folge haben wird, auf 68 000 Menschen. Trotzdem spricht unsere Presse nur von einem Dutzend Leuten, die durch den Unfall im Kernkraftwerk zu Tode kamen. Zwar wurde noch flüchtig der Feuerwehrleute gedacht, die das Unglück als erste traf. Aber was ist mit den Liquidatoren, die oft unter den gleichen grausamen Umständen arbeiten mußten? Nur weil sie über das ganze Land verstreut sind, vom Schirm der Geheimhaltung umgeben, können alle möglichen schönen Bilder von ihrem Gesundheitszustand verbreitet werden.

Aber wer kann sich denn wirklich um das Wohlergehen der Liquidatoren kümmern? Wer kann diesen Menschen eine qualifizierte medizinische Versorgung ermöglichen und ihnen eine erhöhte Erwerbsunfähigkeitsrente von mindestens 70 Prozent ihres Lohns bezahlen, damit sie ein normales Leben führen können und die Möglichkeit haben, sich behandeln zu lassen? Viele von ihnen müssen auch noch Kinder großziehen. Wer kann ihnen bei Bedarf einen Sanatoriumsplatz bieten? Viele werden sich daran erinnern, daß zum Beispiel in Indien nach der Chemiekatastrophe von Bhopal die Regierung die Interessen der Opfer vertrat. Dagegen haben die sowjetischen Institutionen, die regionalen Partei- und Gewerkschaftsorgane, den Liquidatoren den Rücken gekehrt. Die Organisationen und Behörden, die diese Menschen nach Tschernobyl sandten, glauben sich offenbar von ihrer Pflicht entbunden, seit die Regierung sich entschlossen hat, «Sarggeld» zu zahlen, wie die Liquidatoren die Entschädigung nennen, die sie für ihren Arbeitsaufenthalt in der Gefahrenzone erhielten. Haben diese Menschen die Katastrophe etwa verschuldet? Tragen nicht vielmehr die Konstrukteure und Ministerien die Verantwortung? Das Ministerium für Atomkraftwerke kann sich nicht mit gewöhnlichen Sterblichen auf eine Stufe stellen. Tatsächlich hat jetzt, nachdem die Ministerien zusammengelegt [reorganisiert – oder zumindest umbenannt] worden sind, der Schuldige im juristischen Sinn aufgehört zu existieren. Hinter einem Wust von Versprechungen verborgen, können sie deshalb fortfahren, neue und möglicher-

weise tödliche Anlagen vom Tschernobyl-Typ in den am dichtesten besiedelten Landesteilen zu errichten.
Für die Liquidatoren dagegen ist die Wirklichkeit äußerst herb. Die Märchen über ihre amtliche Erfassung und umfassende Versorgung durch das Gesundheitswesen, über ihre Behandlung und die Überwachung ihres Gesundheitszustands haben sich als Lügen herausgestellt – als Lügen, die außerdem vom Gesundheitsministerium der UdSSR gedeckt werden. Das Ministerium ordnete nämlich an, daß alle mit Tschernobyl zusammenhängenden Dinge als geheim zu behandeln seien.
In der Organisation, in der ich arbeite, ist nicht ein einziger Liquidator als Strahlenopfer registriert worden. Über drei Jahre hatte ich bereits gefordert – und ich bin selbst schwer erkrankt –, daß sie auch meine Freunde amtlich erfassen sollten. Erst im März 1989 wurden schließlich entsprechende Listen vorgelegt. In der Zeit vor Ausbruch der Krankheit kannte ich die Verordnung nicht, aufgrund deren Patienten registriert werden sollten. Durch meine Arbeit kam ich viel in der Ukraine herum und traf besonders in den ländlichen Gebieten viele Liquidatoren, die ebenfalls nichts davon wußten. Einer vorbeugenden Behandlung waren sie auch nicht unterzogen worden. Weder in der Presse noch im Fernse-

hen hatte es irgendeine Ankündigung gegeben. Alles wurde geheimgehalten. Das kam dem Gesundheitsministerium sehr entgegen, da es nicht über die Mittel für eine geeignete Behandlung so vieler Menschen verfügte.

Kürzlich wiederholten die offiziellen Vertreter des Gesundheitsministeriums und des Ministeriums für Atomkraftwerke, daß niemand in seiner Lebenszeit eine Dosis von mehr als 35 rem erhalten wird – die für Menschen höchstzulässige Dosis. Die Art und Weise, wie mit diesen Problemen umgegangen wird, ist dieselbe wie in den schlimmen Zeiten vor Glasnost: Wenn sie die Wahrheit vor der Öffentlichkeit verbergen wollen, kommen sie mit Zahlen, die nur wenige Menschen, eigentlich nur Spezialisten, interpretieren können. Bis vor kurzem wurden Strahlungsdosen in Röntgen gemessen. Jetzt benutzen sie [die neuen RBE-] Einheiten wie «rem». Dies ist das Äquivalent der radiobiologischen Strahlenwirkung auf den Menschen, allerdings ist die Einheit «rem» kleiner als «Röntgen». Die achtzehn- bis zwanzigjährigen wehrpflichtigen Liquidatoren und die älteren Leute, die später herangezogen wurden, wurden erst nach Hause entlassen, nachdem sie eine Strahlendosis von 50 Röntgen abbekommen hatten. Beträgt die zulässige Höchstdosis 35 rem, dann erhielten diese Menschen also tatsächlich mehr als die erlaubte Dosis, die erst später festgelegt wurde. Man erfährt auch nichts über die intensitätsabhängige Wirkung einer einmaligen Strahlendosis, über die Strahlenwirkung auf Menschen unterschiedlichen Alters, die Besonderheiten des Immunsystems der einzelnen Menschen, ihre unterschiedliche Widerstandskraft. Kein offizieller Sprecher hat jemals etwas über den wirklichen Gesundheitszustand dieser Leute gesagt. Und läßt sich denn überhaupt die Strahlendosis jedes einzelnen Liquidators bestimmen? Im Mai 1986, als wir am Kraftwerksgebäude von Tschernobyl arbeiteten, war der Strahlenpegel auf jedem Quadratmeter Boden unterschiedlich hoch. Er schwankte von mehreren Zehntel Röntgen pro Stunde bis zu einigen Röntgen pro Stunde. Die Anzeigen auf einigen der tragbaren Dosimeter, die Jahrzehnte ohne Überprüfung herumgelegen hatten, gaben häufig mehrmals täglich unterschiedliche Werte an. Für viele der Liquidatoren, die später hinzukamen, war die Strahlenbelastung nicht geringer. Man braucht sich nur an die Liquidatoren zu erinnern – die «Bioroboter» –, die das Dach des Kraftwerkgebäudes in Handarbeit von radioaktivem Schutt räumten. Niemand weiß, welche Strahlungsbelastung sie erhielten. Alle diese Unsicherheiten machen die Behandlung der Liquidatoren noch schwieriger.

Deshalb muß man jeden Fall für sich betrachten und für jeden einzelnen einen speziellen Behandlungsplan ausarbeiten.

In Kiew wurde das Strahlenmedizinische Allunionsforschungszentrum gegründet, um für alle, die ungeschützt der Strahlung ausgesetzt waren, eine fachgerechte Behandlung sicherzustellen. Dieses Zentrum wurde mit den neuesten diagnostischen Geräten aus dem In- und Ausland ausgestattet und erhält fachliche Unterstützung durch die besten Krankenhäuser von Kiew. Dennoch weiß die Mehrzahl der Liquidatoren nichts von der Existenz eines solchen Zentrums: Erst in letzter Zeit hat es hier und da Hinweise darauf gegeben.

Wenn der Liquidator in den frühen Stadien seiner Erkrankung spürt, daß etwas nicht in Ordnung ist, und er deshalb mit seinen «geringfügigen» Beschwerden zum Arzt geht, um sich untersuchen zu lassen, dann wird er gewöhnlich als selbstsüchtiger, rücksichtsloser Mensch angesehen, der sich besondere Vergünstigungen sichern will. Aber es ist jedem klar, daß selbstsüchtige Leute die sich nach vorn drängeln, nicht gerade zu denen gehörten, die sich schließlich unabgeschirmt der Strahlung in der Unfallzone aussetzten. Selbst wenn sich die Krankheit weiterentwickelt und der Arzt feststellt, daß der Liquidator ernsthaft krank ist, muß der Patient, der ins Strahlenzentrum aufgenommen werden will, noch die Schutzbarrieren örtlicher und regionaler medizinischer Institutionen und die besondere ambulante Abteilung des Zentrums überwinden. Das gelingt nur wenigen.

Danach heißt es dann, sich in die Schlange derer einzureihen, die auf ein Krankenbett warten. Dies kann einige Tage bis zu einem Monat dauern – während die Zahl der Patienten, besonders unter den Liquidatoren, ständig wächst.

Ende Oktober 1988 besuchte eine Delegation der tschechischen Akademie der Wissenschaften das Strahlenzentrum. Sie wurde von dem Akademiemitglied B. J. Paton herumgeführt. Durch reinen Zufall hielt ich mich einige Zeit in der Nähe dieser Delegation auf. (Ich befand mich dort, als Behandlungsverfahren vorgeführt wurden.) Als der Vertreter des Strahlenzentrums den Besuchern etwas über das Zentrum erzählte, sagte er, daß laut Statistik die Liquidatoren dreimal so häufig an verschiedenen Krankheiten leiden wie die Arbeiter von Kernkraftwerken und zweieinhalbmal so häufig wie die Bewohner der Stadt Pripjat.

Das Strahlenzentrum ist die einzige Einrichtung in der Ukraine, die entscheidet, ob eine Krankheit in kausalem Zusammenhang mit Strahlenexposition steht. Die Mitarbeiter des Strahlenzentrums tun jedoch ihr Bestes, um keine ursächliche Verknüpfung anzuerkennen. Sie sind nicht im geringsten daran interessiert zu erfahren, ob ein Patient schon vor Tschernobyl an dieser oder jener Krankheit gelitten hat oder nicht. Jeder, dem es gelingt, ins Strahlenzentrum vorzudringen, wird zunächst taktvoll gewarnt, daß er nicht von einer Anerkennung der strahlenbedingten Ursachen seiner Erkrankung ausgehen könne, selbst wenn er eine solche Diagnose von seinem Arzt vorlegt. Diese Diagnose wird dann einfach geändert. «Während der zwei Jahre, in denen wir Untersuchungen durchgeführt haben», räumte einer der Ärzte des Zentrums ein, «wurde ein solcher kausaler Zusammenhang nur in zwei Fällen bestätigt, und in beiden Fällen lagen auch radioaktive Verbrennungen vor.» Die übergroße Mehrheit der Liquidatoren wird also vom Strahlenzentrum mit der Diagnose «normale Erkrankung» entlassen, selbst wenn praktisch alle Körperorgane in Mitleidenschaft gezogen sind.

Die Ärzte und ihr Direktor Romanenko[2] wissen nicht – oder sie ziehen es vor, nicht zu wissen –, daß eine derartige Diagnose ein Todesurteil ist. Das Strahlenzentrum trägt vom Moment des abschlägigen Bescheides an keine moralische oder auch nur statistische Verantwortung mehr. Deshalb fällt die Statistik ganz nach Wunsch aus.

Hat der Patient erst einmal eine auf diese Weise gestellte Diagnose erhalten, so hat er praktisch keine Möglichkeit mehr, jemals in das Strahlenzentrum zurückzukehren. Er wird die Schutzbarrieren nicht mehr überwinden können, die die Behörden in seiner Heimat errichtet haben; in der Regel wird man ihm erneut «Radiophobie» vorwerfen. Es wird schwierig genug sein, überhaupt in ein Krankenhaus aufgenommen zu werden. Die regionalen Krankenhäuser verfügen ohnehin nicht über angemessene Behandlungsmethoden für Strahlenopfer. Gewöhnlich behandeln die Ärzte das Organ, das gerade am stärksten betroffen scheint, auch wenn krankhafte Veränderungen im ganzen Organismus unübersehbar sind. Überdies hat die Behandlung oft einen rein symbolischen Charakter, da es an Medikamenten, Infusionsbestecken usw. fehlt. Auf dem Schwarzmarkt dagegen werden diese Medikamente in Gold aufgewogen, vorausgesetzt man findet überhaupt die richtige Stelle. Vier bis sechs Monate nach dem Aufenthalt im Strahlenzentrum wird der Patient dann der Ärztekommission vorgestellt. Dort wird er als normaler Invalide eingestuft und erhält eine Hungerrente. Damit sind bessere, vitaminreichere Lebensmittel und schwer erhältliche Medikamente, die nicht in den Geschäften gekauft werden können, praktisch unerreichbar für ihn. Es zerreißt einem das Herz, wenn man an die Liquidatoren denkt, denn sie sind von allen vergessen. Aber was anderes hätten wir erwarten sollen? Das Leben eines einzelnen bedeutet nichts, verglichen mit dem Leben des ganzen Landes – und die Liquidatoren sind doch ohnehin am Ende.

Ich möchte ein paar Worte über mich selbst sagen. Bis zum Jahr 1986 hatte ich nie etwas mit Ärzten zu tun gehabt. Ich ging sogar weiter meiner Arbeit nach, als ich an Infektionen der Atemwege litt. Vom 13. bis zum 23. Mai 1986 arbeitete ich in Tschernobyl, gerade sechshundert Meter vom zerstörten Block 4 entfernt. Im Februar 1987 löste sich die Netzhaut meines rechten Auges ab. Daraufhin unterzog ich mich zweimal, im März und im Juli, einer Operation in der Filatow-Augenklinik in Odessa, wo Laser eingesetzt werden, um die Retina wieder zu fixieren. Als Bergwerksingenieur weiß ich, daß Leute, die mit radioaktiven Erzen arbeiten, häufig Augenprobleme wie Katarakte oder Netzhautablösungen haben. Auch in dem Feldlager, in dem wir im Wald bei Tschernobyl lebten, sahen wir viele erblindete Vögel. Dennoch erklärten die Ärzte, daß sie keinerlei Beweis hätten für solch einen direkten Zusammenhang mit radioaktiver Strahlung. Im folgenden Jahr wurde ich nicht untersucht. Auch wurde ich in kein Register eingetragen.

Im August 1988 streckte mich die Krankheit dann völlig nieder. In den Krankenhäusern von Poltawa, im Strahlenzentrum und im Onkologischen Institut in Kiew wurden folgende Störungen festgestellt:

- eine signifikante Veränderung des Blutbilds,
- abnorme Blutzirkulation im Gehirn,
- ein sehr unregelmäßiger Puls infolge einer Herzmuskelentzündung,
- beträchtlicher Haarausfall,
- Magen- und Darmstörungen,
- ein schwerer Leberschaden und
- stark schrumpfendes Zahnfleisch.

Nach Untersuchungen und Behandlungen, die einen Monat dauerten, kam das Strahlenzentrum zu folgendem Urteil: «Normales Krankheitsbild – kein kausaler Zusammenhang mit Strahlenexposition.» Im Onkologischen Institut schlugen sie zuerst eine vorsorgliche Operation vor. Doch nach zehn Tagen weiterer Untersuchungen änderten sie ihre Meinung, ich denke, wegen der Schwächung meines Immunsystems. Statt dessen empfahlen sie mir, meine Leber zu Hause behandeln zu lassen.

«Diese Tschernobyler sind bei uns gefürchtet», sagte einer der führenden Spezialisten zu meiner Frau. «Wir wissen nie, welche postoperativen Komplikationen sich einstellen, wenn ein derartiger Leberschaden

vorliegt.» Das war ein klares Einge-
ständnis des Zusammenhangs zwischen meiner Krankheit und der Zeit
in der Zone, während der ich ungeschützt der Strahlung ausgesetzt war.
Von August 1989 an begann sich
Körperflüssigkeit in meinem Bauch
zu sammeln. Von da an wurde ich
jeden Monat operiert. Und sie haben
bei mir 10 bis 15 Liter Flüssigkeit

abgeleitet. Es ist nun ein Jahr und
drei Monate her, seit meine Krankheit begann. Weil ich so schwach bin
und häufig Schmerzen in der
Lebergegend habe, verbringe ich die
meiste Zeit liegend. Ich nehme
beängstigend schnell ab und verliere
auch meine Lebhaftigkeit und Hoffnung. Wie lange bleiben sie mir noch
erhalten?

«Kein Zusammenhang mit radioaktiver Strahlung»

Liebe Genossen vom Tschernobyl-
Bund!
Es schreibt Euch Nina Pawlowna
Sgorelo, die Ehefrau eines der
unglücklichen Männer, die an den
Wiederherstellungsarbeiten in
Tschernobyl teilnahmen, und damit
die Frau eines seit über einem Jahr
zum Tode Verurteilten. Dieses
Urteil wurde mir am Telefon von der
Klinik des Strahlenzentrums mitgeteilt. Ich brauchte lange, bis ich den
Schock überwand, in den mich der
Anruf versetzt hatte. Dann begann
ich fieberhaft nach einem Ausweg
zur Rettung meines Mannes zu
suchen. Doch wohin ich auch ging,
die Antwort der Bürokraten war
stets die gleiche: Er wird sterben –
wir haben alles getan, was in unserer
Macht steht. Aber ich habe niemals
die Hoffnung und den Gedanken

aufgegeben, daß ihm geholfen werden könnte, wenn nur unsere Ärzte
ihren Stolz überwinden und ausländische Fachleute um Hilfe bitten würden.
Die Explosion in Tschernobyl schuf
ein tragisches Labor für Menschen-
versuche! Wenn «die Wissenschaft
Opfer fordert» (wie A. M. Petris-
jants es ausdrückte), dann sollte die
Medizin ihre Opfer in aller Öffentlichkeit verlangen, anstatt sie zur
Geheimsache zu erklären und sie
abzustempeln mit der Diagnose:
«Normales Krankheitsbild – kein
Zusammenhang mit ionisierenden
Strahlen».
Welch ein Schatz an Erkenntnissen
wird mit dem Tod dieser Leute verlo-
rengehen! Kein Laboratorium, selbst
in dem angesehensten Forschungsin-
stitut, wird eine solche Fülle von

Wissen und Erfahrung hervorbringen wie die Menschen, die durch das Feuer von Tschernobyl gingen! Daher sollten alle Vereinigungen im Tschernobyl-Bund im Namen zukünftiger Generationen – die ebensowenig wie wir eine Garantie haben, daß sich kein zweites Tschernobyl ereignen wird – an die Mediziner auf der ganzen Welt appellieren, sich dieser kranken Menschen, der Veteranen der Katastrophe von Tschernobyl, anzunehmen und die Eigenarten ihrer Erkrankungen zu erforschen. Vielleicht werden sie dem einen oder anderen auch helfen können! Auf jeden Fall wird das medizinische Wissen bereichert! Die Erfahrung, die sie durch die Behandlung der Strahlenopfer erwerben, wird den Ärzten mehr bringen als die gesamte bisherige Forschungsarbeit mit radioaktiven Stoffen.

Diejenigen, die an der Beseitigung der Katastrophenfolgen beteiligt waren, leiden an einer ganzen Reihe von gewöhnlichen Erkrankungen. Diese Krankheiten treten jedoch wegen der Schwächung des körpereigenen Immunsystems in einer bösartigen und akuten Form auf. Daher könnte man gut von Strahlen-Aids sprechen. Auch für diese Art von Aids brauchen wir dringend ein Heilmittel – und dies erfordert die gemeinsamen Anstrengungen der Ärzte vieler Länder.

Ich bitte Euch: Nehmt meinen Mann Iwan Iwanowitsch Sgorelo, Jahrgang 1938, als Mitglied in den Tschernobyl-Bund auf. Er wurde nach Tschernobyl geschickt, um bei den Betonarbeiten an Block 4 mitzuarbeiten. Jetzt gehört er zur Invaliditätsgruppe I und ist schwer krank.

Unser Sohn Nikolaj wurde 1969 geboren. Er diente zwei Jahre auf dem Atombombentestgebiet in Semipalatinsk. Ich mache mir große Sorgen um seine Gesundheit.

Mit freundlichen Grüßen
gez. Nina Pawlowna Sgorelo
5. Dezember 1989

Vom Gewerkschaftsrat der Ukrainischen Republik
Gewerkschaftsrat des Gebiets Poltawa
Strahlenmedizinisches Allunionsforschungszentrum der Akademie der Medizinischen Wissenschaften der UdSSR
Uliza Melnikowa 53
252050 Kiew-50

An:
Genossin N. P. Sgorelo

Liebe Nina Pawlowna!
Wir müssen Sie davon in Kenntnis setzen, daß gemäß der Entscheidung des Medizinischen Forschungszentrums kein Zusammenhang zwischen der Erkrankung Ihres Mannes und der Tatsache besteht, daß er sich eine Zeitlang am Kernkraftwerk von

Tschernobyl aufgehalten hat. Daher können wir Ihren Antrag nicht befürworten, wonach das Institut, an dem Ihr Mann vor seiner Erkrankung arbeitete, die Differenz zwischen seinem früheren Gehalt und der bewilligten Rente zahlen sollte. Eine derartige Zahlung würde weder mit dem geltenden Recht noch mit der Entscheidung des Rats der Arbeitskollektive im Einklang stehen.

Die Entscheidung, ob eine Zuteilung hochwertiger Lebensmittel gewährt werden kann, wird vom Gesundheitsministerium der Ukrainischen Sowjetrepublik auf der Grundlage entsprechender Untersuchungsergebnisse getroffen.

gez. B. M. Scharbenko
(Sekretär des Gebietsgewerkschaftsrats)[3]

Die Belegschaft des Kraftwerks und andere Betroffene

Beim Tschernobyl-Bund gingen bald mehrere tausend Briefe von Menschen ein, die sich in der seit April 1986 bestehenden Sonderzone von Tschernobyl aufgehalten und an den Aufräumungsarbeiten teilgenommen hatten. Ihre Lebensumstände haben seit dieser Zeit große Ähnlichkeit mit denen von Iwan I. Sgorelo: Es fehlen Medikamente, die Ärzte weigern sich, die aufgetretenen Erkrankungen in einen Zusammenhang mit der Arbeit in Tschernobyl zu stellen; es gibt keine soziale Sicherheit für Menschen, die auf diesem Wege erkrankten und leiden müssen.

Am Ende dieses Kapitels sind die Namen der Mitglieder des Kraftwerkpersonals von Tschernobyl abgedruckt, die gestorben sind. Die Liste, die der Tschernobyl-Bund erstellt hat, zeigt, daß es junge Leute sind, die sterben.

Vor dem Unfall lag die jährliche Sterberate bei den Belegschaftsmitgliedern von Tschernobyl bei zwei Todesfällen pro 5000 Beschäftigte (also 0,0004). Wenn man berücksichtigt, daß die Angehörigen der Belegschaftsmitglieder, die nach 1986 starben, zu den 1200 «Liquidatoren» gehörten, dann ist die Sterberate für diese Gruppe:

1986: 0,021
1987: 0,080
1988: 0,015
1989: 0,017 (im ersten Halbjahr).

Das Risiko zu sterben hat also um den Faktor 100 zugenommen; vgl. Kapitel «Geiseln» (S. 225 ff) und Tabelle 4 (S. 229).

Vom 9. bis zum 28. April 1990 trat eine Gruppe von ehemaligen «Liquidatoren» aus Weißrußland in der Klinik des Instituts für Strahlenmedizin in den Hungerstreik. Ihre Hauptforderungen an die weißrussische Regierung: ein Gesetz über den rechtmäßigen Status der «Liquidatoren» und die Schaffung eines Expertengremiums, das sich mit den Problemen der «Liquidatoren» beschäftigen sollte. Andere Forderungen lauteten:

- die Einrichtung eines Diagnose- und Behandlungszentrums sowie eines Rehabilitationszentrums;
- eine angemessene Unterstützung für die Menschen, die bei den Aufräumungsarbeiten in Tschernobyl große Strahlendosen erhielten und daher gesundheitliche Schäden davontrugen oder Invaliden wurden;
- eine Erklärung, die bekräftigt, daß den Veteranen und Schwerbeschädigten von Tschernobyl derselbe Status zuerkannt werde wie den Veteranen und Invaliden des Zweiten Weltkriegs.

Ein von vielen «Liquidatoren» und Bewohnern der strikten Kontrollzonen[4] (als Patienten in der Klinik des Minsker Instituts für Strahlenmedizin) unterzeichneter Brief wurde der ersten Sitzung des Obersten Sowjet von Weißrußland zugeleitet, worin dieser aufgefordert wurde, eine für die Beseitigung der Katastrophenfolgen in der Republik verantwortliche Kommission einzusetzen. Die zweite Forderung zielte auf gesetzgeberische Maßnahmen zur Unterstützung aller durch die Katastrophe von Tschernobyl Betroffenen, seien es «Liquidatoren» oder Bewohner der strahlenverseuchten Gebiete.

Vor kurzem trat ein weiteres schwerwiegendes Problem in kontaminierten Regionen zutage. In einigen dieser Gegenden, die man zunächst für schwach strahlenbelastet gehalten hatte – es handelt sich vor allem um die Bezirke Lewtschesk, Lumenezk und Pinsk in Weißrußland –, ist festgestellt worden, daß Radionuklide sehr rasch in die Nahrungskette gelangen und daß die Menschen hohe Strahlendosen inkorporieren, wenn sie die in diesen Gegenden erzeugten Nahrungsmittel essen.

Über fünf Jahre hatte man diesen Regionen keine Aufmerksamkeit gewidmet, weil die Cäsium- und Strontiumkonzentrationen im Boden als niedrig angesehen wurden. Keinerlei Schutzmaßnahmen waren ergriffen worden – die Menschen verzehrten Milch, Fleisch und Gemüse aus dieser Gegend ebenso wie Beeren und Pilze aus den Wäldern.

Die Menschen in diesen Gebieten haben achtzig- bis hundertmal mehr Cäsium und Strontium in ihrem Körper angereichert als jene, die in den strikten Kontrollzonen leben. Dort wurden Beschänkungen hinsichtlich des Verzehrs von Nahrungsmitteln eingeführt, und man bietet, zumindest in gewissem Umfang, «saubere» Lebensmittel an (sauber, wenn man die gegenwärtigen, von den Behörden eingeführten Grenzwerte akzeptiert; vgl. Tabelle 5, S. 248).

Während die Tragödie der früheren «Liquidatoren» weitergeht, erhält der Tschernobyl-Bund ständig Briefe, in denen er um Informationen und Hilfe gebeten wird.
Drei typische Beispiele:

«Seit einigen Tagen leben wir in großer Trauer. Unser Sohn Walerij, geboren 1969, starb am 14. Januar 1990. Er nahm an den Aufräumungsarbeiten in Tschernobyl teil. Dorthin wurde er 1986 (Mai/Juni) geschickt, während er seinen Militärdienst in Minsk ableistete. Im Oktober 1989 ging unser Sohn zu einer Kontrolluntersuchung ins Krankenhaus. Dort stellten sie Krebs an der linken Niere und Metastasen in Lunge und Leber fest. Unser Sohn hinterläßt zwei kleine Kinder.
Könnten Sie mir bitte mitteilen, wohin wir uns wenden können und wie wir vorgehen sollen, um eine Tschernobyl-Veteranen-Rente für die Kinder von Walerij zu erhalten?»
Hochachtungsvoll
gez. Pjotr Petrowitsch Suworow
20. Januar 1990

«Können Sie mir bitte helfen? Mein Mann Walerij Wassiljewitsch Pawlenko starb am 10. Januar 1990. Er wurde krank, nachdem er an den Notstandsmaßnahmen in Tschernobyl teilgenommen hatte. (Er war von den ersten Tagen an dabei und verlud dort Sand und Blei in die Hubschrauber.) Die Diagnose war Dickdarmkrebs.»
gez. A. Pawlenko
26. März 1989

«In den allerersten Tagen nach dem Unglück von Tschernobyl kam der Katastrophenschutzbefehl für meinen Mann, und er wurde zu den Instandsetzungsarbeiten herangezogen. Vor kurzem begann er, sich unwohl zu fühlen. Er hatte ständig Kopfschmerzen und Schmerzen in den Armen und Beinen. Plötzlich begann er zu erblinden. Wohin wir uns auch wandten, er wurde nicht behandelt. Vorher hatte man ihn

Abb. 31: Ein Friedhof in der Sperrzone.

gebraucht – jetzt wollte ihn niemand mehr. Um Injektionen für ihn zu bekommen, mußten wir Geld bezahlen. Geld, immer wieder Geld – obwohl wir doch eigentlich eine kostenlose Gesundheitsversorgung haben. Mein Mann konnte es bald nicht mehr aushalten, die Schmerzen waren fürchterlich. Er konnte nichts mehr zu sich nehmen. Am 1. Dezember 1989 starb er.

Das einzige, was ich will, ist, daß alle die grauenhafte Wahrheit darüber erfahren, wie die Liquidatoren von Tschernobyl sterben, ohne irgendwelche Hilfe zu erhalten. Dies sind die Menschen, über die sie berichtet haben, die sie Helden nannten, von denen sie sagten, sie hätten unser Land und die Welt gerettet.»

gez. N. Magera
5. April 1990

Tabelle 2. Diese Liste enthält die Namen der ursprünglichen Belegschaftsmitglieder des Kernkraftwerks Tschernobyl, die in der Zeit von 1986 bis 1989 starben. Die Abkürzung ASS bedeutet akutes Strahlensyndrom. Die Liste wurde vom Tschernobyl-Bund zusammengestellt.

Name	Geboren	Diagnose
1986		
1 Pertschuk, Konstantin G.	1952	ASS
2 Brashnik, Wjatscheslaw S.	1957	ASS
3 Nowik, Alexander W.	1961	ASS
4 Werschinin, Jurij A.	1959	ASS
5 Akimow, Alexander F.	1953	ASS
6 Leletschenko, Alexander G.	1938	ASS
7 Baranow, Anatolij I.	1953	ASS
8 Schapowalow, Anatolij I.	1940	ASS
9 Konowal, Jurij I.	1942	ASS
10 Lopatjuk, Wiktor I.	1960	ASS
11 Degtjarenko, Wiktor M.	1954	ASS
12 Chodemtschuk, Walerij I.	1951	ASS
13 Proskurjakow, Wiktor W.	1955	ASS
14 Kurgus, Anatolij K.	1958	ASS
15 Perewostschenko, Walerij I.	1947	ASS
16 Kudrjawzew, Alexander G.	1957	ASS
17 Toptunow, Leonid F.	1960	ASS
18 Sitnikow, Anatolij A.	1940	ASS
19 Schaschenok, Wladimir N.	1951	ASS
20 Kuratow, Alexej W.	1956	
21 Sintschenko, Walentina K.	1943	
22 Kontschakowskij, Pjotr S.	1940	
23 Tschernaja, Antonina M.	1958	
24 Nikolajew, Boris W.	1931	
25 Kargapolow, Walerij P.	1939	
1987		
26 Schejigina, Jelena F.	1937	
27 Schalamow, Nikolaj S.	1936	
28 Netschiporenko, Jekatarina M.	1953	
29 Martschenko, Wassilij M	1942	
30 Popow, Walerij A.	1946	
31 Artamonow, Gennadij M.	1943	Leukämie
32 Schtscherbina, Wassilij D.	1941	
33 Sergejewa, Marija M.	1943	
34 Feschtschenko, Alexander S.		

	Name	Geboren	Diagnose
1988			
35	Tschernyj, Iwan F.	1939	
36	Serebrjakow, Alexander J.	1950	
37	Kuksa, Wladimir M.	1959	
38	Kamschilow, Wladimir M.	1954	
39	Woltschkowa, Adelaida W.	1938	
40	Ponomarjow, Wladimir S.	1947	Ösophagusruptur
41	Jerschow, Jurij P.	1941	
42	Ribjonok, Stanislaw L.	1938	
43	Gurjanow, Jurij N.	1949	
44	Dshumok, Jewgenij J.	1953	Autounfall
45	Wasilkow, Wladimir P.	1941	
46	Sadorin, Michail M.	1940	Herzkrankheit
47	Rjasanow, Anatolij P.	1951	
48	Fomenko, Walerij N.	1948	Autounfall
49	Bronsa, Igor I.		
50	Lauschkin, Jurij A.	1939	Krebs
51	Dubodel, Wassilij D.	1940	
52	Los, Alexej W.	1955	Herzleiden
53	Burjakowez, Sergej G.	1927	
54	Shidilin, Alexander D.	1948	Herzleiden
1989			
55	Sjusin, Wladimir I.	1939	Herzleiden
56	Solowjow, Rudolf I.	1938	Herzkrankheit
57	Speka, Wiktor N.	1947	Autounfall
58	Beloserzew, Jurij N.	1940	Herzleiden
59	Nikischjew, Pjotr S.	1933	
60	Budnik, Iwan A.	1937	
61	Posnjak, Wladimir A.	1951	Herzleiden
62	Kusnezowa		
63	Wolkow, Igor P.	1957	Krebs
64	Mischin	1941	Krebs
65	Kolessow, Wladimir W.	1941	Herzleiden

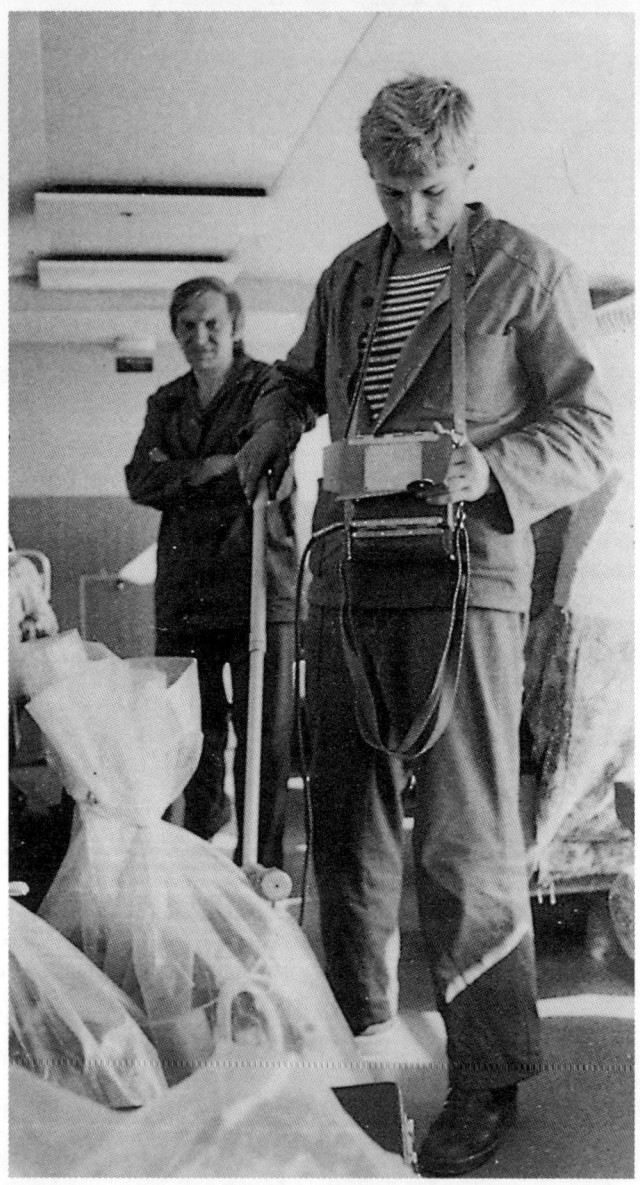

Abb. 32: Ein Techniker überprüft mit einem Dosimeter die Fracht
eines Lastkahns vor dem Abtransport aus Tschernobyl.

«Strahlenphobie»

Unglücklicherweise scheint sich dieser Gemütszustand bei einem gewissen Teil der Bevölkerung durchzusetzen. Diese Leute leben in ständiger Angst vor einer Beeinträchtigung ihrer Gesundheit durch radioaktive Strahlung – nicht durch bestimmte Strahlenmengen, sondern durch Strahlung überhaupt.
Diesen Gemütszustand habe ich «Strahlenphobie» genannt, eine völlig grundlose Angst vor ionisierender Strahlung ganz allgemein.

L. A. Ilin
Mitglied der Akademie der Wissenschaften der UdSSR
Direktor des Instituts für Biophysik
Vorsitzender der Strahlenschutzkommission «Tschernobyl»
«Ereignisse und Lehren» (russisch), Moskau 1989

Ist es gerechtfertigt, von «Strahlenphobie» zu sprechen, um den Zustand Hunderttausender zu charakterisieren, die fünf Jahre in den Zonen strikter Kontrolle in Ungewißheit leben mußten?
Vom ersten Augenblick der Katastrophe an blieben die Menschen dort anscheinend ihrem Schicksal überlassen. Während der allerersten Tage informierte der Zivilschutz die Bevölkerung nicht einmal über die drohende Gefahr, denn hochrangige Beamte hatten untersagt, Alarm zu geben. Die Kinder aus Pripjat und aus Hunderten von Dörfern und Siedlungen Weißrußlands, der Ukraine und der Russischen Republik gingen auch am 26. April und an den darauffolgenden Tagen zur Schule und nahmen an den Demonstrationszügen zum 1. Mai teil. Sie spielten im Freien – auch als Block 4 Millionen von Curie an radioaktiver Strahlung in die Atmosphäre schleuderte.
Ist es da verwunderlich, wenn die Menschen mit ihrer «Strahlenphobie» es für ein Verbrechen halten, daß die Verantwortlichen die fahrlässige Anweisung gaben, wichtige Informationen zu unterdrücken, die alle betrafen?

Ein Bezirkszivilschutzleiter berichtet

Iwan P. Makarenko (M), seit 1973 Bezirksleiter des Zivilschutzes von Naroditschi, informierte mich (T) über die Situation in seinem Bezirk nach dem Unfall.[1]

T: Könnten Sie mir schildern, was sich im April 1986 im Bezirk Naroditschi als Folge des Unfalls von Tschernobyl ereignete? Wann erfuhren Sie von dem Unfall? Wie? Was unternahmen Sie?

M: Der 27. April war ein Sonntag, deshalb arbeitete ich in meinem Gemüsegarten. Um 9 Uhr hatte ich damit angefangen, Kartoffeln zu pflanzen. Ungefähr gegen 11 Uhr oder 11.30 Uhr fühlte ich mich auf einmal unwohl.

Ich hatte einen trockenen Mund, und meine Kehle schmerzte – fühlte sich irgendwie rauh an. Ich dachte, irgend etwas hab ich mir zugezogen. Mein Garten lag unten in der feuchten Flußniederung, im Überflutungsgebiet des Ush in Richtung Tschernobyl. Ich bemerkte eine Art Nebel, der sich über dem Flußgebiet ausbreitete. Ein graubrauner, ziemlich durchsichtiger Dunst. Um was es sich handelte, konnte ich nicht feststellen, obgleich es ein sonniger Tag war. Ich hörte mit der Arbeit auf und ging heim. Das war kurz nach 12. Als ich zu Hause ankam, klingelte das Telefon. Am Apparat war Melnik, der erste Sekretär des Bezirksparteikomitees. Ich solle sofort zum Parteibüro kommen, sagte er. Ich ging hin, und Melnik erzählte mir, der erste Sekretär des Bezirkskomitees von Polesskoje habe ihn angerufen und ihm streng vertraulich mitgeteilt, daß sich in Tschernobyl ein Unfall ereignet habe. Dabei seien radioaktive Substanzen freigesetzt worden.

T: Wer sollte eigentlich solche Informationen an den Bezirkszivilschutz weiterleiten – der Bezirksparteisekretär oder der Zivilschutzleiter des Bezirks oder der der Republik?

M: Nachrichten über irgendwelche drohenden Gefahren sollten über das Informationsnetz des Zivilschutzes weitergeleitet werden.

T: Aber über die Strahlengefahr erhielten Sie keine derartige Mitteilung – weder aus Tschernobyl noch von der Bezirkszentrale des Zivilschutzes?

M: Es wurde kein Alarm gegeben. Es gab nur diesen zufälligen kollegialen Anruf des Parteisekretars von Polesskoje bei unserem eigenen Parteisekretär. So haben wir überhaupt von der Sache erfahren. Mir war jetzt klar, warum ich mich draußen auf dem Feld krank gefühlt hatte. Wir schickten sofort nach dem Leiter der Sondierungskolonne. Der befand sich gerade in einer Textilfabrik. Er wurde damit beauftragt, sofort in das Lager zu gehen, um die benötigten Meßinstrumente, DP-5-Zählrohre, zu holen und zum Bezirksparteibüro zu bringen. Um 16 Uhr kam er mit den Geigerzählern zurück.

T: Hatten Sie genügend von diesen Meßinstrumenten?

M: Wir hatten gerade drei Stück für den ganzen Bezirk – eins zur Verwendung beim Zivilschutz und zwei für das medizinische Notfallzentrum und den Veterinärdienst.

T: Waren alle Geigerzähler vom Typ DP-5?

M: Ja. Der Gesundheitsdienst hatte einige alte Geräte vom Typ DP-2 und DP-12, aber für die hatten wir keine passenden Batterien, so daß wir nur die DP-5 verwenden konnten. Eigentlich hatten wir auch dafür keine geeignete Batterie, und es dauerte einige Zeit, bis wir die Geräte an Batterien angeschlossen hatten. Wir führten unsere erste Messung im Hof des Bezirksparteibüros durch und maßen drei Röntgen pro Stunde. Ich habe keine Ahnung, wie hoch der Strahlenpegel vorher gewesen war – er kann höher oder niedriger gelegen haben, ich weiß es nicht. Fest stand jedenfalls, daß eine radioaktive Wolke am Fluß Ush entlanggezogen war. Das wurde durch den Rückgang des Pegels nach dieser ersten Messung bestätigt. Um 18 Uhr war der Strahlenpegel an derselben Stelle auf 1,7 Röntgen pro Stunde[2] gefallen.

Am 28. April um 9 Uhr wurden 0,6 R/h gemessen, um 13 Uhr waren es 22 mR/h, und um 18 Uhr maßen wir noch 16 mR/h. Sie sehen, wie schnell die Werte sanken. Die Wolke zog vorbei, und die Strahlenpegel fielen.

T: Maßen Sie damals auch am Boden?

M: Nein, zu dieser Zeit maßen wir den Erdboden nicht – nur die Luft. Daher kann ich über die Bodenwerte keine sicheren Aussagen machen.

T: Nahmen Sie in den darauffolgenden Tagen irgendwelche Messungen vor? Wie wir wissen, wurde zu diesem Zeitpunkt damit begonnen, Sandsäcke, Kalksteine und Blei in den Reaktor zu werfen, um die Emission zu unterdrücken. Stiegen die Strahlenpegel zu diesem Zeitpunkt wieder an?

M: Nein, der Pegel stieg nie über den Wert vom 27. April. Im Dorf Malyje Kleschtschi zum Beispiel wurde zuerst ein Pegel von 41 mR/h festgestellt, dann 30 mR/h. In den Flußauen des Ush, in der Nähe des Dorfes Chistinowka, erreichte der Pegel 30 mR/h. Das war am 5. und 6. Mai 1986.

T: Wann begannen Sie mit den Messungen in den anderen Ortschaften?

M: Mit systematischen Messungen

begannen wir am 5. oder 6. Mai. Am 8. Mai zum Beispiel maßen wir 29 mR/h auf einer Wiese unweit von Chistinowka. Am 9. Mai war der Wert an der gleichen Stelle auf 14 mR/h gesunken. Am 10. Mai lag er bei 12 mR/h. Zu dieser Zeit [8. Mai] zeigte der Pegel in Naroditschi 0,75 mR/h. Am 9. Mai lag er dort bei 0,7 mR/h, am 10. Mai ebenfalls. Die Werte begannen sich zu stabilisieren. Der Reaktor gab weiter radioaktive Substanzen an die Umgebung ab. Am 11. Mai maßen wir in Naroditschi 0,6 mR/h , am 12. Mai waren es 0,75 mR/h und am 13. und 14. Mai noch 0,5 mR/h.

T: Diese Zahlen stammen alle von denselben Meßpunkten?

M: Ja, es waren die gleichen Bezugspunkte. Der Pegel auf der Wiese bei Chistinowka zeigte am 11. Mai 12 mR/h. Am 12. stieg er leicht auf 14 mR/h an. Am 13. ging er wieder auf 12 mR/h zurück. Am 14. lag er bei 11 mR/h.

T: Pendelten sich die Strahlenpegel also ein?

M: Ja, und zwar ungefähr vom 20. Mai an. Danach gingen sie sehr langsam zurück.

T: Stammen alle diese Daten von der Zivilschutzzentrale in Naroditschi?

M: Ja, ich fuhr selbst im Geländewagen des Meßtrupps mit hinaus.

T: Wann wurde der Zivilschutz eingeschaltet? Wurde nach dem erwähnten Telefongespräch der Par-

teisekretäre Alarm geschlagen? Wurden die Menschen vor der Gefahr gewarnt?

M: Es gab überhaupt keinen Alarm während des ganzen Jahres 1986.

T: Nichts dergleichen?

M: Überhaupt nichts. Vom 29. April an baten uns die Zivilschutzbehörden der Republik und des Gebiets um Daten über die Höhe der Strahlung.

T: Welche Maßnahmen ergriffen Sie?

M: Am 27. April rief ich direkt nach den ersten Messungen um 16.30 Uhr den diensthabenden Offizier in der Zentrale des Zivilschutzes an und übermittelte die Ergebnisse.

T: Sie meldeten, daß Sie 3 R/h gemessen hatten?

M: Ja, natürlich sagte ich ihnen das.

T: Was meinten sie dazu?

M: Nichts. Sie notierten nur die Werte. Es gab keinen Befehl, Alarm auszulösen. Am 28. April übermittelten wir wieder alle unsere Meßwerte an den Gebietszivilschutzkommandeur. Wie beim ersten Mal erhielt ich keinerlei Anweisungen.

T: Erhielten Sie denn Hilfe?

M: Nein, nichts dergleichen.

T: Wußten Sie, daß diese Strahlenpegel gefährlich für die Gesundheit der Bevölkerung waren?

M: Natürlich wußte ich das.

T: Was versuchten Sie zu tun?

M: Als wir am 27. April diesen Meßwert von 3 R/h feststellten, benachrichtigte ich umgehend den Parteisekretär des Bezirks. Ich schlug vor, sofort zum Kontrollzentrum zu gehen und die Alarmsirene heulen zu lassen, um vor der radioaktiven Strahlung zu warnen. Doch er verbot es mir. Er sagte, solange er nicht zum Gebietsparteikomitee durchgekommen sei und die Erlaubnis dafür erhalten habe, könne er mir nicht gestatten, Alarm zu geben.

T: Was unternahm der Sekretär dann?

M: Er ging, um das Gebietskomitee anzurufen. Er redete ein wenig mit ihnen, kam dann zurück und sagte: «Es darf keine Panik entstehen – keine Sirenen also. Berichten Sie das Ihren Leuten vom Bezirkszivilschutz. Das ist alles!» Der Bezirksparteisekretär heißt Anatolij Alexandrowitsch Melnik.

T: Und was war mit dem Vorsitzenden des Bezirkskomitees?

M: Er wohnte in Basar, einem nahegelegenen Dorf. An jenem Sonntag schaute er nicht herein, er erschien erst am Montag. Aber er konnte nichts machen.

T: Und was geschah danach?

M: Am 28. April kamen die ersten Flüchtlinge aus der Stadt Pripjat bei ihren Verwandten in Naroditschi an. Nichts war organisiert worden, sie kamen einfach so. Von ihnen erfuhren wir die Einzelheiten des Unfalls. Wir hörten, daß es einen Unfall im Kernkraftwerk gegeben hatte, daß immer noch Radioaktivität freige-

setzt wurde und daß unsere Gegend verseucht war.

Es zeigte sich also, daß man die Menschen von der ersten Stunde an mit einer Mauer der Geheimniskrämerei umgab. Die Leute erhielten keinerlei Informationen – oder zumindest wurden sie nur stark eingeschränkt und fein dosiert weitergegeben. Über ihre wirkliche Lage erfuhren sie bestenfalls durch Gespräche. Es ist bekannt, daß Informationen, die sich auf diese Weise ausbreiten, leicht aus Angst verfälscht werden – und dies um so mehr, als das wahre Bild der Strahlungssituation nicht gerade beruhigend war.

T: Wie sah die Lage in Weißrußland in den ersten Stunden, Tagen und Monaten nach der Katastrophe aus?

M: Unglücklicherweise glich die Lage weitgehend der in der Ukraine. Mit der gleichen strikten Geheimhaltungspolitik wurde jede Erwähnung der Katastrophe, der Strahlenbelastungen, der radioaktiven Dosen, der Aufnahme von Radionukliden im Körper verhindert. Da überrascht es auch nicht, daß in den ersten Stunden und Tagen kein Versuch unternommen worden ist, den Kindern Jodtabletten zu geben, die für den Schutz ihrer Schilddrüsen vor radioaktivem Jod so wichtig gewesen wären (obwohl Akademiemitglied Ilin im Ausland lautstark betont hat, dies wäre rechtzeitig geschehen). Natürlich erhielten die Menschen auch keinerlei grundlegende Informationen über die Katastrophe. Die Nachrichten breiteten sich von Mund zu Mund aus, Stück für Stück. Das trug nicht dazu bei, das Vertrauen der Menschen zu fördern. Von den ersten Minuten nach dem Unfall an überließen die Behörden die Menschen sich selbst. Sie zogen es vor, die Leute «nicht zu beunruhigen».

Nur keine Panik!

Tamara I. Grudinskaja (G), Mitglied des Journalistenverbands der UdSSR und stellvertretende Herausgeberin der Zeitung *Das Leninsche Banner* aus Chojniki, erzählte mir (T), wie man mit der Situation im weißrussischen Bezirk Chojniki umging.[3]

T: Wann hörten Sie zuerst vom Unfall in Tschernobyl, und was geschah in den ersten Tagen in Ihrer Gegend?

G: Der 26. April 1986 war ein wunderschöner sonniger Tag, und wir waren alle dabei, die Gärten zu bestellen. Wir wunderten uns, warum so viele Hubschrauber mit grauer Tarnfarbe in Richtung Kernkraftwerk flogen. Wir nahmen an, daß es sich um eine gewöhnliche militärische Übung handelte. Als ich am Montag, den 28. April, ins Büro kam, sagte mir meine Kollegin Nina Konstantinowna Schabrowa, daß es in Tschernobyl anscheinend zu einer Explosion gekommen sei.

T: Glaubten Sie das?

G: Nein. Ich sagte: «Bist du verrückt? Höchstwahrscheinlich ist das nur Panikmache und eine Provoka-tion. Wenn da wirklich was explodiert wäre, hätten wir doch längst durchs Radio oder Fernsehen davon erfahren.»

T: Wie weit liegt Tschernobyl per Luftlinie von dem Ort entfernt, an dem Sie sich aufhielten?

G: 54 Kilometer. Aber die abgelegenen Dörfer, zum Beispiel Pogonnoje, Tschamkow und Orewitschi, befinden sich direkt am Flußufer des Pripjat. Von da kann man das Kernkraftwerk sehen.

T: Und wann erschien die erste offizielle Erklärung in der Presse? Zum Beispiel in Ihrer Zeitung?

G: Die erste kurze Meldung über die Katastrophe stand in unserer Zeitung erst am 9. Mai 1986.

T: Und davor?

G: Da gab es nichts. Wenn Sie in die damaligen Ausgaben unserer Zeitung sehen, dann werden Sie lesen, daß wir eine festliche Maidemonstration schilderten – Menschen voller «Vertrauen, Hoffnung» usw.

T: Sie sagen, es gab keine Informationen über die Katastrophe. Aber während dieser ganzen Zeit wurden Millionen von Curie an Radioaktivität aus dem Kraftwerksblock 4 freigesetzt, und der Wind verbreitete dies alles über Weißrußland. Durften die Kinder sich noch draußen aufhalten, gingen die älteren zur Schule, die jüngeren in den Kindergarten?

G: Ja – und sie nahmen auch an der Maidemonstration teil.

T: Und was unternahmen die Eltern zu dieser Zeit?

G: Manche Eltern reagierten auf die Gerüchte und Geschichten der Flüchtlinge aus Pripjat und beschlossen, ihre Kinder zu evakuieren.

T: Wann war das?

G: Ungefähr vom 6., 7. Mai an. Danach warnte Dimitrij Michailowitsch Demitschew, der Bezirksparteisekretär, mich persönlich: «Lassen Sie sich nur nicht einfallen, Ihren Sohn von hier wegzubringen. Sonst können Sie Ihr Parteibuch gleich zurückgeben.»

Strahlenbelastung und Gesundheitszustand in Weißrußland

Unglücklicherweise ereignete sich das gleiche auch in anderen Orten Weißrußlands. In Bragin zum Beispiel stiegen die Strahlenpegel in den ersten Maitagen auf 60 mR/h an, und niemand verlor ein Wort über die Katastrophe von Tschernobyl – kein Alarm, keine Empfehlungen für angemessenes Verhalten in derartigen Situationen.

Auf den folgenden Seiten wird mit Datum vom 6. Mai 1986 die Strahlenbelastung in einer Reihe von Städten und Dörfern Weißrußlands wiedergegeben.

Um ein noch genaueres Bild zu erhalten, sollten diese Daten mit den Werten aus dem Bericht der Weißrussischen Akademie der Wissenschaften verglichen und durch sie ergänzt werden – sie sind auszugsweise auf Seite 39 ff wiedergegeben. Weitere Informationen über andere Regionen sind in den nächsten Kapiteln zu finden.

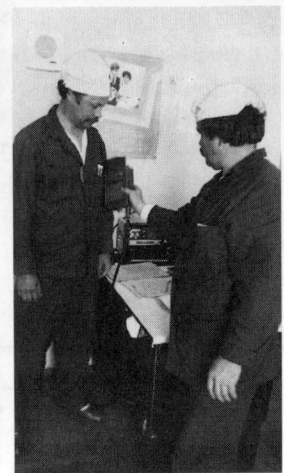

Abb. 33: Die herkömmlichen Zählrohre und Kontaminationsmonitore sind nützlich, doch ist eine erheblich größere Zahl von Vorkehrungen und Geräten für die Durchführung weitflächiger und detaillierter Messungen nötig, auf deren Grundlage man verläßlich einschätzen könnte, wie sich Situation und Lebensbedingungen heute darstellen.

In der evakuierten Zone erreichte die Gamma-Hintergrundstrahlung Werte bis zu 15 000 µR/h. Dieser Pegel liegt beträchtlich über dem Maximalwert von 30 µR/h, den die Gesundheitsrichtlinien Nr. 72/80 zulassen.

In einer Reihe von Städten und Dörfern im südlichen Teil des Gebiets Gomel betrug die radioaktive Verseuchung von Weideland und Nahrung das Hundertfache oder mehr der zulässigen Grenzwerte. Beispielsweise lag die Bodenbelastung mit Jod-131 in der Gegend um das Dorf Rasin (im Verwaltungsbezirk Chojniki) bei 4 bis 5 x 10^{-5} Ci/m² = 0,00004 bis 0,00005 Ci/m².

Es ist traurige Realität, daß es selbst jetzt, sechs Jahre nach der Katastrophe von Tschernobyl, noch keine detaillierten Karten über die Plutoniumkonzentrationen in den Böden vieler Gebiete Weißrußlands gibt. Es ist wohlbekannt, daß die Cäsium-137-Belastung des Bodens in Minutenschnelle durch ein Gamma-Spektrometer bestimmt werden kann, das gleiche gilt auch für andere Gammastrahler. Strontium-90 dagegen gibt nur Beta-Strahlung ab, während Plutonium-139 nur Alpha-Strahlung emittiert. Diese Strahlenarten können nur durch radiochemische Methoden bestimmt werden, und man benötigt zehn bis fünfzehn Tage, um einen Meßwert zu erhalten. Aus diesem Grund wurden in den vergangenen fünf Jahren Cäsium-137-Meßwerte an über hunderttausend Stellen erhoben, während die Zahl der Strontium-Messungen knapp über fünftausend liegt; Plutonium-Messungen wurden noch seltener durchgeführt.

Wir wollen die Gegenden um Chojniki, Borisowschtschina und Tuglowitschi und ihre besondere Cäsiumbelastung betrachten. Die in Tabelle 3 enthaltenen Werte stammen aus dem Jahr 1987 und zeigen die durchschnittlichen Cäsiumanreicherung pro Gramm Kalium. Darüber hinaus enthält die Tabelle einen Vergleichswert, der in den USA nach Atombombentests gemessen wurde. Nach dem Unfall von Tschernobyl haben wir in der Sowjetunion die Cäsiumanreicherung in der Größenordnung von einigen Zehntausend statt in Zehnern gezählt. Viele Kinder sind in Mitleidenschaft gezogen, und die Bewohner

Abb. 34: Die Karte zeigt die meisten der im Text erwähnten Orte.

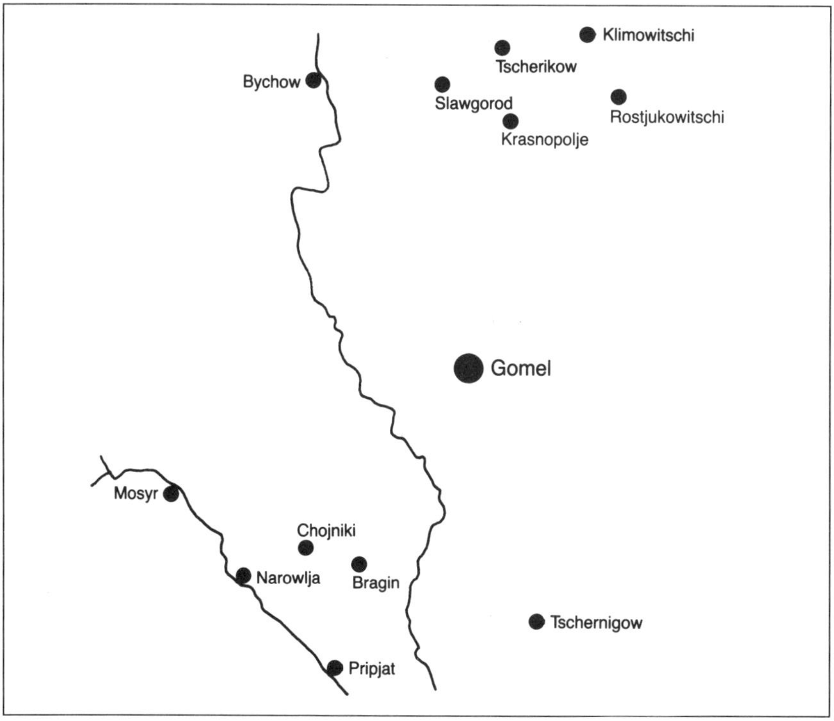

Bezirk (Aktivität in Ci/km²)	in %	Erwachsene in Picocurie/g	in %	Kinder in Picocurie/g
Chojniki (16)	44	3000– 5000	21	4000– 5000
	20	10 000–30 000	30	20 000–30 000
Borisow-schtschina (22)			30	30 000–40 000
Tuglowitschi (40–50)			60	35 000–45 000
USA (Mittelwert)		92		

Tabelle 3: Cäsiumaktivität und durchschnittliche Cäsiumanreicherung pro Gramm Kalium, bezogen auf die Bevölkerung (in Prozent) der Bezirke Chojniki, Borisow-schtschina und Tuglowitschi. Zum Vergleich der durchschnittliche Anreicherungswert in den USA nach Atombombentests.

begannen, die Kontamination ihrer Dörfer nach der Kontamination ihrer Kinder zu beurteilen.

20 Prozent der Gesamtstrahlenbelastung erhält der Mensch aus der Umgebung; die restlichen 80 Prozent nimmt er mit radioaktiv belasteter Nahrung und durch Einatmen radioaktiver Schwebteilchen auf. Diese Tatsachen sind gut bekannt.

Die vorübergehend gelockerten Bestimmungen für die radioaktive Belastung der Nahrungsmittel lassen Werte von 10^{-8} Ci/Liter in der Milch und 5 x 10^{-8} Ci/kg im Fleisch zu (vgl. Tabelle 5, S. 246). Wer derart stark kontaminierte Lebensmittel zu sich nimmt, erhält jährlich 0,7 bis 0,8 rem zusätzlich zur äußeren Strahlenbelastung. Es ist daher möglich, im Laufe des Lebens eine Dosis von deutlich über 35 rem aufzunehmen (das ist der vom Akademiemitglied Ilin vorgeschlagene Richtwert). Dagegen sehen die internationalen Grenzwertbestimmungen für den Fall, daß sich die Auswirkungen eines Unfalls über mehrere Jahre erstrecken, eine Dosis von nicht mehr als 0,1 rem pro Jahr vor: Das ergibt eine Lebenszeitdosis von 7 rem. Es läßt sich also nicht leugnen, daß die Menschen in den kontaminierten Landstrichen allen Grund zur Besorgnis haben.

Es ist verkehrt, die Besorgnis der Bevölkerung als irrationale Angst vor jeglicher ionisierender Strahlung abzutun. Das zeigen auch die nachfolgenden Kapitel. Eine Möglichkeit, die Angst der Menschen in den verseuchten Gebieten zu mildern, wäre zum Beispiel die Entscheidung, ihnen endlich die Wahrheit darüber zu sagen, was es bedeutet, sich mehr als sechs Jahre in den Zonen strikter Kontrolle aufzuhalten.

Unter diesem Gesichtspunkt ist es aufschlußreich, die Landkarte von Weißrußland zu betrachten (Abb. 35). Es ist in diesen Gegenden äußerst beliebt, Pilze zu sammeln. Die Karte zeigt, daß in weiten Gebieten Weißrußlands das Pilzesammeln verboten ist. In den nichtgekennzeichneten Gegenden gibt es dagegen keine Einschränkungen, obgleich viele sagen, daß diese Gegenden viel kleiner sein müßten.

Abb. 35: Karte von Weißrußland. In dem mit größeren Punkten gekennzeichneten Bereich ist das Sammeln von Pilzen verboten: sie sind zu stark kontaminiert. In den mit kleineren Punkten markierten Gebieten dürfen Pilze unter dosimetrischer Kontrolle gesammelt werden (aus *Sowjetskaja Belorussija*, 21. Mai 1989).

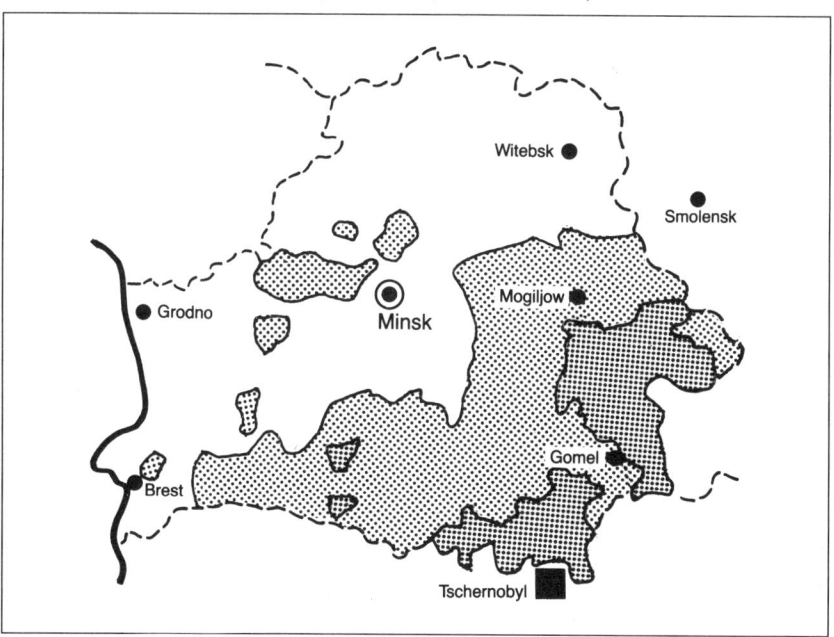

Volksdosimetrie

Jewgenij Akimow (A) beschäftigt sich seit 1986, als er in der Sonderzone in Tschernobyl arbeitete, mit dem Problem der «Volksdosimetrie». Mit ihm sprach ich (T) auch über dieses Thema.[4]

T: Es ist allgemein bekannt, daß weite Gebiete unter den Folgen des Unfalls von Tschernobyl zu leiden hatten und daß die Menschen immer noch besorgt sind, weil sie nicht wissen, welcher Strahlenbelastung sie heute ausgesetzt sind. Wie wird das Problem der Strahlenüberwachung inzwischen angegangen?

A: Mit diesen Dingen bin ich sehr gut vertraut, und ich möchte einen wichtigen Punkt besonders hervorheben. Auch nach mehr als vier Jahren, die ich nun in Tschernobyl arbeite, entdecke ich immer wieder belastete Gebiete, von denen ich bisher nichts wußte. Zum Beispiel fand ich erst vor einigen Monaten heraus, daß der Bezirk Kaluga ebenfalls recht stark vom radioaktiven Niederschlag betroffen war. Natürlich ist mir bekannt, daß weite Gebiete in der UdSSR und im Ausland kontaminiert worden sind. Aber erst kürzlich entdeckte ich, daß es im Bezirk Kaluga Stellen gibt, wo Menschen eigentlich nicht leben dürften. Mit anderen Worten: Wir stoßen wieder auf das Problem, daß objektive Informationen fehlen.

Ich kann nicht begreifen, warum diese Dinge so gehandhabt werden. Für mich sind diejenigen, die die wirkliche Lage geheimhalten, Kriminelle. Es gibt keine andere Bezeichnung für sie! Wie können sie es zulassen, daß Menschen in Gebieten leben, in denen ihre Gesundheit ruiniert wird, ohne sie zu warnen? Es ist gerade so, als warnte man seinen Freund nicht davor, im Dunkeln in einen Abgrund zu fallen.

T: Glauben Sie, daß es eine Lösung gibt? Was könnte heute getan werden?

A: Ich sehe keine schnelle und grundsätzliche Lösung, wie sehr wir dies auch wünschen und welche Mittel wir auch immer einsetzen. Das erste wäre natürlich, den Umzug der Menschen aus Gebieten zu veranlassen, in denen sie nicht leben sollten. Gegenüber der Richtlinie «35 rem in siebzig Jahren»[5] hege ich im übrigen nicht nur große Zweifel, sondern ich lehne sie vollständig ab.

Ich begreife nicht, wie man so reden kann – noch dazu als Mediziner. Diese Leute berücksichtigen doch nur die äußere Strahlenbelastung! Selbst wenn ich während meines Lebens nur 35 Röntgen absorbiere würde, wer mißt denn, welche Strahlendosis ich durch Nahrungsmittel, Trinkwasser und Atemluft insgesamt aufgenommen habe?

Aus irgendeinem Grund werden diese radioaktiven Belastungen nicht berücksichtigt. Und es wird nichts unternommen, um ein Verfahren zu entwickeln, durch das sie erfaßt werden könnten. Zwar behaupten sie, daß bereits ein Programm erarbeitet wird, um die Bevölkerung mit Personendosimetern auszustatten; doch die Grundlage des ganzen Plans ist verkehrt.

T: Was muß aus Ihrer Sicht getan werden, um die Strahlenbelastung der Bevölkerung zu kontrollieren?

A: Von allen denkbaren dosimetrischen Methoden ist nur eine einzige anwendbar. Wir brauchen Dosimeter mit Gesamtwert-Anzeige. Diesen Monitor müßte man ständig mit sich führen, um die nach und nach akkumulierten Dosen kontinuierlich zu registrieren. Dagegen entsprechen die Dosimeter, in die die Menschen jetzt so große Hoffnungen setzen, diesen Anforderungen nicht. Sie zeigen nur die punktuelle Strahlungsintensität des Ortes, an dem man sich gerade befindet. Aber weil diese Geräte keine akkumulierten Dosen anzeigen, können sie auch keine Vorstellung über die radioaktive Gesamtbelastung vermitteln. Daher wissen die Ärzte nicht, wie sie ihre Patienten behandeln sollen.

T: Wie könnte ein solches Vorhaben organisiert werden, und wer sollte es durchführen?

A: Zur Zeit gehört es zu den Aufgaben der Verwaltungsbehörden, die Radioaktivität zu überwachen. Aber diese Behörden behandeln die Dinge gerade so, wie sie ihren eigenen Interessen nützen. Sie schaffen es noch nicht einmal, die Ergebnisse zusammenzutragen, und vermitteln der Öffentlichkeit kein vollständiges und detailliertes Bild der Lage.

Auch erlaubt das erst jetzt verfügbare Schaubild keine klare Vorstellung von der individuellen Strahlenbelastung, denn es ist nur bruchstückhaft. Die Meßwerte wurden nicht alle zur gleichen Zeit erhoben und beziehen sich nicht auf konkrete Personen.

Das Diagramm vermittelt ein qualitatives, aber kein quantitatives Bild. Außerdem wurden die Meßwerte von verschiedenen Dienststellen erfaßt, die alle voneinander isoliert arbeiten. Wenn wir die Radioaktität in einer beliebigen Gegend überwachen oder die Strahlenbelastung der einzelnen Menschen feststellen wollen, dann dürfen die Informationen nicht von diesen Behörden gesammelt und ausgewertet werden. Dies sollten andere Organisationen tun, die nicht mit so vielen Aufgaben überlastet sind wie die Verwaltungsbehörden.

T: Wäre es möglich, einer öffentli-

chen Organisation wie dem Tschernobyl-Bund die Leitung für dieses
Vorhaben zu übertragen?
A: Meiner Ansicht nach ist das nicht
nur möglich, sondern sogar notwendig. Entweder könnte ein neustruk-
turierter Tschernobyl-Bund diese
Aufgabe übernehmen oder eine
andere Organisation, die speziell
gegründet werden müßte. Die erste
und wesentliche Bedingung ist, daß
diese Organisation nicht den Behörden untersteht. Sie sollte nur denjenigen Organen der Staatsmacht
unterstehen, die für die Sicherheit
der Bevölkerung in jedem beliebigen
Bezirk verantwortlich sind. Die Verwaltungsbehörden sind dem Volk
gegenüber nicht verantwortlich. Nur
die Räte sind dem Volk verantwortlich, beziehungsweise sie sind gerade
erst dabei, die Verantwortung zu
übernehmen. Diese Organisation
muß also außerhalb der Ministerien
angesiedelt sein und den örtlichen
Räten zugeordnet werden. Überall
auf der Welt gibt es solche nichtmini-
steriellen Kommissionen, sie befassen sich sogar mit der Atomindustrie,
der Chemieproduktion usw.
T: Es ist jetzt kein Geheimnis mehr,
daß Hunderttausende von Menschen
in den strikten Kontrollzonen leben.
Das ist der erste Punkt. Zweitens
leben sehr viele Menschen in Gebieten, in denen Kernkraftwerke in
Betrieb sind oder in denen sie gerade
gebaut werden. Wie lange würde es

dauern, um die notwendigen Dosimeter zu konstruieren? Und wie
lange würde es dauern, um dann die
benötigte Menge von Dosimetern zu
produzieren? Wie teuer wäre solch
ein Gerät?
A: Sie wissen so gut wie ich, daß
Dosimeter mit einem Display teuer
sind. Sie sind nicht für jeden
erschwinglich. Doch gibt es einen
anderen Gerätetyp, der mit Thermo-
Lumineszenz arbeitet. Solche Dosimeter sind einfach herzustellen und
sollten daher günstig angeboten werden können. Aber wir müssen zwei
Personenkreise unterscheiden, die
Dosimeter benötigen. Ich glaube,
daß jeder ein solches Meßgerät besitzen sollte. Es sollte ebenso normal
sein, einen Monitor zu tragen, wie
die Zähne zu putzen. Niemand
erklärt groß, warum man die Zähne
putzen muß. Nun leben wir ja nicht
nur in der Nähe von Kernkraftwerken, sondern auch in der Nachbar-
schaft von Kohle- und Ölkraftwer-
ken; und bei der Verbrennung von
Kohle oder Öl werden praktisch alle
Elemente des Periodensystems mit
den Abgasen in die Umwelt gebla-
sen. Dieser Fallout sollte ebenfalls
überwacht werden. Darum sollte
jeder Mensch ein Personendosimeter
tragen, auf dem die akkumulierte
Dosis abgelesen werden kann.
T: Ist ein solches Meßinstrument
schon konstruiert worden?
A: Ja. Ich selbst beteilige mich an

einem Pilotprojekt, das später die Ausgabe von solchen Dosimetern an Menschen vorsieht, die in der Nähe von Kernkraftwerken leben. Um aber die Kosten dieser Geräte zu senken, ist es unumgänglich, beträchtliche Summen zu investieren – die notwendigen Mittel dafür haben wir aber nicht. Die Verwaltungen sind nicht besonders erpicht darauf, involviert zu werden. Der Abgabepreis dürfte zwischen 10 und 12 Rubel pro Stück liegen.[6]

T: Gibt es wirklich schon ein funktionstüchtiges Gerät?

A: Ja, ein Prototyp wurde bereits hergestellt. Die Massenproduktion ist aber noch nicht angelaufen. Soweit ich das beurteilen kann, sind die Leute aus dem Gesundheitsministerium und dem Institut für Biophysik das größte Hindernis für die Massenproduktion. Denn es liegt nicht in ihrem Interesse, daß jeder einzelne über seine Strahlenbelastung Bescheid weiß. Was würden die Leute unternehmen, wenn sie ihnen bekannt wäre? Die Behörden wissen nur zu gut, daß die Menschen sie dann mit Fragen überhäufen und Antworten fordern würden und Lösungen für ihre Probleme.

T: Die Menschen vertrauen den Ärzten und Staatsvertretern nicht länger, denn die haben sich schließlich selbst dadurch in Verruf gebracht, daß sie uns nicht die Wahrheit sagten. Aber wie sollen die Leute dann der Infor-

mation vertrauen, die sie von einem «blinden» Meßgerät ohne Display erhalten?

A: Der Einwand ist berechtigt. Denn die Leute schenken dem, was ihnen die Behörden erzählen, bestimmt keinen Glauben mehr. Aus diesem Grund müssen wir ein Verfahren auf der Grundlage von Dosimetern entwickeln, die Meßdaten akkumulierend anzeigen können. So erst können die Menschen ihre Strahlenbelastung selbst überprüfen. Ich gehe dann mit meinem Dosimeter zu einer Überwachungsstelle und kann dort selbst die Registrierung meiner Werte überprüfen. Denn ich sehe das Meßergebnis mit eigenen Augen, wenn der Techniker es von meinem Dosimeter abliest. Anschließend erhalte ich eine amtliche Bestätigung über meine Strahlenbelastung. Ich hoffe, die Räte werden diesen Bescheinigungen den Status rechtskräftiger Dokumente verleihen. Im Krankenhaus könnte dann der Inhaber der Bescheinigung entsprechend seiner Strahlenbelastung behandelt werden. Diese offiziellen Bestätigungen würden dann allgemein akzeptiert werden müssen.

T: Welchen Meßbereich decken diese Geräte ab?

A: Sie können jede Intensität erfassen, angefangen bei der radioaktiven Hintergrundstrahlung. Wenn man also einen Monat lang unter sehr günstigen Bedingungen verbringt und nur der natürlichen Hintergrundstrahlung ausgesetzt war, dann wird das Gerät dies anzeigen. Liegt das Meßergebnis andererseits über dem Wert der natürlichen Hintergrundstrahlung, dann stellt sich die Frage, wo man sich aufgehalten hat. Wenn ich Sie zum Beispiel danach frage, werden Sie mir sicher helfen, die Strahlenquelle aufzuspüren, die dieses abnorme Meßergebnis verursacht hat.

In Kirowgrad gab es zum Beispiel einen Fall, da war die Strahlenquelle in eine Hauswand eingemauert. Die Bewohner des Hauses waren die ganze Zeit über krank. Hätten sie Dosimeter getragen und regelmäßig zur Überprüfung gebracht, dann wäre das nicht passiert. Das ist wohl eine eindeutige Antwort auf die Frage nach der Notwendigkeit dieser Geräte für die Bevölkerung. Der Fall in Kirowgrad war ja schon schlimm genug – was ist aber, wenn man in unmittelbarer Nähe eines Kernkraftwerks wohnt?

T: Hätten die Menschen schon 1986 Dosimeter dieser Bauart gehabt, dann wüßten wir jetzt, welche Dosis Millionen von Menschen abbekommen haben.

A: Ganz genau, dann gäbe es nicht solche Probleme. Wir hätten ein klares Bild von jeder beliebigen Bevölkerungsgruppe. Wie die Dinge heute stehen, wissen wir noch nicht einmal mit Sicherheit, wie viele Menschen

sich definitiv in einer Gefahrenzone aufgehalten haben und deshalb wirklich intensive medizinische Hilfe brauchen.

Die gleichen dosimetrischen Verfahren würden helfen, die Bevölkerungsgruppen herauszufinden, die medizinisch überwacht werden müssen, damit man sofort jedes Anzeichen für eine Verschlechterung des Gesundheitszustands dieser Menschen entdecken kann. Bei einer dritten Gruppe würde man wahrscheinlich feststellen, daß ihre Strahlenbelastung nicht weit über der natürlichen Hintergrundstrahlung liegt. Diese Menschen müßten nicht ständig medizinisch überwacht werden. Alles in allem kann eine Krankheit, die «im Zusammenhang mit Strahlenexposition» steht, nur dann erfolgreich behandelt werden, wenn die Voraussetzungen für eine richtige Diagnose gegeben sind.

T: Wenn die Bevölkerung also 1986 Dosimeter gehabt hätte, dann wären wir jetzt in der Lage, uns ein detailliertes Bild zu machen.

A: Genau. Und ich denke, wir hätten noch etwas anderes erreicht. Wir hätten unsere Anstrengungen nämlich auf die wichtigen Probleme konzentrieren können, anstatt uns zu verzetteln, wie wir es jetzt tun. Wir hätten die gefährlichsten Gebiete identifizieren und uns auf sie konzentrieren können.

Zum Thema «dosimetrische Kon-

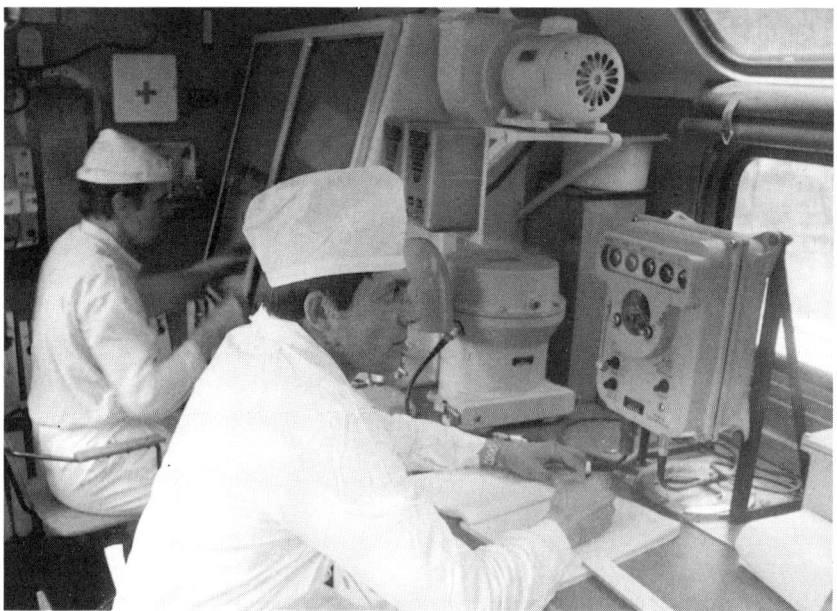

Abb. 36: Ein mobiles Strahlenmeßlabor (Foto vom Juni 1986).

trolle der Bevölkerung» würde ich gern noch folgendes sagen: Wir brauchen natürlich entsprechende Hilfsmittel, aber vor allem eine großherzige Unterstützung. Außerdem brauchen wir Geldgeber, die uns finanziell unter die Arme greifen und uns Produktionsmittel zur Verfügung stellen. Wir sind heute noch nicht einmal in der Lage, unseren wirklichen Bedarf festzustellen. Nach offiziellen Angaben waren 600 000 Menschen in Tschernobyl mit Aufräumungsarbeiten beschäftigt. Wir wissen auch, daß 200 000 Menschen aus bestimmten Gebieten der Ukraine evakuiert werden müßten und weitere 250 000 aus Weißrußland. Aber uns liegen bis jetzt noch keine Werte aus dem Gebiet Bryansk in der Russischen Föderation vor. Wir müßten wissen, wie viele Dosimeter benötigt werden. Die Räte auf Gebiets- und Bezirksebene müssen diese Informationen erhalten, denn sie haben die Aufgabe, sich mit Fragen der Volksgesundheit zu befassen. Ich meine auch, die Personendosimetrie würde neben den rein medizinischen Fragen noch ein anderes Problem lösen. Wie wir wissen, reagieren die Leute ängstlich auf den

Mangel an Informationen, und unbestimmte Angst kann Krankheiten auslösen, die überhaupt nicht strahlenbedingt sein müssen und trotzdem beispielsweise zu Krebs führen können. Hier wäre also ein weiterer Beitrag, den die Volksdosimetrie leisten könnte. Es ist sehr wichtig, daß die Menschen ihren Seelenfrieden nicht verlieren.

T: Sollte man ihnen nicht umsonst Dosimeter zur Verfügung stellen, für die der Staat die Kosten trägt?
A: Sie haben vollkommen recht. Ich denke, wir werden darauf hinarbeiten. Diejenigen, die heute noch in den belasteten Gebieten leben, sollten Dosimeter zweifellos gratis erhalten. Es wäre empörend, wenn man sie für den Schaden auch noch zahlen ließe, der ihnen zugefügt wurde.

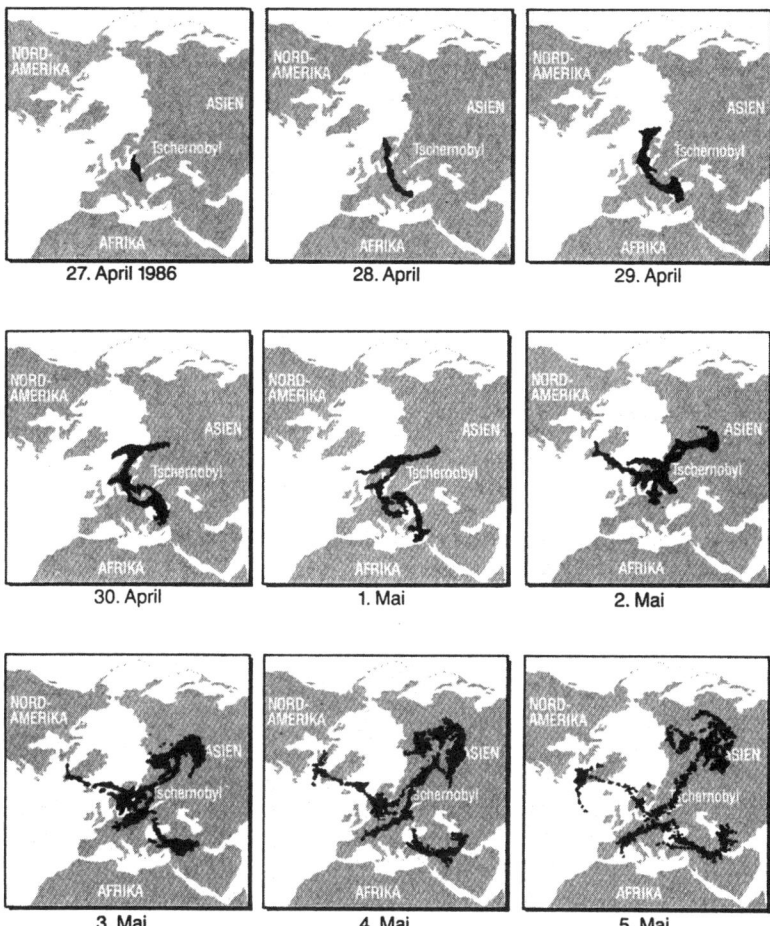

Abb. 37: Die Strahlenwolke über der Nordhalbkugel. Die Ausbreitung der kontaminierten Luftmassen in den ersten neun Tagen nach der Katastrophe von Tschernobyl (Rekonstruktion des amerikanischen Atomforschungszentrums Lawrence Livermore Laboratory in Zusammenarbeit mit dem Wetterdienst der U. S. Air Force).

Abb. 38: Dekontamination eines Lastwagens vor der Abfahrt von Tschernobyl. Der «Schnee» ist nicht etwa einer schlechten Qualität des Films anzulasten, sondern der starken Radioaktivität, auf die er reagiert (Foto vom Mai 1986).

Geiseln

Vor der Katastrophe von Tschernobyl im April 1986 hat es keinen Störfall auf der Welt gegeben, durch den große landwirtschaftlich genutzte Gebiete radioaktiv verseucht und Hunderttausende von Bewohnern in Mitleidenschaft gezogen wurden.

Überall auf der Welt wurden gesetzliche Bestimmungen eingeführt, die nach Eintritt eines Störfalls in einem Kernkraftwerk den Strahlenschutz sicherstellen sollen. Aus diesen Bestimmungen werden Richtlinien für Maßnahmen abgeleitet, die in den ersten Phasen nach einem Unfall zum Schutz der Bevölkerung ergriffen werden sollten. Zu diesen Maßnahmen gehören zeitliche Beschränkung des Aufenthalts im Freien, Jodbehandlung und Evakuierung. Noch nie wurde dagegen die genaue Höhe der Strahlendosis näher bestimmt, die über einen längeren Zeitraum toleriert werden kann (wenn zum Beispiel Menschen dauernd in verstrahlten Gebieten leben). Diese Frage mußte vorher nie in Betracht gezogen werden.

... So kann man mit Gewißheit feststellen: Die vorgeschlagene Richtlinie, sofern sie eingehalten wird, bietet die Gewähr, daß es zu keinem meßbaren Anstieg von Krebserkrankungen, genetischen Schäden oder Fehlgeburten infolge radioaktiver Strahlenbelastung des Fötus kommen wird.

Auszug aus den von der Arbeitsgruppe der Nationalen Strahlenschutzkommission der UdSSR vorgelegten Erläuterungen vom April 1989. Diese Arbeitsgruppe wurde eingerichtet, um eine sichere «Lebenszeitdosis» für die in radioaktiv verseuchten Gebieten lebende Bevölkerung festzulegen.

Fünf Jahre lang konnten die Folgen der Katastrophe von Tschernobyl, zum Beispiel die Strahlenbelastung der «Liquidatoren» in der Sonderzone und der tatsächliche Grad der Kontamination in den «Zonen strikter Kontrolle», verheimlicht werden. Doch dann tauchten vereinzelte Artikel in der Presse auf, in denen auf die wirklichen Lebensbedingungen Hunderttausender von Menschen hingewiesen wurde.

Daher hielten es die Behörden für notwendig, Gegenmaßnahmen zu ergreifen. So erschien am 22. November 1988 ein Dokument, herausgegeben vom sowjetischen Generalstabsarzt, das neue «Grenzwerte der radioaktiven Lebenszeitdosis» für die Bevölkerung der betroffenen Gebiete von Weißrußland, der Ukraine und der Russischen Republik pro-

klamierte. Die gesamte Lebenszeitdosis der inkorporierten und externen
Strahlenbelastung wurde auf 35 rem festgesetzt. Bei der Festlegung dieses Wertes hatte man anscheinend weder die Belastung durch die natürliche Hintergrundstrahlung noch die Strahlenbelastung der Bewohner
während der vorausgegangenen drei Jahre berücksichtigt.

Dem Leser mag die folgende Diskussion typisch für den Einzelfall
Tschernobyl erscheinen. Soweit es um Details geht, ist dieser Eindruck
richtig. Und dennoch muß jede Regierung, wann und wo auch immer sich
Katastrophen von vergleichbarem Ausmaß ereignen, konkrete Entscheidungen fällen, die inhaltlich von allgemeinen, oft widersprüchlichen Überlegungen bestimmt werden: Der Sicherheit und der Gesundheit stehen
finanzielle und technische Erwägungen entgegen. Manchmal kann die
Regierung durch die Verhältnisse gezwungen werden, bestimmte gerade
noch erträgliche und zulässige Normen zeitweilig zu ändern (zum Beispiel im Krieg). Keinesfalls aber darf die Gesellschaft sich damit abfinden,
daß unvernünftig hohe und möglicherweise gefährliche «Normen» auf
Dauer gelten sollen.

Die folgende Diskussion um die «zulässige» Strahlendosis läßt sich bei-
spielhaft auch auf andere Situationen übertragen.

Individuelle Lebenszeitdosis und Sicherheitsrisiken

Am 22. November 1988 bestätigte der leitende Beamte des öffentlichen Gesundheitswesens der UdSSR, A. I. Kondruzew, den Grenzwert der individuellen Lebenszeitdosis für die Menschen in den kontaminierten Gebieten der Russischen Föderation, Weißrußlands und der Ukraine. Der Inhalt der Bestimmungen:

1. Die gesamte individuelle Lebenszeitdosis von inkorporierter und externer radioaktiver Strahlung sollte 35 rem nicht überschreiten.
2. Die Überwachung des angegebenen Grenzwerts kann durchgeführt werden, indem das durchschnittliche Personendosis-Äquivalent bei den Mitgliedern einer Testgruppe aus jedem betroffenen Gebiet festgestellt wird.
3. Der festgelegte Grenzwert umfaßt nicht die Dosis aus der natürlichen Hintergrundstrahlung.[1]

Über diese Bestimmungen verständigte man sich am 16. November 1988 mit dem Vorsitzenden der Nationalen Strahlenschutzkommission der UdSSR (NSSK), L. A. Ilin.

Dieser allgemein gültige Grenzwert der Lebenszeitdosis von 35 rem über siebzig Jahre trat zur gleichen Zeit in Kraft wie die nur für einen bestimmten Teil der Bevölkerung geltende zulässige Dosis von 0,5 rem pro Jahr, die in der ebenfalls von der NSSK unter Vorsitz des Akademiemitglieds L. A. Ilin genehmigten «Strahlenschutzverordnung 76/87» genannt wird.

Worin besteht der Unterschied zwischen den beiden Dokumenten und den beiden Grenzwerten?

Die «Strahlenschutzverordnung 76/87» ist das grundlegende Dokument, in dem die zulässige Stärke ionisierender Strahlung bestimmt wird. Keine anderen Vorschriften oder Anweisungen von irgendwelchen Ministerien oder Behörden dürfen diesem Dokument widersprechen. Warum sah sich also das Gesundheitsministerium genötigt, einen neuen Dosisgrenzwert festzulegen, der im Widerspruch zu § 1.3 der Strahlenschutzverordnung steht?

Auf den ersten Blick könnte man eine Rechtfertigung dafür in § 7.2 der «Strahlenschutzverordnung 76/87» finden. Dort heißt es im Abschnitt «Unfallbedingte radioaktive Strahlenbelastung der Bevölkerung»: «... in Abhängigkeit von Art und Umfang des Unfalls kann das Gesundheitsministerium zeitlich beschränkt den Dosisgrenzwert und zulässige Belastungen festlegen.» Es ist aber eindeutig, daß der erwähnte Grenzwert von «35 rem in siebzig Jahren» keinesfalls als zeitlich begrenzt angesehen werden kann. Er ist vielmehr offenkundig langfristig gültige Norm, und nach den Bestimmungen in § 1.2 der Strahlenschutzverordnung 76/87 hat das Gesundheitsministerium kein Recht, solch eine Norm festzulegen.

Darüber hinaus besagt § 7.3 dieser Verordnung: «Die inkorporierte und externe Strahlenbelastung aller Personen, die sich zeitweilig in einem durch einen Nuklearunfall geschädigten Gebiet aufgehalten haben, muß festgestellt werden.»

Wenn dies schon für «alle Personen» gefordert wird, die sich «zeitweilig» in einem kontaminierten Gebiet aufhalten, dann gilt es natürlich erst recht für alle Menschen, die in solchen Regionen leben. Und doch kennen nicht einmal die Kraftwerksbelegschaft von Tschernobyl oder die Leute, die an den Aufräumungsarbeiten teilnahmen, die in ihrem Körper wirksamen Dosisleistungen, geschweige denn die ganze Bevölkerung Rußlands, Weißrußlands und der Ukraine. (Dies dürfte selbst bei denjenigen nicht anders sein, die mit einem Strahlenmeßgerät überprüft worden sind.) Daraus ergibt sich eine weitere Frage an das Gesundheitsministerium: Warum kommt es seinen in § 7.3 der Strahlenschutzverordnung genannten Pflichten nicht nach?

Den offiziellen Zahlen zufolge liegen die Strahlenbelastungen der Menschen in den mit Radionukliden verseuchten Gegenden «unter dem zulässigen Höchstwert», und die Kontamination der Nahrungsmittel liegt «innerhalb der zulässigen Grenzen». Dabei wird unterschlagen, daß die fraglichen Grenzwerte Notstandswerte sind und vom Gesundheitsministerium nur für einen Zeitraum von drei Jahren nach dem Unfall festgelegt wurden. Sie verloren also ihre Gültigkeit im Sommer 1989.

Somit muß man heute dem Gesundheitsministerium die Frage stellen: Welche Werte gelten denn jetzt?

Die unfallbedingte Strahlenbelastung der Belegschaft von Kernkraftwerken wurde in der Strahlenschutzverordnung 76/87 geregelt. Danach beträgt die höchstzulässige Dosis bei einem Nuklearunfall das Fünffache der höchstzulässigen Jahresdosis oder 25 rem. Man sollte nicht vergessen, daß die Arbeiter in den Kernkraftwerken gesunde Erwachsene sind, die strengen medizinischen

Tests unterzogen wurden; sie arbeiten unter klar definierten Bedingungen, die die Verwendung von Schutzanzügen und Sicherheitsausrüstungen vorsehen.

Aber in den betroffenen Gebieten leben die Menschen, also auch Kinder und schwangere Frauen, ständig mit einer Belastung jenseits der Grenzwerte, die nach einem Kernkraftwerksunfall der Belegschaft noch zugemutet werden dürfen! Das Gesundheitsministerium rechtfertigte diese Situation, indem es für die Bewohner der Katastrophengebiete eine höchstzulässige Dosis von 10 rem im ersten, 3 rem im zweiten und 2,5 rem im dritten Jahr nach dem Unglück festlegte. Kann das wirklich sicher sein?

Die bestehenden Strahlenschutzrichtlinien basieren auf der Annahme, daß es keinen Schwellenwert für die Wirkung radioaktiver Strahlung gibt, dessen Überschreitung die Wahrscheinlichkeit, daß sich bösartige Tumore, häufig mit Todesfolge, bilden, signifikant erhöht. Dieses «eindeutige Ergebnis» wird im Rahmen der «Risikoabschätzung» bewertet. Danach riskiert der Mensch sein Leben bei den unterschiedlichsten Tätigkeiten und ist den natürlichen Gefahren, wie Erdbeben, Stürmen oder Überschwemmungen ausgesetzt. Folglich meint man, die Gefahr der radioaktiven Verstrahlung mit anderen Gefahren vergleichen zu können. In Tabelle 4 werden die unterschiedlichen Gefahren klassifiziert.

Als man die Normen in den Strahlenschutzbestimmungen festlegte, ging man davon aus, daß von 1 Million Menschen, die einer Dosis von 1 rem ausgesetzt sind, vierhundert wahrscheinlich an Krebs erkranken und sterben werden.[2] In diesem Fall liegt das Risiko bei 0,0004 pro Person. Der seit 1986 zulässige 10-rem-Dosiswert des Gesundheitsministeriums erhöhte das Risiko auto-

Tabelle 4: Diese Einteilung der Arbeiten nach ihren Sicherheitsaspekten stammt aus U. J. Margulis' Buch «Atomenergie und Strahlensicherheit» (1988), Seite 91. Es sei hinzugefügt, daß die Gefahren, die von der natürlichen Umgebung herrühren, schätzungsweise 0,00001 Tote pro Jahr zur Folge haben, was zehn Todesfällen unter 1 Million Menschen entspricht.

Arbeit	Gefahrengruppe	Tote pro Jahr	Tote pro 1 Million pro Jahr
I	Sicher	0,0001	100
II	Relativ sicher	0,0001 bis 0,0010	1000
III	Gefährlich	0,001 bis 0,010	10 000
IV	Sehr gefährlich	über 0,01	über 10 000

matisch auf 0,001. Damit werden also die Lebensbedingungen der Bevölkerung in dieselbe Risikokategorie eingeordnet wie «gefährliche» Arbeiten. Dies bedeutet für die Kinder, deren Widerstandsfähigkeit nach allgemeiner Schätzung um das Zehnfache unter der von Erwachsenen liegt, daß sie der Kategorie «sehr gefährlich» zuzurechnen sind. Warum läßt das Gesundheitsministerium es zu, daß Kinder unter Bedingungen leben, die gewöhnlich nur gesunden Erwachsenen zugemutet werden dürfen?

Für radioaktiv belastete Nahrungsmittel, die in der UdSSR verzehrt wurden, setzte das Gesundheitsministerium zulässige Grenzwerte von 1×10^{-7} bis 1×10^{-8} Curie pro Kilogramm fest. Das entspricht bis zu 5 rem inkorporierter Strahlendosis pro Jahr. Durch diese Genehmigung, mehr radioaktiv belastete Nahrungsmittel zu verkaufen, trug das Gesundheitsministerium dazu bei, die durch den Unfall von Tschernobyl verursachten wirtschaftlichen Verluste zu verringern. Setzt man die Bevölkerungszahlen in die oben erhaltenen einfachen Formeln ein, dann scheint die Entscheidung des Ministeriums den Tod von weiteren 200 000 Menschen innerhalb der kommenden fünfzehn bis zwanzig Jahre zu bedeuten: Es werden nämlich 0,0004 x 5 rem x 50 Millionen Menschen sein, die radioaktiv belastete Nahrung zu sich nehmen, hinzu kommen 0,0004 x 10 rem x 25 Millionen Menschen, denen man offiziell erlaubt, eine Strahlendosis von 10 rem in einem Jahr zu absorbieren.

Man darf dabei zudem nicht außer acht lassen, daß die Strahlenschutzverordnung 76/87 Grenzwerte für die durchschnittliche individuelle Dosis pro Jahr festlegt, und zwar nicht für die allgemein betroffene Bevölkerung, sondern für eine Hochrisikogruppe. Das gleiche gilt für die zulässigen Grenzwerte der Kontamination. Aber was ist eigentlich eine Hochrisikogruppe? Es ist «. . . eine kleine Gruppe von Personen der Kategorie B[3] (aus einer spezifizierten Teilgruppe der Bevölkerung) von gleichartiger Struktur in bezug auf Lebensbedingungen, Alter, Geschlecht und andere Faktoren, die innerhalb einer Institution oder eines Kontrollgebiets jeweils der höchsten radioaktiven Strahlung ausgesetzt ist...» Mit anderen Worten, das Gesetz scheint also durchaus menschlich zu sein, da es verlangt, daß Schäden nicht aufgrund der Strahlendosis bewertet werden sollen, die alle in dem Beobachtungsgebiet lebenden Menschen erhielten, sondern aufgrund der Dosiswerte der Menschen, die unter den schlimmsten Bedingungen leben und somit eine deutlich höhere Dosis erhalten haben (bis zum Zehnfachen der Durchschnittswerte). In Gebieten, in denen die durchschnittliche Strahlendosis (wie in der Zone) 9 rem betrug, muß es also auch Menschen geben, die eine Strahlenbelastung von bis zu 90 rem erhalten haben. Das Gesetz verlangt eine Einschätzung der Gefahren durch radioaktive Verstrahlung aufgrund der Werte dieser Hochrisikogruppe.

Was bedeuten 35 rem in siebzig Jahren?

Bei Personen der Kategorie B dürfen weder einzelne Dosiswerte noch die Werte der akkumulierten Strahlendosen überschritten werden. Was bedeutet eigentlich eine Strahlenbelastung von 35 rem in siebzig Jahren? Es ist nichts anderes als ein willkürlich festgelegter Wert von siebzig einzelnen Jahresdosen, die ein Mensch erhalten kann. Über die Höhe der Einzeldosis ist allerdings – abgesehen von der Strahlenbelastung während der ersten drei Jahre nach dem Unfall – nichts ausgesagt.

Wohin kann das führen? In seinem Artikel «Die Vergangenheit und die Vorhersage der zukünftigen Entwicklung» (*Prawda* vom 20. März 1988) versuchte J. Israel, die Öffentlichkeit zu beruhigen: «Bei der bekannten Zusammensetzung der Radionuklide und den [getroffenen] Gegenmaßnahmen sorgt dieser Grenzwert [35 rem in siebzig Jahren] automatisch für eine klar definierte Strahlendosis (inkorporiert und extern) für jedes Lebensjahr und für die Strahlenbelastung der Grundnahrungsmittel. So war zum Beispiel bei einer Cäsium-137-Belastung bis zu 15 Curie pro Quadratkilometer fast überall gewährleistet, daß die inkorporierte und externe Strahlenbelastung unbedenklich blieb. Auch enthält der heute zulässige Cäsium-137-Grenzwert bei Milch (10^{-8} Curie pro Liter) ebenfalls eine beträchtliche Sicherheitsmarge.»

Wie «sicher» dies letztlich ist, wird durch eine einfache Rechnung verdeutlicht. Dabei soll die Strahlenbelastung, die man in Gebäuden erhält, unberücksichtigt bleiben, obgleich sie in den schwer betroffenen Gebieten die Hintergrundstrahlung oft weit übersteigt. Eine radioaktive Strahlenbelastung von 15 Curie pro Quadratkilometer entspricht einer Dosis von 150 Mikroröntgen pro Stunde. Wenn man sich zwei Drittel der Zeit im Freien aufhält, dann absorbiert man somit eine Dosis zwischen 0,9 und 1 rem pro Jahr. Unterstellt man, daß das Verhältnis von inkorporierter zu externer Strahlenbelastung 1:1 ist (obwohl es in Wirklichkeit oft diese Parität übersteigt), dann kommen wir auf eine Jahresdosis von 2 rem an Orten, an denen eine «unbedenkliche Cäsium-137-Strahlenbelastung von 15 Curie pro Quadratkilometer» vorliegt. Diese Belastung ist viermal höher als die von der Strahlenschutzverordnung 76/87 zugelassene Dosis. Unter Berücksichtigung der Halbwertszeit erreicht die durchschnittliche Gesamtdosis in siebzig Jahren somit die Größenordnung von 80 rem. Allerdings ist hier noch nicht die Strahlenbelastung durch die anderen Radionuklide berücksichtigt, die das Gesundheitsministerium nicht zur Kenntnis nimmt.

Die Strahlenschutzverordnung 76/87 bestimmt in Abschnitt 4 die höchstzulässige Notfalldosis für die Belegschaft eines Kernkraftwerks: «Die zulässige Jahresdosis sollte nur überschritten werden, wenn dies unvermeidbar ist. Jedes Belegschaftsmitglied ist zu warnen und muß eine schriftliche Mitteilung über diese Tatsache erhalten sowie sein persönliches Einverständnis mit der Abweichung vom Dosisgrenzwert erklären. Frauen unter vierzig Jahren dürfen nicht mehr als das Doppelte der zulässigen Jahresdosis erhalten . . . Die Gesamtdosis bis zum dreißigsten Lebensjahr darf nicht über dem Zwölffachen der zulässigen Jahresdosis liegen. Eine einzige Strahlenbelastungs- oder Dosissteigerung, die das Fünffache der zulässigen Jahresdosis überschreitet, ist als potentiell gefährlich anzusehen. Jeder, der Radioaktivität von dieser Stärke ausgesetzt war, muß aus der Strahlenzone entlassen werden und sich umgehend einer strahlenmedizinischen Untersuchung unterziehen.»

Das ist eine klare Aussage! Im Hinblick auf diese Anweisungen läßt sich nur schwer nachvollziehen, warum das Gesundheitsministerium das Fünffache der zulässigen Jahresdosis von 0,5 rem (also 2,5 rem) als potentiell gefährlich für eine Reaktorbelegschaft erachtet, während das Zwanzigfache der zulässigen Jahresdosis (also 10 rem) für Frauen und Kinder «keinerlei Bedrohung darstellt»! Professor W. G. Bebeschko, der Leiter des Strahlenzentrums in Kiew, brachte diese wirklichkeitsferne Einstellung sogar noch deutlicher zum Ausdruck. In der Zeitung *Prapor Kommunismu* vom 1. August 1989 schrieb er: «Die Lebenszeitdosis von 35 rem stellt keine Grenze zwischen unbedenklichen und gefährlichen Strahlenbelastungen dar; selbst die doppelte oder dreifache Dosis würde keinerlei nachteilige Auswirkungen auf die Gesundheit haben.»

Ausblick

Im folgenden werden einige Unregelmäßigkeiten, Widersprüchlichkeiten und Übertretungen des Gesetzes, das heißt der Strahlenschutzverordnung 76/87, aufgeführt:

1. Die Prinzipien, auf denen die Angaben der zulässigen Strahlenbelastungen basieren, werden mißachtet:

   • Das Verhältnis der zulässigen Jahresdosis für Beschäftigte in Kernkraftwerken zur zulässigen Jahresdosis für die Allgemeinheit (ausgenommen Röntgenstrahlen und Hintergrundstrahlung) sollte 10:1 sein.

   • Die Grenzwerte sollten nach dem Ausmaß des Risikos bestimmt werden.

   • Andere wichtige Faktoren wie Alter und Geschlecht sollten berücksichtigt werden.

2. Verletzungen des § 7.2:

   • Es wurde nicht ein zeitweiliger, sondern ein langfristig gültiger Grenzwert festgelegt. Die Ausdehnung des Zeitraums für die Dosisberechnung von einem Jahr auf siebzig Jahre war gesetzeswidrig.

   • Die zulässigen Werte sind willkürlich und haben keinen Bezug zu einem bestimmten Dosisgrenzwert.

3. Eine Cäsium-137-Konzentration von $8\,Ci/km^2$ wurde zunächst als Grenzwert für die Einleitung von Evakuierungsmaßnahmen festgelegt. Dann wurde dieser Grenzwert auf $15\,Ci/km^2$ angehoben, den man schließlich als «unbedenklich» für den ständigen Aufenthalt von Menschen durchgehen ließ. In bestimmten Gegenden wurde ein Strahlenpegel von $40\,Ci/km^2$ für hinnehmbar erklärt. Das ist ein schamloser Verstoß gegen die Beschränkung der Strahlenschutzbestimmung auf $0,06\,mR/h$. Denn bei $15\,Ci/km^2$ beträgt die Strahlenbelastung $0,15\,mR/h$ und bei $40\,Ci/km^2$ liegt sie bei $0,4\,mR/h$. Dies bedeutet eine externe Strahlenbelastung von 1 beziehungsweise 2,2 Röntgen pro Jahr.

4. Die folgenden Grundsätze der Strahlenschutzverordnung wurden mißachtet:

   • Die zulässige Höchstdosis sollte nicht überschritten werden (im Jahr 1986 wurde diese Bestimmung vollständig ignoriert).

   • Jede unnötige Strahlenbelastung sollte vermieden werden.

   • Die Strahlungsdosen sollten so niedrig wie möglich gehalten werden.

Weil die Verantwortlichen sich über diese Grundsätze hinwegsetzten, erhielt vermutlich eine große Zahl von Menschen Strahlendosen in nicht zu rechtfertigender Höhe. Drei Jahre nach dem Unfall begann man, weitere Dörfer zu evakuieren, darunter auch einige der neu angelegten Siedlungen.

5. Indem die Behörden es unterließen, die inkorporierte und externe Strahlenbelastung der Bewohner der betroffenen Gebiete festzustellen, verstießen sie gegen die Bestimmungen des § 7.3 der Strahlenschutzverordnung. Dadurch wird es praktisch unmöglich, die Menschen herauszufinden und umzusiedeln, die bereits eine Dosis von 35 rem erhalten haben oder in Zukunft erreichen werden.

6. Es war eine grenzenlose Mißachtung der sowjetischen Gesetze zur Arbeitsordnung, daß die gesamte Bevölkerung (also auch die Kinder) ohne Genehmigung durch den Obersten Sowjet hochgefährlichen Bedingungen ausgesetzt wurde.

In der Strahlenschutzverordnung heißt es (S. 16): «Die Verantwortung für die Einhaltung der Strahlenschutzverordnung 76/87 obliegt den Entscheidungsbefugten und Verwaltungsbeamten der Ministerien, Behörden und staatlichen Einrichtungen.» Folglich sollten gerichtliche Maßnahmen ergriffen werden, um die Einhaltung «normaler» Strahlennormen für die Bevölkerung zu erzwingen.

Abb. 39: Relikte der Katastrophe (Foto aus dem Jahr 1990).
Abb. 40: Vor Plünderern geborgene alte Bücher und Ikonen
aus evakuierten Häusern in der Sperrzone.

Abb. 41: Meß- und Dekontaminationsarbeiten stehen seit dem Unfall in Tschernobyl auf der Tagesordnung.

Jenseits des Grenzwerts

Blind bauen wir
und achtlos
schaffen wir
ganz ohne jedes Ziel.

Vorangepeitscht,
doch zügellos,
so hetzen wir unsere Troika
unbarmherzig.

Schwach wie sie sind,
verlieren unsre Kinder
ihr Haar,
ihr Augenlicht.

Zuletzt versagen
ihre kleinen Herzen.
Düster warnen die Ärzte unsere Frauen:
Gebärt nicht mehr!

Das Gras vergiftet,
die Steine vergiftet,
wie die Pilze im Wald,
wie der Staub unter unseren Füßen.

Wiktor Gontscharow

Das immer deutlicher werdende Bild vom Ausmaß der Kontamination läßt
keine Gleichgültigkeit zu. Die ersten Meßgeräte wurden bereitgestellt,
und die Menschen begannen zu erfassen, daß sie in einer Gegend mit
mehr als 40 Curie pro Quadratkilometer leben. Sie begriffen, daß sie Nahrungsmittel produzieren, deren radioaktive Verseuchung sogar weit über
den Ausnahme-Grenzwerten im Bereich der amtlich verfügten zulässigen
Kriegszeit-Höchstwerte liegt. In einigen Fällen lagen 30 bis 90 Prozent
der Milchproben ebenso über diesen Normen wie Fleisch, Tierfutter und
andere landwirtschaftliche Erzeugnisse. Obgleich das privat gehaltene

Vieh beschlagnahmt worden war, konnten die Staatsbetriebe ihre Tiere behalten.

In die strikten Kontrollzonen sollten «saubere» Produkte eingeführt werden, da die heimischen Erzeugnisse ungenießbar waren. Doch wurden solche Lebensmittel nur in unzureichender Menge oder gar nicht bereitgestellt. Die 30-Rubel-Monatsbeihilfe pro Kopf für den Kauf von unbelasteten Nahrungsmitteln konnte die Öffentlichkeit nicht beruhigen; sie wurde als «Sarggeld» bezeichnet. Durch den Verzehr der radioaktiv verseuchten einheimischen Lebensmittel erhöhte sich die inkorporierte Strahlenbelastung der Menschen immer mehr.

Sorgen und Klagen

Walentin Budko, früher Erster Sekretär des Bezirksparteikomitees in Naroditschi, sprach mit mir über die Lage vor Ort. Schweren Herzens erzählte er mir über die Tragödie der Menschen, die Kinder in Gegenden großziehen müssen, in denen die Bedrohung durch radioaktive Strahlung weiterbesteht.[1]

Welche Fragen wir auch angehen, über welche Themen wir auch diskutieren, alles läuft letztlich immer darauf hinaus, welche Folgen der Unfall von Tschernobyl für dieses Gebiet hat.

In den drei Jahren, die seit dem Unfall vergangen sind, wurden viele Dinge hier im Bezirk zwar deutlicher, aber gewiß nicht einfacher. Ganz im Gegenteil, eine Menge neuer, unvorhergesehener Schwierigkeiten haben sich eingestellt.

Jeder hier in der Gegend, vom Schulkind bis zum Rentner, ist besorgt über die Auswirkungen der radioaktiven Strahlung. Dies zeigte sich deutlich bei öffentlichen Veranstaltungen, die in der Stadt Naroditschi durchgeführt wurden, aber auch bei Betriebsversammlungen oder in den Briefen an übergeordnete Behörden. Wenn die Menschen in dieser Gegend die überregionalen und örtlichen Pressemitteilungen verfolgten, die sich mit den Strahlenpegeln in der 30-Kilometer-Zone, akkumulierten zulässigen Dosen und anderen Angaben befassen, dann konnten sie sie mit den Daten vergleichen, die hier von verschiedenen Strahlenexperten zusammengetragen wurden.

Viele der Verlautbarungen des Gesundheitsministeriums sowie des Meteorologischen Dienstes (Gidromet) über die Lebensbedingungen und den Anstieg der Strahlenbelastungen wurden von den Wissenschaftlern des Kernforschungsinstituts der Ukrainischen Akademie der Wissenschaften oder den Fachleuten in den Gebieten und Bezirken nicht bestätigt.

Die Strahlensituation ist so schlimm wie zuvor. Während der vergangenen drei Jahre konnte kaum eine Verbesserung der Lage festgestellt werden. Das radioaktive Cäsium ist ungleichmäßig im Boden verteilt. Die Zahlen, die als durchschnittliche Dosis für die kommenden siebzig Jahre in den bewohnten Gebieten angegeben sind, spiegeln den wahren Sachverhalt nicht wider. In einer großen Zahl von Dörfern, vor allem in ein, zwei, die mir in den Sinn kommen, liegt die radioaktive Durchschnittsbelastung weit über dem Wert von 35 rem. Dies wurde durch Untersuchungen von Spezialisten bestätigt.

Die Erzeugung «sauberer» Nahrungsmittel ist mit erheblichen Schwierigkeiten verbunden. Nur zwei landwirtschaftliche Großbetriebe in dieser Gegend, die Kolchosen «Gagarin» und «Morgenröte», befinden sich in der glücklichen Lage, daß die Werte ihrer Bodenkontamination unter 5 Curie pro Quadratkilometer liegen. Doch selbst in der Milch aus diesen beiden Großbetrieben übersteigt die Strahlenbelastung die zulässige Höchstgrenze um das Zwei- bis Dreifache.

Dekontaminierungsarbeiten von schier unglaublichem Umfang wurden bereits durchgeführt, doch haben sie die radioaktive Bodenbelastung nicht verbessern können. Sogar in den sogenannten «sauberen» Dörfern überschritten 30 bis 90 Prozent der Milchproben die zeitweilig gültigen Höchstgrenzen. Vom Fleisch, das in dieser Gegend erzeugt wird, sind 10 Prozent für den Verbraucher gefährlich.

Der größte Teil der in der strikten Kontrollzone erzeugten Nahrungsmittel ist radioaktiv belastet. Dennoch werden diese Nahrungsmittel, allen Empfehlungen und Ratschlägen zum Trotz, von der einheimischen Bevölkerung gegessen. Die medizinische Forschung wird in diesem Gebiet ständig weitergeführt und kommt zu einigen sehr beunruhigenden Ergebnissen. Sie deuten auf Veränderungen in der Gesundheitsstruktur der Bevölkerung hin, bei Erwachsenen wie bei Kindern. Bei den meisten Kindern wurden Abweichungen der Schilddrüsenfunktion beobachtet. Die Erwachsenen leiden zunehmend an einer ganzen Reihe von Gesundheitsstörungen. Es gibt eine rapide Zunahme von Augenleiden, was allerdings bisher noch nicht durch die Berichte der Experten bestätigt worden ist.

Die Verschlechterung des Gesundheitszustands der Kinder bestürzt natürlich Eltern und Lehrer sehr. Diese Entwicklung läßt sich sowohl in den «schmutzigen» Gebieten feststellen als auch in den Dörfern außerhalb der strikten Kontrollzonen. Die Erfahrung der vergangenen drei Jahre hat gezeigt, daß die Möglichkeit, die Gesundheit der Kinder während der Sommermonate zu stärken, nicht umfassend ausgeschöpft wurde. Ein Grund dafür liegt in der Kürze des Jahresurlaubs der meisten Arbeiterinnen.

Die Bevölkerung des Gebiets und vor allem die Mütter wenden sich oft mit Beschwerden, Anträgen und Anfragen an das Bezirksparteikomitee. In vielen Fällen ist es uns nicht möglich, darauf einzugehen. Beispielsweise schrieb uns kürzlich eine Frau Groch aus Naroditschi: «Mein sechsjähriges Kind hat geschwollene Lymphdrüsen. Die Ärzte empfehlen, in eine andere Gegend umzusiedeln, doch alle meine Versuche, außerhalb dieses Bezirks einen Platz zum Leben zu finden, waren bisher vergeblich.

Bitte helfen Sie mir bei meinen Bemühungen, in ein sicheres Gebiet zu ziehen.»

Die gleiche Anfrage erhielten wir von einer anderen Frau, N. W. Karas, die in der Nähe des Bezirkskrankenhauses wohnt. Die Bodenbelastung erreicht in dieser Gegend stellenweise 100 Curie pro Quadratkilometer. Doch das Bezirkskomitee kann in solchen Fällen nicht helfen. Dadurch wird begreiflicherweise Aufregung und Unzufriedenheit hervorgerufen, schließlich steht die Gesundheit der Kinder auf dem Spiel. Angesichts der Geburt von mißgebildeten Tieren fragen sich die Leute, welche Garantie sie haben, daß den Menschen in zwanzig bis dreißig Jahren nicht dasselbe widerfährt. Die Fachleute für Tierzucht geben keine Erklärung für diese Mißbildungen. Die meisten Menschen der Gegend sind überaus angespannt und nervös. Unsicherheit gepaart mit Hoffnungslosigkeit ist die häufigste Gemütsverfassung. Dem Gesundheitsministerium gelingt es nicht, die Leute zu beruhigen. Die Lage verschlechtert sich von Tag zu Tag und könnte außer Kontrolle geraten.

Viele Stimmen unterstreichen die Klage: Angst und Mißtrauen, Wut und Schmerz sind nur allzu verständlich bei Menschen, die seit über sechs Jahren in strahlenverseuchten Landstrichen leben – vor allem angesichts des unverantwortlichen Verhaltens der Behörden. Tatsächlich ist die Lage im Bezirk äußerst ernst. 69 von 80 Städten und Dörfern sind zu strikten Kontrollzonen erklärt worden, in denen die Bewohner einen Zuschlag von 25 Prozent auf ihr normales Gehalt bekommen. In 41 Dörfern erhalten die Leute monatlich 30 Rubel pro Kopf, damit sie sich «saubere» Lebensmittel kaufen können. In anderen Ländern würden die Menschen wahrscheinlich einfach fortziehen und sich in Gegenden ansiedeln, die nicht verstrahlt sind, selbst wenn sie dafür einen großen Teil ihres Besitzes zurücklassen müßten. In der ehemaligen Sowjetunion ist die Lage dagegen etwas schwieriger, weil die Menschen an ihrem zukünftigen Wohnort eine Zuzugsgenehmigung vorweisen müssen, die sie aber nicht bekommen, wenn sie dort keinen Arbeitsplatz haben. Hinzu kommt der chronische Wohnungsmangel, der allein schon eine Umsiedlung zu einem großen Problem werden läßt.

Um die Lage zu veranschaulichen, gebe ich im folgenden die Äußerungen einiger Bewohner kontaminierter Regionen wieder, die im Dezember 1989 zu einer Tagung in Naroditschi gekommen waren, um über die ernste Lage nach der Katastrophe von Tschernobyl zu diskutieren.

Alexander Kaminskij, Oberlehrer an der Mittelschule im Dorf Malyje Kleschtschi:

Olga Sakusilo, Direktorin einer Mittelschule:

Die Lage im Dorf ist wohlbekannt. Wir Lehrer verfaßten ein Rundschreiben, nachdem wir die Ergebnisse einer medizinischen Untersuchung unserer Kinder erhalten hatten: In unserem Dorf gibt es praktisch kein einziges Kind mit intakter Gesundheit. Die Kinder sind in einer so schlechten Verfassung, daß ich mich nur wundere, wie man sie in dieser Gegend lassen kann. Deshalb setzten wir unser Rundschreiben auf und schickten es an alle Eltern. Die Antwort war einmütig – die Eltern wollen nicht, daß ihre Kinder das nächste Schuljahr in dieser Schule beginnen. Sie wollen, daß die Kinder unverzüglich evakuiert werden.

In diesen vergangenen drei Jahren haben wir keine Schülerversammlung erlebt, bei der nicht ein, zwei oder drei Kinder umgefallen wären. Die Kinder fallen hin, wo sie stehen. Erst kürzlich fiel eine Schülerin aus der 10. Klasse während einer Vollversammlung um. Sie leidet nicht an einer bestimmten Krankheit, vielmehr geben ihre Beine einfach nach, und sie fällt. Wodurch kommt das? Da ist noch etwas – unser Dorf gilt als «sauber», erhält daher keine besondere Unterstützung, absolut nichts, keine Sonderzuteilungen von unbelastetem Fleisch. Die Wahrheit aber ist, daß wir die Milch nicht trinken können, daß die Kinder nichts von dem essen können, was im Garten wächst. Und was noch schlimmer ist: Die Kolchose behält ihren gesamten Viehbestand zurück. Wir können keine eigenen Kühe halten, weil es kein Weideland gibt. In den Wäldern ist der Zutritt verboten. Da probiert dann mal, einen «sauberen» Fleck zu finden, auf dem eine Kuh weiden kann. Weder kann man die selbst erzeugte Milch trinken, noch das Fleisch aus dieser Gegend essen. Nennen Sie das ein sauberes Dorf?

Grigorij Karas – Sekretär der Parteiorganisation der Leinenfabrik:

Unsere größte Sorge, der Hauptgrund, warum wir weder inneren Frieden noch Freude empfinden können, liegt an den Umständen, die vom Unfall von Tschernobyl herrühren. Welche radioaktive Strahlenbelastung haben wir wirklich? Wie sollen wir leben, arbeiten und uns verhalten? Wie wird es unseren Kindern und uns selbst in fünf bis zehn Jahren ergehen? Drei Jahre sind vergangen, und alle Probleme sind uns bisher erhalten geblieben.

Pjotr Tereschtschuk, Maschinist auf der Petrowskij-Kolchose.

Es macht einen ganz krank, wenn man das Interview mit Loschilo im *Dorfleben* liest. Die Überschrift lautet: «Ist die radioaktive Strahlung daran schuld?» Seiner Meinung nach liegt alles am Mineraldünger, nicht an der Strahlung. Warum aber habe ich dann, ja warum haben alle unsere Maschinisten – junge und gesunde Leute – nicht die Kraft, eine ganze Schicht durchzuarbeiten? So war es doch vorher nicht.

Jekaterina Jakowlewa, Begründerin des Ortsvereins von Malyje Minki:

Es ist klar, daß bei der Schadensbekämpfung 1986 Fehler gemacht worden sind. Weiterhin leben Menschen in Dörfern, in denen niemand leben dürfte. Selbst nachdem die Entscheidung gefällt worden ist, das Dorf zu evakuieren, sagen sie uns noch, daß wir weitere drei bis fünf Jahre hier leben sollen.

Ich schlage vor, daß wir alles, was heute auf dem Podium und im Saal gesagt wird, protokollieren und an das Zentralkomitee der Partei senden. Vielleicht erreicht dieser Appell die führenden Leute, die dann die richtige Entscheidung treffen können. Klar ist, daß einflußreiche Kräfte uns in unserer elenden Lage vor der Außenwelt verbergen wollen, weil sie Angst haben, daß man sie für ihre Fehler zur Rechenschaft ziehen wird. Leute wie Romanenko und Wissenschaftler wie Lichtarew und Prisjashnjuk[2] spielen hier unter anderem eine Rolle. Das sind diejenigen, die die falschen Berichte und frisierten Statistiken verbreiten, die dann in den Zeitungen gedruckt werden.

Um nur eine Zahl zu nennen: Da ist dieser Gesamtdosis-Höchstwert von 0,27 rem pro Jahr. Ich bin keine Strahlenexpertin, aber ganz in der Nähe unseres Vereinshauses liegt der Strahlenpegel ständig bei 0,8 Milliröntgen pro Stunde, und er ist im Wald und auf den Feldern sogar noch höher. Selbst ich kann erkennen, daß die Menschen eine zehnfach höhere Dosis abkriegen, als bisher angenommen wurde.

Was werden unsere Kinder später einmal zu uns sagen? Wir haben sie nun schon über drei Jahre derartigen Bedingungen ausgesetzt. Bis zum Herbst dieses Jahres müssen wir alle Familien mit Kindern evakuieren. Zur Zeit sind sie dabei, unsere Dörfer zu dekontaminieren. An den Landstraßen entfernen sie die «verschmutzte» Erde, aber woher bekommen sie als Ersatz «saubere» Erde? Die neue Erde wird kaum besser sein als die fortgeschaffte. Was soll's also?

Eins wissen wir ganz genau: Wie viele Badehäuser sie auch immer für uns bauen, wie viele Sandwege sie auch asphaltieren, was sie auch in unsere Geschäfte liefern, mit all dem kann niemand, der hier lebt, vor dem Staub und den Radionukliden geschützt werden. Schließlich fliegen wir nicht durch die Luft, sondern gehen auf der Erde und arbeiten auf dem Land. Es ist traurig mit anzusehen, wie der Staat für Projekte hier in unserem Dorf und in anderen Millionen vergeudet.

Wissenschaftliche Daten

Dem Meteorologischen Dienst (Gidromet) zufolge übersteigen die durchschnittlichen Cäsium-137-Konzentrationen in achtzehn besiedelten Gebieten den Wert von 15 Curie pro Quadratkilometer. In neunzehn Dörfern gibt es beträchtliche Flächen, auf denen die Konzentration über 15 Curie pro Quadratkilometer liegt und deren Dekontaminierung schwierig ist.

Die Lage wird noch ernster aufgrund der Tatsache, daß sich ungefähr sechzig Dörfer in unmittelbarer Nähe oder inmitten ausgedehnter Waldflächen befinden, wo sehr hohe Konzentrationen von Radioaktivität vorliegen. Deshalb gibt es keine Garantie, daß die Lebenszeitdosis der Bewohner unter 35 rem bleiben wird.

Dadurch wird die Herstellung von unbelasteter Nahrung praktisch im ganzen Bezirk vollends unmöglich. Milch bleibt am stärksten kontaminiert. Im August 1989 zeigten beispielsweise 66 Prozent der analysierten Milchproben unzulässige Konzentrationen, die in einigen Fällen um das 27fache über dem Grenzwert lagen. Dies widerspricht den Vorhersagen der Fachleute aus dem Institut für Agrar-Radiobiologie. Zumindest einige dieser Experten ermutigen die Bevölkerung, einheimische Erzeugnisse zu sich zu nehmen. Es fällt schwer, einen Unterschied zwischen diesen Verhaltensweisen und kriminellen Handlungen zu erkennen.

Ebenso gibt es keine Erklärung für die Entscheidung, elf Dörfer als «sauber» zu deklarieren, obwohl alles, was dort hergestellt wird, ebenso kontaminiert ist wie die Produkte aus anderen Ortschaften.

Es ist verkehrt, wenn sich die Bemessungsgrundlagen für die Beihilfen zum Kauf «sauberer» Lebensmittel an den vom Meteorologischen Dienst gelieferten Werten der Boden- und Luftbelastung orientieren anstatt am Kontaminationsgrad der vor Ort produzierten Nahrungsmittel.

Der Gesundheitszustand der Bevölkerung ist besonders bestürzend. Zur Zeit leben 4500 Kinder im Bezirk Naroditschi. Ärztlichen Untersuchungen aus dem Jahr 1986 zufolge wurden alle Kinder wegen der radioaktiven Jodkonzentration in der Schilddrüse als behandlungsbedürftig eingestuft. Über tausend Menschen haben eine Strahlenbelastung der Schilddrüse von 200 rad und mehr erhalten. Im Jahr 1989 entwickelten sich bei acht Kindern aus dieser Hochrisikogruppe Kröpfe III. Grades, und hierbei handelt es sich nicht um Kinder aus den strikten Kontrollzonen.

Im Jahr 1986 wurden bei 437 Kindern Hyperplasien der Schilddrüse festgestellt. Im ersten Halbjahr 1989 war die Zahl auf 714 Fälle dieser Art angewachsen. Unter der erwachsenen Bevölkerung wurden 199 Fälle von Schilddrüsen-Hyperplasie registriert, 134 davon waren Ersterkrankungen. Sechzehn Kröpfe wurden behandelt, davon sechs Neubildungen. Bei 165 Erwachsenen wurde eine Kataraktbildung (grauer Star) nachgewiesen, darunter einhundert Ersterkrankungen. Es gab acht Katarakte bei Kindern, davon sechs neue Fälle.

Während 1988 74 neue Krebserkrankungen gemeldet wurden, waren es 1989 bereits in den ersten acht Monaten 74 Fälle. 43 Prozent der Bewohner, die aufgrund krankheitsbedingter Arbeitsunfähigkeit vorzeitig in den Ruhestand treten mußten, hatten irgendeine Art von Krebs.

Die offizielle medizinische Einschätzung der Lage steht im Widerspruch zu der Ansicht der Ärzte aus den betroffenen Gebieten, die diese Zahlen in einen Zusammenhang mit der Reaktorkatastrophe bringen. Diese Unstimmigkeit in Verbindung mit anderen widersprüchlichen Informationen der Behörden haben das Vertrauen der Bevölkerung in das Gesundheitsministerium schwer erschüttert. Es gibt Hinweise darauf, daß zu niedrige Dosisangaben gemacht worden sind – keineswegs nur in Einzelfällen – und daß das wahre Bild der gesundheitlichen Verfassung durch ranghohe Spezialisten im Gesundheitsministerium der Ukraine verfälscht wurde. Bei der Berechnung der Grenzwerte wurde die Strahlenbelastung während der ersten Tage nach der Reaktorkatastrophe nicht berücksichtigt, obwohl mit gutem Grund angenommen werden muß, daß sie beträchtlich war.

Ein Expertengremium des Radiobiologischen Rats der sowjetischen Akademie der Wissenschaften äußerte sich tief besorgt über die zukünftige Lage der Bevölkerung. Der Ministerrat der UdSSR und der der Ukraine beschlossen im Mai/Juni 1989 die Evakuierten der Bevölkerung aus zwölf Städten und Dörfern. 1425 Familien (3300 Personen) sind davon betroffen, einschließlich 319 Familien (1300 Personen) mit Kindern. Diese sollten bis zum 1. September 1990 umgesiedelt werden, doch waren zu dem festgesetzten Zeitpunkt nur 130, das heißt 41 Prozent der Familien mit Kindern, tatsächlich evakuiert worden.

Weil die Evakuierung so schlecht organisiert wurde, leben die meisten der jungen Familien mit Kindern noch immer in den fraglichen Dörfern. Dadurch ist man gezwungen, die Schulen in den Dörfern Welikije Kleschtschi und Malyje Kleschtschi weiter geöffnet zu halten. Das gleiche gilt für die Kindergärten.

Die Hauptursache für die Verzögerung war der Beschluß der ukrainischen Regierung, sämtliche Vorbereitungen der Evakuierung den Behörden im Gebiet Shitomir zu überlassen. Die regionalen Behörden sind nicht in der Lage, den erforderlichen Wohnraum ohne Unterstützung des Landes bereitzustellen, und außerdem befinden sich die neuen Siedlungen für die Evakuierten noch im ersten Planungsstadium.

Damit wiederholen sich die Erfahrungen aus dem Jahr 1986, in dem sich die Umsiedlung der Bewohner von vier Dörfern, die vollständig durch die Gebietsverwaltung abgewickelt wurde, mehr als sieben Monate hinzog. Den Evakuierten wurde andererseits nicht gestattet, sich außerhalb der Gebietsgrenzen zum Beispiel bei Verwandten anzusiedeln. Nichts wurde unternommen, um die besonderen Schwierigkeiten von Familien zu lösen, die Schwerbeschädigte

Tabelle 5: Zeitweilig zulässige Höchstwerte der Radioisotope Cäsium-134 und Cäsium-137 in Lebensmitteln und im Trinkwasser, unterzeichnet vom jeweiligen Hauptamtsarzt des Staatlichen Gesundheitsdienstes der UdSSR[1]

Lebensmittel	Zugelassene Höchstwerte (Ci/l, Ci/kg)			
	1986	1987	1988–90	1990–93
Trinkwasser	1×10^{-8}	5×10^{-10}		
Milch[2]	1×10^{-7}	1×10^{-8}	1×10^{-8}	1×10^{-9}
Kondensmilch	5×10^{-7}		3×10^{-8}	
Trockenmilch	1×10^{-7}	5×10^{-8}	5×10^{-8}	1×10^{-9}
Quark	1×10^{-7}	1×10^{-8}	1×10^{-8}	1×10^{-9}
Käse	2×10^{-7}	1×10^{-8}	1×10^{-8}	1×10^{-9}
Butter	2×10^{-7}	3×10^{-8}		5×10^{-9}
Saure Sahne	1×10^{-7}	1×10^{-8}		
Pflanzenöl	2×10^{-7}		8×10^{-8}	
Margarine	2×10^{-7}		8×10^{-8}	
Fleisch	1×10^{-7}	5×10^{-8}		1×10^{-9}
Geflügel	1×10^{-7}		5×10^{-8}	
Eier[3]	5×10^{-8}		5×10^{-8}	
Fisch	1×10^{-7}		5×10^{-8}	
Wurzelgemüse	1×10^{-7}	1×10^{-8}	2×10^{-8}	1×10^{-9}
Grüngemüse	1×10^{-7}		2×10^{-8}	
Kartoffeln	1×10^{-7}	1×10^{-8}	2×10^{-8}	1×10^{-9}
Frisches Obst	1×10^{-7}		2×10^{-8}	
Trockenobst	1×10^{-7}	3×10^{-7}	3×10^{-7}	1×10^{-9}
Obstsäfte	1×10^{-7}			
Körner, Getreide	1×10^{-8}			
Brot	1×10^{-8}		1×10^{-8}	
Zucker	5×10^{-8}		1×10^{-8}	
Waldpilze (frisch)	5×10^{-7}	5×10^{-8}		
Trockenpilze		3×10^{-7}		
Babynahrung		1×10^{-8}	1×10^{-9}	
Trockenkräuter	5×10^{-7}			

[1] 1986 von P. N. Burgasow (30. Mai 1986, Bericht Nr. 129-252. DSP); 1987 von A. J. Kondrusew (15. Dezember 1987, Bericht Nr. 129-252-1. DSP); 1988 und 1990–1993 wie 1987 (6. Oktober 1988, Bericht Nr. 129-252-2. DSP). DSP = «für dienstlichen Gebrauch» (das heißt intern, vertraulich).
[2] Nach dem 1. Juni 1986: 1×10^{-8}
[3] Curie pro Ei.

oder alte Angehörige zu versorgen haben. Die Evakuierung der zwölf Dörfer, die Probleme der Zonen strikter Kontrolle und die Notlage von Familien mit Kindern entwickelten sich zu politischen Themen.

Angst, Unzufriedenheit und Mißtrauen gegenüber den Versprechungen und Handlungen des Staates nehmen zu. Die Bürger verlangen, daß die regionalen Behörden Maßnahmen ergreifen, obgleich diese Probleme nur auf nationaler Ebene in Angriff genommen werden können.

Der Radiologischen Forschungsabteilung des Gebiets zufolge enthält frisches Tierfutter auf den meisten Kolchosen Radionuklidkonzentrationen, die den zeitweilig zugelassenen Strahlenpegel (Richtlinie VDU-88) überschreiten und zwischen $2,2 \times 10^{-8}$ und $6,8 \times 10^{-8}$ Curie pro Kilogramm schwanken. Die aus Kolchosen und privater Hand gelieferte Milch aus achtzig Dörfern enthält Radionuklidkonzentrationen, die bis zum Zwanzigfachen der erlaubten Werte (VDU-88) reichen. Tabelle 5 gibt diese Grenzwerte für die Jahre 1986 bis 1993 wieder, «für dienstlichen Gebrauch». Die Veränderungen der Werte seit 1986 deuten Verbesserungen der Lage an, obwohl weiterhin Abweichungen von den internationalen Richtlinien bestehen.

Tabelle 6 wurde von der sowjetischen Akademie der Medizinischen Wissenschaften am Institut für Biophysik in Moskau erarbeitet. Sie prognostiziert die

Tabelle 6: Gegenwärtig gemessene Cäsiumaktivität und Strahlenbelastungen in den Jahren 1986 bis 1990. Zu erwartende Strahlenbelastungen bis zum Jahr 2060 (in rem).

Dorf	Ein-wohner	Cäsium-aktivität			Dosis 1986–90	Dosis bis zum Jahr 2060		
		Mini-mum	Maxi-mum	Durch-schnitt		intern	extern	gesamt
Nosdrischtsche	485			34	11,78	12,16	34,78	58,7
Peremoga	65			45	13,79	14,24	22,74	50,77
Chriplja	58		88	32	9,61	9,92	55,78	75,31
Polesskoje	120			35	18,6	19,2	75,65	113,45
Rudnja Ososchnja	235	29	113	51	13,95	14,4	40,09	68,44
Slawinschtschina	185			4	10,85	11,2	33,64	55,69
Staroje Scharno	480			31	12,09	12,48	37,48	61,84
Schischalowka	124	26	100	52	16,06	16,58	48,9	81,54
Welikije Kleschtschi	550			30	9,27	9,57	29,01	47,85
Malyje Kleschtschi	425			34	13,64	14,08	41,82	69,54
Malyje Minki	179	75	84	80	20,15	20,8	60,89	101,84
Christinowka	368	9	118	25	9,61	9,92	30,01	49,54

zu erwartende Cäsiumbelastung der Bevölkerung von zwölf Dörfern aus einer strikten Kontrollzone des Bezirks Naroditschi. Die angegebenen Dosen basieren auf einer Cäsiumverseuchung und betragen 9 bis 20 rem für den Zeitraum von 1986 bis 1990 und 50 bis 110 rem für eine Lebenszeit von 74 Jahren. Die vorgesehenen «35 rem in siebzig Jahren» des Gesundheitsministeriums werden in allen Fällen deutlich überschritten.

Der Bezirk Naroditschi ist jedoch nicht einmal das am schlimmsten betroffene Gebiet der Ukraine. Mehrere andere Bezirke, vor allem Polesskoje, haben wesentlich höhere Strahlenwerte.

Ich erinnere mich an den Sommer 1986, als wir manchmal, mit dem Auto oder Hubschrauber von Tschernobyl kommend, die recht städtisch wirkende Ortschaft Polesskoje aufsuchten, in die einige Abteilungen der Verwaltung von Tschernobyl verlagert worden waren. Schon damals fanden wir es merkwürdig, daß sich die Einwohner, einschließlich der Kinder, auf den Straßen aufhalten durften. Polesskoje liegt etwa 50 Kilometer vom Kernkraftwerk entfernt. Ständig fuhren Lastwagenkolonnen mit den Hilfsgütern für Tschernobyl mitten durch die Ortschaft; die Fahrer trugen Gazemasken über Nase und Mund. Radioaktive Staubwolken stiegen hinter den LKWs auf. Währenddessen spielten die Kinder friedlich im Sand.

Als das vierte Jahr nach der Reaktorkatastrophe zu Ende ging, machten sich die Auswirkungen auf die Gesundheit der Bewohner von Polesskoje bemerkbar.

Einer der vielen Briefe, die der Tschernobyl-Bund von den Bewohnern von Polesskoje erhielt, soll deren Leiden schildern; 250 Bürger von Polesskoje unterschrieben ihn auch im Namen ihrer Familienangehörigen:

«Wir, die Einwohner von Polesskoje, leben seit vier Jahren in einer strikten Kontrollzone. Sie kennen wahrscheinlich die Bedingungen, unter denen unsere Kinder aufwachsen. Sie sind nicht einfach krank, sie werden wie kleine Kerzen vor unseren Augen geradezu ausgelöscht. Täglich klagen sie über Kopfschmerzen und Übelkeit. Sie müssen sich oft übergeben, oder sie haben Nasenbluten. Sie fühlen sich dauernd schwach, schlafen während des Unterrichts ein und werden oft ohnmächtig. Vier Jahre lang geht das nun schon so, und während dieser ganzen Zeit haben wir darauf gewartet, daß die Regierung unseres Landes sich uns und unserer Kinder erbarmt und uns aus dieser Gegend fortziehen läßt.»

Im August 1990 erhielten diese Menschen schließlich eine Antwort auf ihre Anfrage. Die Strahlenbelastung in der Siedlung, so wurde ihnen versichert, solle untersucht und das Ergebnis mit den Meßwerten des Staatlichen Meteorologischen Dienstes und des Instituts für Biophysik verglichen werden. Diese Antwort kam von der Abteilung für Strahlenüberwachung der damaligen Institution «Kombinat».

Die vorgeschlagene Studie hatte die Erhebung der notwendigen Daten zum Ziel: Auf dieser Grundlage wollte man dann eine genauere Schätzung der absorbierten Strahlendosen vornehmen, das Ausmaß der erforderlichen Dekontaminationsarbeiten festlegen sowie Strahlenschutzmaßnahmen planen und durchführen.

Die Experten fertigten einen dosimetrischen Bericht an und erstellten 620 Kartogramme von landwirtschaftlichen Betrieben, privatwirtschaftlich genutzten Parzellen und von Anlagen sowohl innerhalb wie auch außerhalb der stark radioaktiven «Flecken» (mit Strahlenpegeln von 40 Ci/km² und darüber). Mehr als sechshundert Proben (von Erdreich, Wasser, Luft, Pflanzen, landwirtschaftlichen Erzeugnissen) wurden dosimetrisch untersucht, die Ergebnisse analysiert. Die Proben stammen aus einem Gebiet mit einer durchschnittlichen Belastung von 15 Ci/km² und außerdem aus bestimmten benachbarten Gegenden. Die Ergebnisse zeigen, wie schwierig es ist, in diesem Gebiet die «Flecken» mit höherer Strahlung genau abzugrenzen. Eine Bodenbelastung durch Cäsium-Isotope bis zu 30 und 40 Ci/km² war jedoch nicht ungewöhnlich, und auf einer Reihe von Gebieten wurden diese Werte weit überschritten. Die südwestlichen Ränder der Ansiedlung waren am stärksten durch Cäsium-Isotope kontaminiert. An bestimmten Stellen erreichte die Cäsiumkonzentration 120 bis 300 Ci/km². Die Strontium-90-Belastung erfordert weitere Untersuchungen. Der durch radiochemische Analysen entdeckte Höchstwert von Strontium-90 betrug 5 Ci/km², das Doppelte des zulässigen Grenzwerts; er wurde in Bodenproben vom Gelände des Freizeitparks gefunden. In Proben von derselben Stelle erhielt man auch hohe Plutonium-Meßwerte. Die Plutoniumkonzentration lag bei 0,084 Ci/km², also sehr nahe am höchstzulässigen Wert für eine Plutonium-239-Belastung, der 0,1 Ci/km² beträgt.

Auf vielen Flächen in und um die Siedlungen überschreiten die Cäsiumkonzentrationen 67 Ci/km², und es wäre unrealistisch, keine erhöhten Strontium-90-Konzentrationen auf diesen Flächen zu erwarten. Folgende Werte für die Radionuklidkonzentrationen in der Luft wurden gefunden:

Cäsium-137	$120{,}0 \times 10^{-18}$ Curie/Liter;
Strontium-90	$29{,}0 \times 10^{-18}$ Curie/Liter;
alle Plutonium-Isotope	$1{,}6 \times 10^{-18}$ Curie/Liter.

Die bestürzenden vorläufigen Ergebnisse des dosimetrischen Meßtrupps der Forschungsgruppe «Pripjat» zeigen, daß weitere Untersuchungen dringend erforderlich sind.

Hinsichtlich der Strahlenbelastung ordnet das Gesundheitsministerium der UdSSR Polesskoje in Gruppe 2 (vgl. S. 254) ein, als eine der Ortschaften, in denen die Lebenszeitdosis von 35 rem wahrscheinlich nicht überschritten wird. Fachleute des Ministeriums erwägen, die katastrophenbedingten Einschränkungen in diesen Orten aufzuheben, sofern ein bestimmtes Bündel zentral gelenkter landwirtschaftlicher Verbesserungsmaßnahmen durchgeführt werden kann und das Vieh in privater Haltung unbelastetes Futter erhält.

Die Unsicherheit über den Grad der Gefahren, denen die Menschen unter solch schwierigen strahlenökologischen Bedingungen ausgesetzt sind, läßt Zweifel an der Zukunft der Siedlung aufkommen. Im Fall von Polesskoje besteht die Unsicherheit in zweifacher Hinsicht: Einmal waren die Bewohner der ersten «Salve» radioaktiver Strahlung ausgesetzt, die ihre Schilddrüsen belastete; zum anderen wurden die Auswirkungen der «chronischen», anhaltenden Einwirkung von radioaktiver Strahlung auf den ganzen Körper in den Jahren nach dem Unfall nicht berücksichtigt.

Es ist unbedingt notwendig, dafür zu sorgen, daß die riesigen Geldsummen für die Dekontaminierungsmaßnahmen, mit denen man versucht, die Strahlendosis unter der 35-rem-Grenze zu halten, tatsächlich dazu dienen, die Sicherheit der Menschen dieses Gebiets in absehbarer Zukunft zu erhöhen.

Doch gibt es keine handfesten Gründe für Zuversicht. In der vorliegenden Situation sollte man unbedingt eine Evakuierung in Betracht ziehen. Die Bewohner von Polesskoje leben nun schon seit mehr als sechs Jahren mit der Verstrahlung. Die Ergebnisse der geschilderten Untersuchung beweisen, wie unzuverlässig die Schlußfolgerungen sind, die die Fachleute aus dem Institut für Biophysik zogen, als sie die Bewohnbarkeit einer Reihe von strikten Kontrollzonen prüften. Diese Schlußfolgerungen sind ebenso fragwürdig wie die Konzeption der 35-rem-Lebenszeitdosis.

Am 12. Mai 1987 sandte A. Tkatschenko, der Erste stellvertretende Vorsitzende des Ministerrats der Ukraine, ein geheimes «Rundschreiben an alle Kolchosenleiter» und an alle Fachbereichsleiter im Staatlichen Landwirtschaftsamt. Das Dokument geht auf organisatorische Routineangelegenheiten ein und erklärt, daß sich die Strahlungssituation stabilisiert habe. Es enthält auch Richtlinien für den rationellen und sicheren Umgang mit radioaktiv belastetem Land. Hier sind die Anweisungen für Bodenflächen mit verschiedenen Radionuklidkonzentrationen:

Bis zu 15 Ci/km²

«... Die Arbeit sollte wie gewohnt weitergehen; mit *gezielter* Überwachung pflanzlicher und tierischer Erzeugnisse. Es wird empfohlen, Milchkühe nur dort weiden zu lassen, wo das Gras höher als 10 Zentimeter steht.»

15 bis 40 Ci/km²

«... Feldarbeiten wie Säen und Pflanzen dürfen erst nach Beendigung der verbindlichen Verbesserungsmaßnahmen aufgenommen werden, es sei denn, diese Maßnahmen wurden bereits im Herbst 1986 ausgeführt.

- Für private Rinderhaltung sollen Weiden ausgesucht werden, deren Kontamination 15 Ci/km² nicht überschreitet. Ist kein entsprechendes Land ausfindig zu machen, sollen Felder bereitgestellt werden, auf denen einjährige Gräser und Wintergetreide ausgesät werden, gefolgt von Sommergetreide; diese Felder sind als Weiden oder zur Futtergewinnung zu nutzen.

- Milchkühe dürfen nicht auf ursprünglich belassenem Weideland stehen. Diese Landflächen sollten der Mast oder der Kräftigung von Jungtieren dienen, aber auch für Arbeitstiere zur Verfügung stehen oder für Milchkühe verwendet werden, deren Milch zur Butterproduktion dient. Auf allen Sowchosen und Kolchosen soll weitgehend die Stallhaltung der Kühe eingerichtet werden, deren Milch direkt verwendet wird oder zur Herstellung von Sauermilchprodukten dient. Diese Kühe dürfen nur gefüttert werden mit eingesätem Gras und einjährigen Feldfrüchten, die von Böden stammen, deren Radionuklidkonzentration 30 Ci/km² nicht überschreitet. Sie können auch mit Mastfutter gefüttert werden.»

40 bis 100 Ci/km²

«Die Ausführung folgender obligatorischer Verbesserungsmaßnahmen ist für das Jahr 1987 vorzubereiten.

- ... Felder mit dieser radioaktiven Belastung sind zur Gewinnung von Futtergetreide und Getreide zu nutzen, das zur industriellen Weiterverarbeitung vorgesehen ist (Korn, Raps, Silagemais, Flachs, Hanf, Zuckerrüben usw.).

● ... Felder oder Privatland mit einer Strahlenbelastung von über $100\,Ci/km^2$ dürfen nicht landwirtschaftlich genutzt werden. Die sorgfältige Erfassung der Strahlenbelastung derartiger Flächen muß bis zum 1. Juli dieses Jahres [1987] abgeschlossen sein. Anschließend müssen sie auf der gesamten Fläche mit einem Tiefpflug umgebrochen werden. Es sind alle notwendigen Vorbereitungen zu treffen, um diese Flächen aus der landwirtschaftlichen Nutzung auszusondern und sie anschließend aufzuforsten.»

Ähnliche Vorschriften wurden auch an die Leiter der landwirtschaftlichen Betriebe in den strahlenverseuchten Gegenden von Weißrußland und an eine Reihe von Bezirksverwaltungen in der Russischen Föderation geschickt.

Während der vergangenen Jahre mußte ich viel in den verseuchten Gebieten der Ukraine und Weißrußlands umherreisen. Ich war tief betroffen vom Anblick der Traktoristen, die in ihren dicht geschlossenen Fahrerkabinen Atemschutzgeräte trugen. Zwischen 30 und 80 Prozent der auf diesen Flächen erzeugten Produkte wie Milch, Fleisch usw. genügen noch nicht einmal den Anforderungen, die in den Vorschriften über die zeitweilig zulässigen Grenzwerte für Cäsium-137 und Cäsium-134 in Lebensmitteln niedergelegt worden sind.

Zum erstenmal wurden die Werte der zeitweilig zulässigen Radionuklidkonzentrationen am 30. Mai 1986 veröffentlicht; im Dezember 1987 und Oktober 1988 wurden sie auf den jeweils neuesten Stand gebracht. Seither ist kein Versuch unternommen worden, strengere Kontrollen einzuführen. Eine Beobachtung möchte ich noch hinzufügen. Es gibt für lebende Organismen keinen unbedenklichen unteren Schwellenwert einer Radionuklidkonzentration. Selbst die natürliche Hintergrundstrahlung hat schädigende Auswirkungen auf die Lebensfähigkeit und die Erbanlagen von Menschen, Tieren und Pflanzen. Deshalb können wir nur sehr vage von «höchstzulässigen Werten» und «zeitweilig zulässigen Grenzwerten» sprechen.

Ein systematischer Überblick

1989 wurde ein systematischer Überblick von einer Arbeitsgruppe erstellt. Beteiligt waren drei ministerielle Forschungsinstitute (repräsentiert durch A. N. Nowaljajewa, N. K. Gasilinoj und O. S. Kirillowa). Die Arbeitsgruppe untersuchte das verfügbare Material über die Besonderheiten der Strahlenbelastung in den Siedlungen der Zonen strikter Kontrolle in den Gebieten Brjansk, Kiew, Shitomir, Gomel und Mogiljow sowie Daten, die in einer Untersuchung «typischer» Siedlungen erhoben worden waren. Ziel der Arbeitsgruppe war es, die Aussichten für eine Normalisierung der Strahlensituation zu bestimmen, für Bedingungen also, unter denen die Bevölkerung dieser Gebiete langfristig ein normales Leben führen kann.

Insgesamt wurden die Besonderheiten der Strahlenbelastung von 686 Siedlungen analysiert: 222 in Rußland, 41 in der Ukraine und 423 in Weißrußland.

Es wurde festgestellt, daß in 437 Siedlungen die zu erwartende Gesamtdosis von inkorporierter und externer Strahlenbelastung in siebzig Jahren 35 rem nicht übersteigen wird; in diesen Siedlungen wäre das Leben also nach den Richtlinien ohne Einschränkungen und Vorsichtsmaßnahmen möglich. In den übrigen Siedlungen würde die Normalisierung der Strahlenbelastung eine Dekontamination der Böden (mit Erdarbeiten größeren Umfangs usw.) in Verbindung mit speziellen landwirtschaftlichen Verbesserungsmaßnahmen erfordern. Die Vorschläge zur Reduzierung der Strahlenbelastung beruhten auf folgenden Annahmen:

• Durch wirkungsvolle Dekontaminierungsmaßnahmen mit Maschineneinsatz kann die Dosis äußerer Strahlung um den Faktor 1,5 gesenkt werden (das entspricht einer Verringerung um 30 Prozent).

• Veränderungen der landwirtschaftlichen Methoden können eine Halbierung der inkorporierten Strahlenbelastung sicherstellen (zu den Vorschlägen gehört die jährliche Verwendung größerer Mengen von Mineraldünger auf den privaten Äckern sowie die Kultivierung der natürlichen Wiesen und Weiden für die Milcherzeugung im privatwirtschaftlichen Bereich).

• Tiefgreifende landwirtschaftliche Verbesserungsmaßnahmen gewährleisten eine Verringerung der inkorporierten Strahlenbelastung um den Faktor 4. (Zu den Vorschlägen gehört die jährliche Verwendung größerer Mengen von Mineraldünger auf den privat genutzten Äckern. Außerdem sollen dort, wo die Radionuklidkonzentration von Cäsium-137 bis zu $40\,\mathrm{Ci/km^2}$ beträgt, künstlich Wiesen und Weiden für die private Milchproduktion der Bevölkerung angelegt werden.)

Den zu erwartenden Erfolg der vorgeschlagenen Maßnahmen vor Augen, wurde die Bevölkerung in vier Gefahrengruppen eingeteilt:

Gruppe 1: Siedlungen, in denen eine Normalisierung der radioaktiven Belastung schon dadurch erreicht werden kann, daß die inkorporierte Dosis durch landwirtschaftliche Verbesserungsmaßnahmen gesenkt wird. Die Maßnahmen sollten die Cäsium-137-Belastung der Milch halbieren. Zu dieser Gruppe gehören 120 Ortschaften.

Gruppe 2: Siedlungen, in denen eine Normalisierung der radioaktiven Belastung nur durch integrierte Maßnahmenbündel erreicht werden kann. Durch landwirtschaftliche Verbesserungsmaßnahmen soll zum einen die Cäsium-137-Belastung der Milch bis um den Faktor 2 gesenkt werden; zum anderen sind größere Erdarbeiten zur Dekontamination des Bodens erforderlich. Zu dieser Gruppe gehören 31 Ortschaften.

Gruppe 3: Siedlungen, in denen eine Normalisierung der radioaktiven Belastung den Einsatz weitgehender landwirtschaftlicher Verbesserungsmaßnahmen erfordert, damit die Cäsium-137-Konzentration in der Milch bis um das Vierfache gesenkt werden kann. Zugleich muß eine umfassende Dekontamination des jeweiligen Gebiets mit hohem technischem Aufwand durchgeführt werden. Diese Gruppe umfaßt 62 Ortschaften.

Gruppe 4: Ortschaften, in denen selbst durchgreifende landwirtschaftliche Verbesserungsmaßnahmen in Verbindung mit maschineller Dekontamination die Strahlenbelastung nicht in Übereinstimmung mit den festgelegten Grenzwerten bringen können. Diese Gruppe umfaßt 35 Ortschaften.

Die Arbeitsgruppe kam zu folgendem Schluß:

«Angesichts der genannten Befunde ist es notwendig, in erster Linie solche Maßnahmen umzusetzen, die bei den Siedlungsgruppen 1, 2 und 3 zu einer Normalisierung der Strahlungscharakteristik führen. Hinsichtlich der Siedlungen der Gruppe 4 sind besondere Entscheidungen erforderlich, die die näheren Umstände jeder einzelnen Ortschaft berücksichtigen. Folglich müssen als erstes im Jahr 1989 die Maßnahmen ergriffen werden, die zu einer Normalisierung der Strahlenbelastung in diesen 213 Siedlungen führen. Diese Maßnahmen umfassen die notwendige maschinelle Dekontamination [Bodenabtragung] von 93 Siedlungsgebieten.»

Abb. 42: Schwere Maschinen im Einsatz: weitflächige Abtragungen des kontaminierten Bodens.

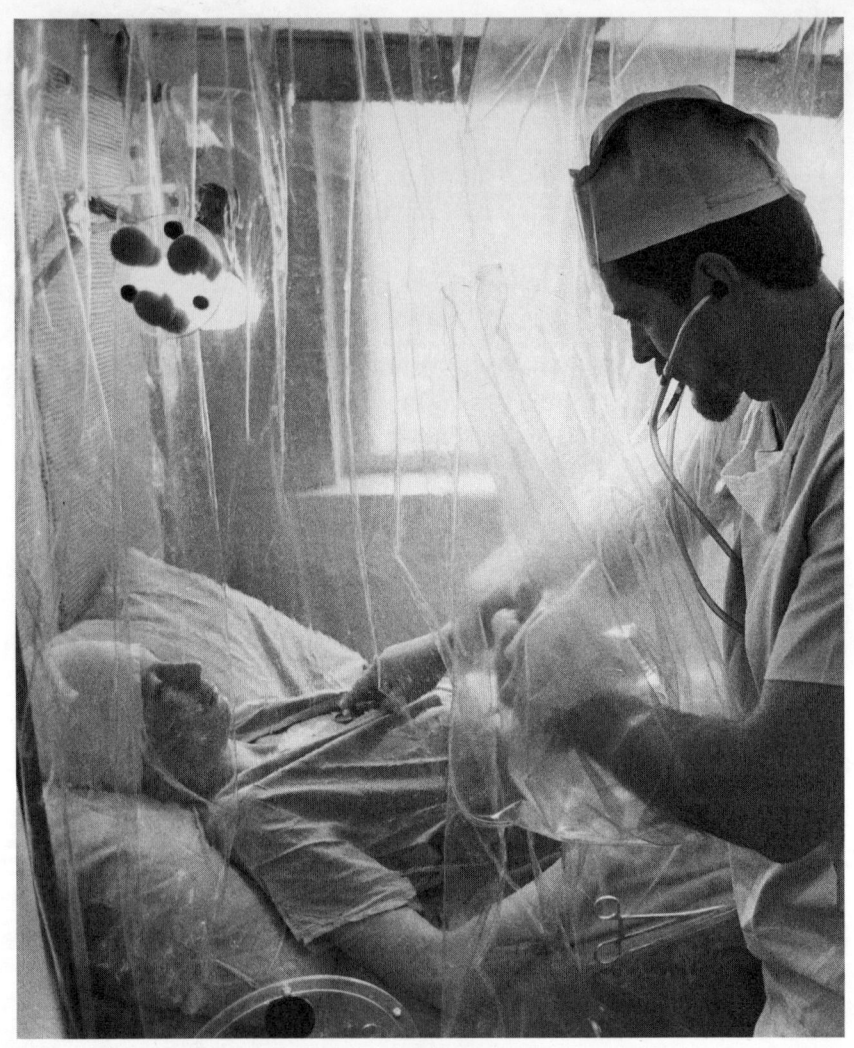

Abb. 43: Strahlenopfer in der Moskauer Klinik 6 (Foto vom Mai 1986).

«Werde ich am Leben bleiben, Doktor?»

Eines müssen wir ganz klar sagen: Unsere gegenwärtige Zuversicht, daß der Unfall von Tschernobyl die Gesundheit der Bevölkerung nicht geschädigt hat, haben wir zum großen Teil dem Einsatz der Ärzte zu verdanken... Das gemeinsame Vorgehen unseres ganzen Volkes hat dazu beigetragen, die Bevölkerung der Sowjetunion vor den möglichen schwerwiegenden gesundheitlichen Folgen der Radioaktivität zu schützen. Sorgfältigste medizinische Forschung konnte keine durch die Strahlungseinwirkung hervorgerufenen Abweichungen von den gesundheitlichen Durchschnittswerten aufdecken. Die Gesundheitsdienste und die wissenschaftlichen Spezialabteilungen setzen die medizinische Kontrolle der Bevölkerung in den kontaminierten Gebieten fort.

J. I. Tschasow
Gesundheitsminister der UdSSR
Nobelpreisträger und Akademiemitglied
Die Gesundheit (Kiew 1988)

Allmählich gibt es objektive Anzeichen für die Auswirkungen, die das Leben in einem radioaktiv belasteten Gebiet und das Essen «verschmutzter» Nahrung haben. Die Menschen fühlen sich nicht nur mehr oder weniger unwohl, sondern sie beginnen immer häufiger ernsthaft zu erkranken. Die Folgen eines Lebens in strahlenverseuchten Gegenden werden besonders deutlich bei Kindern sichtbar. Chronische Nasen- und Halserkrankungen sowie Krankheiten des Magen-Darm-Trakts, der Leber und der Milz sind dramatisch angestiegen. Kataraktbildungen nehmen deutlich zu, Geburtsfehler treten häufiger auf, und Schilddrüsenvergrößerungen bei Kindern sind nicht ungewöhnlich. Bei den Erwachsenen treten vermehrt Herz-Kreislauf-Beschwerden auf sowie Schwellungen und Erkrankungen der Blutgefäße im Gehirn und Magen-Darm-Bereich (Magenschleimhautentzündung, chronische Gallenblasenentzündung, Kolitis).

In seinem offenen Brief an den Generalstaatsanwalt (vgl. S. 53 ff) beschreibt Wassilij Jakowenko den wirklichen Gesundheitszustand der Bevölkerung in den betroffenen weißrussischen Gebieten aus seiner Sicht. Ich will nicht die Einzelheiten wiederholen, doch mag der Leser sich an dieser Stelle noch einmal die persönlichen Schilderungen und die gesicherten statistischen Daten vergegenwärtigen, die dort vorgelegt wurden. Jakowenko weist darauf hin, daß im Bezirk Chojniki 1988 drei Fälle auftraten, in denen Frauen erschreckend mißgebildete Kinder zur Welt brachten; im ersten Halbjahr 1989 wurden bereits dreizehn derartige Fälle gezählt. Eines dieser Babies hatte Nierenkrebs. Die Zahl der Mißbildungen auf tausend Geburten liegt drei- bis viermal höher als 1985, und zugleich ist die Kindersterblichkeit angestiegen.

Ein anderer Teil von Kapitel 1, der in diesem Zusammenhang interessant und wichtig erscheint, ist der Abschnitt «Weißrußland» (S. 39 ff). Er enthält auszugsweise die Ergebnisse von Untersuchungen, die die Weißrussische Akademie der Wissenschaften durchgeführt hat, eine engagierte und angesehene Organisation. Sie hat eindeutige Belege für die Verschlechterung des Gesundheitszustandes in den radioaktiv belasteten Gebieten vorgelegt.

Wenn jemand den Reden der Vertreter der Gesundheitsministerien lauscht oder wenn er liest, was sie in der Presse veröffentlicht haben, dann könnte er ohne weiteres den Eindruck gewinnen, daß die radioaktive Strahlung Wunder vollbracht hat an der Gesundheit der Menschen, die seit Jahren in den kontaminierten Gebieten leben. Die von den Würdenträgern in ihren Reden bemühten Gesundheitsstatistiken stehen beinahe immer im Widerspruch zu den Tatsachen, von denen die Ärzte berichten, die Tag für Tag mit den Patienten in diesen Bezirken konfrontiert sind. Häufig hat man den Verdacht, daß die Reden nicht in den Gesundheitsministerien geschrieben wurden, sondern von anderen staatlichen Stellen, die nicht einmal entfernt mit Fragen des Gesundheitswesens zu tun haben.

Ärzte berichten

Es gibt Staaten, in denen man an jedem beliebigen Tag in einer Bibliothek die Gesundheitsstatistik eines bestimmten Gebietes oder des gesamten Landes nachschlagen kann und die aktuellen Informationen bis zum gerade vergangenen Jahr vorfindet. Es gibt andere Staaten, in denen solche Daten nicht nur vertraulich behandelt, sondern sogar als geheim eingestuft werden. Nach den Erfahrungen vieler Menschen gehörte die Sowjetunion nicht in die zuerst genannte Gruppe. Dies erklärt auch, warum es nach der Katastrophe von Tschernobyl so schwierig ist, zuverlässige statistische Daten über den Gesundheitszustand der Bevölkerung zu erhalten.

In diesem Kapitel möchte ich einigen medizinischen Fachleuten aus Weißrußland und der Ukraine die Gelegenheit geben, über ihre eigenen Erfahrungen zu berichten.

Weißrußland

Tamara Bjelookaja, Leiterin einer Strahlenklinik in Minsk und Mitbegründerin der Organisation «Kinder von Tschernobyl», hat sich stets sehr dafür eingesetzt, das öffentliche Bewußtsein über die alarmierenden Gesundheitsprobleme zu schärfen, die nun in ganz Weißrußland um sich greifen.[1]

Spätestens heute ist jedem klar, daß praktisch die gesamte Bevölkerung der Republik durch die aufgenommene Nahrung von innerer Verstrahlung betroffen ist. Ilin soll 1986 gesagt haben, daß 30 Prozent der Bevölkerung Weißrußlands einer radioaktiven Strahlenbelastung ausgesetzt waren; jetzt sind es praktisch 100 Prozent. Man braucht sich nur die Autopsiebefunde unserer weißrussischen Wissenschaftler anzusehen. Sie haben nachgewiesen, daß sogar bei den Bürgern des Gebiets Witebsk, das angeblich vollkommen unbelastet sein soll, Strontium und Plutonium in den Körper gelangt ist. Die Radionuklide können nur durch die Nahrung aufgenommen worden sein. Seit über vier Jahren sind die Bestimmungen der «zeitweilig zulässigen Höchstwerte» in der Republik bereits in Kraft. Diese Bestimmungen regeln die zulässigen Radionuklidbelastungen in der Nahrung usw. Zum letztenmal wurden diese Vorschriften im Dezember 1987 überprüft. Das hätte im April 1990 noch einmal geschehen sollen. Weil die Wissenschaftler sich aber nicht darüber einigen konnten, wieviel Strontium in der Nahrung hingenommen werden kann, sind die Bestimmungen niemals verschärft worden. Wie lange können diese zeitweiligen Bestimmungen noch in Kraft bleiben? Fünf Jahre sind seit der Katastrophe bereits vergangen, und noch immer trinken unsere Kinder Milch, die zwar den Bestimmungen entspricht (Tabelle 5, S. 248), die von A. J. Kondrusew, dem Chefarzt des Staatlichen Gesundheitsdienstes, gebilligt wurden; doch ist diese Milch um vier Größenordnungen (oder zehntausendmal) stärker radioaktiv belastet als diejenige, die wir 1985 getrunken haben. Auch unser Wurzelgemüse ist seither tausendmal stärker belastet und so fort. Vergleicht man die durchschnittliche radioaktive Belastung durch die tägliche Nahrungsaufnahme mit der von 1985, dann erkennt man, daß sowohl Erwachsene als auch Kinder heute drei- bis vierhundertmal so viele Radionuklide aufnehmen wie vor der Katastrophe von Tschernobyl. Weil wir so wenige Strahlenmeßgeräte in der Republik haben, kommt sogar noch stärker verseuchte Nahrung auf den Tisch. Daher nimmt die von der Bevölkerung aufgenommene Gesamtdosis weiter zu, und gleichzeitig wächst die Gefahr stochastischer Effekte. Für die kommenden Generationen können wir sicher voraussagen, daß die Wahrscheinlichkeit von genetischen Schäden mit steiler Progression zunehmen wird. Wir stehen jetzt vor einem Berg medizinischer Probleme.

Als erstes stellt sich die Frage nach den Wirkungen niedriger Strahlenbelastung auf den menschlichen Körper, ein noch nicht ganz verstandenes Problem. Zweitens geht es um die Wechselwirkungen zwischen der radioaktiven Strahlung und den Schwermetallen, die über weiten Gebieten unseres Landes niedergingen, als ganz unterschiedliches Material, vor allem aber Blei, das in den brennenden Reaktor geworfen wurde. Das Ergebnis davon ist, daß wir jetzt gegen eine bleibedingte Blutarmut in den Bezirken Krasnopol und Slawgorod (Gebiet Mogiljow) ankämpfen. Im Gebiet Gomel stehen die Dinge auch nicht besser. Mehrere Bezirke des Gebiets Brest und auch der Bezirk Chojniki im Gebiet Gomel wurden durch den Niederschlag von Bor, das Haarausfall hervorruft, und Blei, das Bluthochdruck zur Folge haben kann, in Mitleidenschaft gezogen.

Im Gebiet Gomel verzeichnete man einen Anstieg der Tuberkulosefälle um 14,5 Prozent. Die Fachleute glauben, daß dies durch «heiße» Teilchen verursacht wird. Erfahrungen aus anderen Teilen der Welt legen die Vermutung nahe, daß strahlenbedingte Erkrankungen zehn bis fünfzehn Jahre nach einem starken Fallout auftreten. Wir können bereits jetzt zahlreiche Erkrankungen dieser Art feststellen. Krankhafte Veränderungen der innersekretorischen Drüsen sind die ersten Symptome. Das hängt wahrscheinlich damit zusammen, daß der Hauptanteil des radioaktiven Jods auf die Gegend um Polesskoje niederging, wo Kropfbildungen schon vor der Katastrophe gehäuft auftraten.

Weil man zwei oder drei Jahre vor der Reaktorkatastrophe die Jodbehandlung in diesen Gebieten durch eine erfolgreichere Kropftherapie ersetzt hatte, waren die Schilddrüsen der Leute dort sozusagen schutzlos dem «Angriff» von radioaktivem Jod ausgesetzt. In den Jahren 1986 und 1987 waren die Schilddrüsenkontrollen, gelinde gesagt, amateurhaft; daher ist es schwierig nachzuweisen,

Abb. 44: Karte von Weißrußland und der Ukraine mit einem Teil Rußlands.

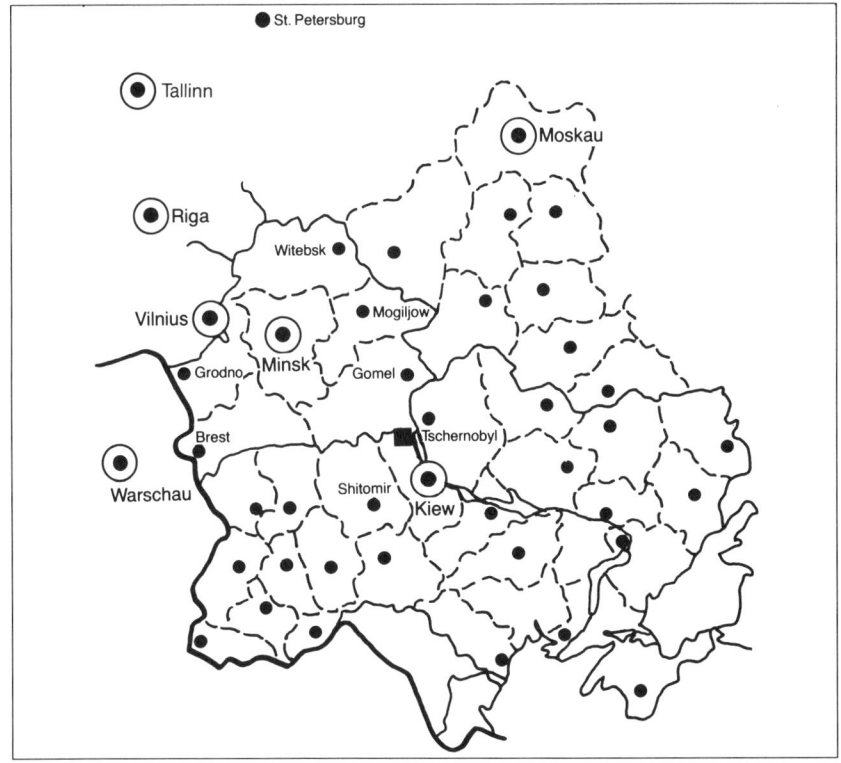

welche Strahlenbelastung die Leute in den ersten Tagen nach dem Reaktorunfall tatsächlich durch das radioaktive Jod erhielten.

Schon bei dem Versuch, die akkumulierte Dosis herauszufinden, läßt sich errechnen, daß ungefähr 20 Prozent der Kinder aus den südlichen Bezirken Weißrußlands mehr als 1000 rad in der Schilddrüse absorbiert haben. Zahlreichen ausländischen Forschern zufolge können schon 100 rad Schilddrüsenkrebs hervorrufen. Eine Dosis von 200 rad oder 2 Gray (Gy) ist der allgemein anerkannte Schwellenwert, oberhalb dessen akute Schilddrüsenschädigungen wahrscheinlich sind.

Besonders in den Gebieten Gomel und Mogiljow gab es einen Anstieg der Kropfbildungen. 1985 kamen im Gebiet Gomel 22,7 Fälle auf hunderttausend Einwohner; heute (im Mai 1990) sind es 51,9 Fälle. 1985 wurden im Gebiet Mogiljow 21,9 Fälle, 1989 bereits 43,5 Fälle pro hunderttausend registriert.

Toxikosen traten im Gebiet Gomel 2,5mal häufiger auf; die Zahl der Fälle ist von 9,2 auf heute 23,9 pro hunderttausend Menschen angestiegen. Der entsprechende Faktor im Gebiet Mogiljow erhöhte sich von 1,6 auf 3,3.

Schilddrüsen-Hyperplasien (Schwellungen) ersten und zweiten Grades bei Kindern nehmen zu. Ende 1989 gab es einige Gegenden, in denen 50 bis 71 Prozent der Kinder betroffen waren. Bei einer genauen Untersuchung dieser Kinder, die unsere Klinik durchführte, zeigte sich, daß mehr als die Hälfte von ihnen unter Störungen des Hormonhaushalts leidet. Es treten häufig auch Autoimmunschwächen auf, die man auch als Strahlenthyreose bezeichnet.

In der Klinik des Instituts für Strahlenmedizin, in der ich arbeite, haben wir in naher Zukunft einige neue Fälle von Schilddrüsenkrebs zu erwarten. 1989 traten acht solcher Fälle auf, und bereits in den ersten vier Monaten dieses Jahres (1990) waren es ebenfalls acht Fälle.

Hypothyreose, also eine Unterfunktion der Schilddrüse, verursacht Veränderungen im hormonellen Gleichgewicht des Körpers und kann Folge einer schweren Verstrahlung der Schilddrüse sein. Bei radioaktiven Organbelastungen bis zu 1000 rad werden die Schilddrüsenzellen zerstört, irgendwelche vorhandenen Krebszellen ebenso. Die Unterfunktion der Schilddrüse ist besonders für Kinder gefährlich, weil irreversible Folgeschäden und Entwicklungsstörungen eintreten.

Anämien traten bei Kindern seit 1986 anderthalb- bis dreimal häufiger auf. Im Bezirk Tscherikow litten 1986 13,7 Prozent der Kinder an Anämie; diese Zahl erhöhte sich 1989 auf 38,7 Prozent.

Die Zahl dere Lymphdrüsenentzündungen im Halsbereich steigt rapide an: bis zu 70 Prozent in den Gebieten Mogiljow und Gomel und bis zu 20,3 Prozent im Gebiet Witebsk. Tumore treten ebenfalls vermehrt auf. Die Zahl der Fälle in ganz Weißrußland ist von 1986 bis Anfang 1990 von 230 auf 250 Erkrankungen pro hunderttausend Einwohner angestiegen. In einigen Bezirken, zum Beispiel in Krasnopolje, erhöhte sich die Zahl der Tumorfälle um 41 Prozent. Im Bezirk Wetka stieg sie um 40 Prozent und im Bezirk Slawgorod um 31 Prozent.

Ein anderes Problem ist die Zunahme von angeborenen Defektbildungen in Weißrußland. 1986 kamen auf tausend Geburten 5,65 Fälle; 1989 lag die Zahl bei 6,89 Fällen (Anstieg um 22 Prozent) in den strikten Kontrollzonen. Die Zahl der Fälle im Gebiet Gomel belief sich 1986 noch auf 5,64 Defektbildungen je tausend Geburten. 1989 war sie (um 63 Prozent) auf 9,2 Fälle angestiegen.

Die Kindersterblichkeit nimmt in bestimmten Bezirken zu. In Chojniki zum Beispiel stieg sie von 8,8 im Jahr 1986 um rund 64 Prozent auf 14,5 pro tausend Geburten im Jahr 1989 an. Wir beobachten eine wachsende Zahl von allgemein schwächlichen (asthenischen) Kindern und alle Arten von neurotischen Störungen. Studien zeigen, daß derartige Störungen drei- bis viermal häufiger bei den

Kindern in strikten Kontrollzonen auftreten als bei Kindern aus vergleichsweise unbelasteten Gebieten. Die Gesundheit der Erwachsenen ist ebenfalls in Mitleidenschaft gezogen. Anomalien der Hirnblutgefäße nehmen zu, ebenso Magen- und Darmstörungen wie Magenschleimhautentzündung, chronische Gallenblasenentzündung und Kolitis. Der gesamte Verdauungstrakt ist geschädigt.

Eine weitere Erkrankung, deren Auftreten wir vermehrt beobachten, ist die Virushepatitis. Dies ist ein Anzeichen für die verringerte körpereigene Abwehr des Organismus insgesamt und besonders im Verdauungstrakt.

Es treten verstärkt Fälle von Herz-Kreislauf-Erkrankungen und Erkrankungen des Nervensystems bei Erwachsenen in den kontaminierten Regionen auf.

Im Jahr 1990 wurde eine Arbeitsgruppe von unserem Institut in das Dorf Strelitschewskij gesandt (Bezirk Chojniki, Gebiet Gomel). Sie untersuchte die Einwohner und fand heraus, daß jeder vierte von ihnen an «vasomotorischer Dystonie» leidet. Bei diesen Patienten handelte es sich um ziemlich junge Leute. Die Arbeitsgruppe stellte bei 12,5 Prozent der Untersuchten eine Zunahme von Bluthochdruck fest, der bei vielen chronisch wurde und zu Schlaganfällen führte. Auch bei den diagnostizierten ischämischen Herzkrankheiten (Durchblutungsstörungen der Herzkranzgefäße, *A. d. Ü.*) handelte es sich durchweg um schwere Fälle. Der psychische, soziale und morali-sche Druck, dem die Menschen in den strahlenverseuchten Landstrichen ausgesetzt sind, erzeugt eine derartige Instabilität, daß Nervensystem und Herz nicht damit fertig werden können.

Die Ukraine

Die Situation in der Ukraine ist nicht besser. Leonid Ischtschenko, Oberarzt am Bezirkskrankenhaus von Naroditschi im Gebiet Shitomir, erörtert die dortige Lage:

Nun sind bereits mehr als drei Jahre seit dem Unfall vergangen, doch bisher ist man sich nicht einig über den Gesundheitszustand der Bevölkerung im Bezirk. Hunderte von Ärzten waren seit 1986 hier in verschiedenen Kommissionen tätig. Einige untersuchten die Leute, andere überprüften die Ergebnisse früherer Kommissionen. Ein riesiges Arbeitspensum wurde bewältigt, und es ist jetzt durchaus möglich, bestimmte Schlußfolgerungen zu ziehen.

Zunächst muß man einräumen, daß wir für diesen Katastrophenfall keinen geeigneten Einsatzplan hatten. Es gab keine Organisation, die in der Lage war, aus dem Stand ihre Tätigkeit aufzunehmen. Selbst die nackte Tatsache, daß die Katastrophe sich ereignet hatte, wurde mehrere Tage lang vertuscht, ihre möglichen Fol-gen wurden nicht aufgedeckt. In den ersten Stunden hätten wir eine Notfall-Jodbehandlung durchführen müssen – doch in unserem Bezirk erhielten wir die Jodpräparate erst am 22. Mai (Anlieferungsnummer 32 611 und 38 220).

Als nächstes stellt sich die Frage nach der Art der statistischen Erhebungen. Warum werden die neuesten Berichte überprüft und gegengeprüft, während wir sie 1988 ohne Rückfragen akzeptierten? Weil wir die Dinge so sehen wollen, wie sie wirklich sind. Doch selbst jetzt ist es nicht möglich, sich ein völlig klares Bild zu verschaffen. Als die Kinder 1986 von Ärzten untersucht wurden, stellte man neun Fälle von Störungen des Lymphsystems fest. 1987 wurde dasselbe Ärzteteam wieder eingesetzt und entdeckte 221 Fälle. 1988 und 1989 dagegen keinen einzigen. Wer kann das glauben? Außerdem wäre es zweifellos vorteilhaft gewesen, schon in den ersten Monaten nach dem Unfall oder zumindest gegen Ende 1986 Spezialisten für Strahlenmedizin zur Schulung der Ärzte unseres Bezirks zu gewinnen. Alternativ dazu hätte man am Zentralen Bezirkskrankenhaus in Zusammenarbeit mit Fachleuten (Ärzten und Physikern) aus staatlichen Einrichtungen eine besondere Arbeitsgruppe gründen können. Bei einem derartigen Vorgehen hätten sich viele der Schwierigkeiten von selbst erledigt. Doch die Wirklichkeit sah anders aus.

Zahlreiche Wissenschaftler, Professoren, Parteifunktionäre usw. kamen zu Kurzbesuchen, um mit guten Ratschlägen zu helfen. Sie selbst aßen mitgebrachte Nahrungsmittel und wuschen sich die Hände mit Mineralwasser aus unbelasteten Gegenden; ohne ihre Fahrzeuge zu verlassen, maßen sie die radioaktive Hintergrundstrahlung, gaben Ratschläge von eher anekdotischem denn realistischem Charakter und fuhren danach fort. Bis zum heutigen Tag laufen die Soldaten hier im Bezirk mit Atemschutzmasken herum und sagen, daß sie dies auf Befehl tun. Doch wenn die Menschen Erklärungen und Hilfe brauchten, kamen sie zu uns, und das ist auch so geblieben. In normalen Zeiten hätten unsere Empfehlungen andere Reaktionen hervorgerufen: Skepsis anstatt Vertrauen.

In der Presse und in den öffentlichen Ansprachen hört man häufig, daß die Leiden zunehmen werden oder bereits zugenommen haben. Diese Leiden sind unterschiedlicher Art: genetische Schäden, Immunschwächen, Krebs, hämatologische Störungen usw. Zu diesem Punkt ist folgendes zu berichten:

1. Anstieg der Krebserkrankungen (Jahr – Anzahl der Fälle):
   1981 – 67
   1982 – 62
   1983 – 69
   1984 – 57
   1985 – 64
   1986 – 73
   1987 – 81
   1988 – 74
   1989 – 79 in den ersten neun Monaten.

2. Bei einer ständig zurückgehenden Bevölkerungszahl haben sich bei 159 von tausend Kindern in den «sauberen» Dörfern Hyperplasien der Schilddrüse gebildet. In den strikten Kontrollzonen liegt diese Zahl bei 251 von tausend Kindern (nach Daten des Spezialistenteams, das uns besuchte).

3. Im Jahr 1989 stieg die Zahl der anämischen Erkrankungen bei Kindern um den Faktor 4 im Verhältnis zu den Jahren zuvor. Viele

dieser Fälle wurden nur zufällig bei anderen Untersuchungen entdeckt.

4. Die Zahl von Patienten mit Angina, die im Krankenhaus behandelt werden müssen, wächst von Jahr zu Jahr:
1985 – 84
1986 – 106
1987 – 101
1988 – 120
1989 – 76 in den ersten sieben Monaten.

5. Die psychische Gesundheit der Menschen verschlechtert sich zusehends. Psychogener Streß könnte neben anderen Faktoren eine Ursache dafür sein.

6. Es gibt eine spürbare Zunahme von Fällen vasomotorischer Dystonie und Herzrhythmusstörungen (sowie von Nervosität, Kopfschmerzen und Mattheit), besonders bei Kindern und jungen Leuten. Andere Erkrankungen, zum Beispiel grauer Star, nehmen ebenfalls zu. Jedenfalls sind weitere Forschungen in dieser Gegend dringend notwendig. Auch muß am Verständnis von Auswirkungen langfristiger innerer Strahlenbelastung gearbeitet werden. Das wird allein schon dadurch deutlich, daß verschiedene Fachleute noch immer abweichende Höchstwerte und Vorsichtsmaßnahmen empfehlen. Sie geben auch unterschiedliche Prognosen ab.

Wir verstehen, daß die angesprochenen Themen äußerst vielschichtig sind, und wir wissen, daß verallgemeinernde Schlußfolgerungen nicht aus schmalen statistischen Stichproben gezogen werden können. Außerdem lassen sich die Wirkungen einer langfristigen Vergiftung durch Radionuklide kaum jemals genau identifizieren. Wir wissen aber auch, daß es für uns Ärzte um so schwieriger wird, Hilfe zu leisten, je später die unfallbedingten Folgen für die Gesundheit der Menschen offensichtlich werden (wenn sie dies überhaupt je tun). Das gilt vor allem für alle genetischen Effekte.

Meiner Meinung nach ist die forcierte Umsetzung bestimmter Vorschläge wichtig:

1. Wir sollten endlich ein Büro oder eine Leitungsstelle im Zentralen Bezirkskrankenhaus einrichten, die durchgehend mit Fachleuten des Strahlenforschungszentrums besetzt ist. Diese Fachleute sollten sich verantwortlich um alles kümmern, was mit den gesundheitlichen Folgen durch die angestiegene Strahlungsexposition zu tun hat. Sie sollten daher keinen Anlaß haben, unsere Unvoreingenommenheit in Frage zu stellen oder uns der Verfälschung von Befunden zu beschuldigen. Diese Dienststelle sollte das Koordinationszentrum für Fragen zur

radioaktiven Strahlenbelastung werden.

2. Sobald wie möglich sollten wir die Strahlenbelastung jedes einzelnen Menschen abklären und eine spezielle Beratung anbieten. Die schwammige Formulierung «Durchschnittsdosis» ist unbefriedigend, wenn sie auf bewohnte Gebiete angewandt wird.

3. Wir sollten den Zusammenhang zwischen der Erkrankung eines Menschen, Krebs eingeschlossen, und der von ihm absorbierten Gesamtdosis erforschen.

4. Die Weitergabe von Informationen sollte keinen Beschränkungen mehr unterliegen. Solche Beschränkungen führen nur zu Gerüchten, und Gerüchte drükken die Moral. Wir sind bereit und willens, der Presse Informationen bezüglich der öffentlichen Gesundheit zugänglich zu machen. Der Ernst der Lage sollte anerkannt werden.

5. Die Menschen sollten ihren Wohnort frei wählen dürfen.

6. Kartogramme sollten hergestellt werden und frei erhältlich sein, die mit größtmöglicher Genauigkeit die radioaktiv belasteten Flächen im Bezirk zeigen.

7. Wir müssen aufhören, nur über unbelastete Nahrungsmittel zu *reden*, und statt dessen damit beginnen, in unserer Region unbelastete Nahrungsmittel in hinreichender Menge anzubieten. Niemals gab es bisher genug Obst und Gemüse, und auch jetzt sind die Geschäfte und Krankenhäuser unterversorgt.

8. Es ist auch an der Zeit, daß etwas gegen die viel zu kurzen Erholungszeiten für Kinder und Erwachsene unternommen wird. Wir müssen den heutigen lächerlichen Urlaub von zwei Wochen im Jahr verlängern. Die Rinder wurden evakuiert, die Kälber werden drei Monate vor der Schlachtung auf unbelastetes Futter umgestellt, aber die Menschen müssen sich mit zwei, drei Wochen Urlaub zufriedengeben.

9. Das Problem unzulänglicher Ausstattung mit medizinischem Personal begleitet uns seit drei Jahren und ist noch ungelöst.

Abb. 45: Der Autor beim Messen der Strahlung, die von einem achtbeinigen Fohlen ausgeht (Foto vom Mai 1989, Kolchose in der Nähe von Naroditschi, Ukraine).

Mutanten –
was kommt danach?

Alle Schäden, die
jene sich zufügen,
die sich bekriegen
und die sich hassen,
sind gering
gegenüber dem Schaden,
den ein unkundiger Gedanke anrichtet.

Dhammapada
Kapitel über das Denken
5. Jahrhundert v. Chr.

Die Zunahme von angeborenen Defekt- und Mißbildungen bei Tieren versetzte die Bewohner der betroffenen Gebiete Weißrußlands und der
Ukraine in Panik. Ich werde die Beklemmung nie vergessen, die ich angesichts eines achtbeinigen Fohlens empfand, das wir im Mai 1989 in der
Nähe von Naroditschi im Gebiet Shitomir filmten.
Die häufigsten Defektbildungen bei Tieren sind das Fehlen von einer oder
mehreren Extremitäten, Schädel- oder Rückgratmißbildungen, das Fehlen von Augen, übermäßiges Wachstum der Augenlider, das Fehlen des
Haarkleids, freiliegende innere Organe oder das Fehlen des Darmaus-
gangs.
Die Besuche verschiedener Kommissionen haben bisher noch nicht zu
endgültigen Schlüssen oder Bewertungen dieser Mißbildungen bei Tieren
geführt. Es bleibt die Frage: «Was wird morgen geschehen?»

Auswirkungen auf die Pflanzen

Entscheidend bei der Betrachtung der Pflanzen- und Tierwelt ist nicht allein der Grad der Kontamination eines Gebiets durch verschiedene Radionuklide, sondern auch deren Eigenschaften und Mobilität in unterschiedlichen Böden. Der weißrussischen Agrarbehörde zufolge ist der Anteil austauschfähiger Radionuklide auf Ackerland besonders hoch.

Das Radiobiologische Institut der Weißrussischen Akademie der Wissenschaften hat einige aufschlußreiche Daten über die Radionuklidverteilung im Boden gewonnen. Die Informationen stammen aus einer Untersuchung über die Radionuklidverteilung in Abhängigkeit von den Strukturkomponenten des Bodens (Wurzeln, das Erdreich in Wurzelnähe einschließlich der Reste feinerer Wurzelfasern, wurzelfreie Erde).

In den sumpfigen Teilen niedriggelegener Überflutungsgebiete wurden 25 Prozent der Ruthenium-106- und Cäsium-137-Konzentration in den Wurzeln nachgewiesen, 70 Prozent befinden sich im wurzelnahen Erdreich und nur 5 bis 7 Prozent im wurzelfreien Boden. In den wurzelfreien Teilchen von Sandböden ist der Radionuklidgehalt bedeutend höher: er liegt zwischen 26 und 59 Prozent. Im wurzelnahen Erdreich kann er zwischen 33 und 52 Prozent betragen, je nachdem, um welche Radionuklide es sich handelt. In der wurzelnahen Erde wurde eine höhere spezifische Radioaktivität pro Gewichtseinheit gefunden als in wurzelfreiem Boden. Die spezifische Radioaktivität der Wurzeln ist jedenfalls um ein Mehrfaches stärker als die spezifische Aktivität des Bodens.

Daraus kann man schließen, daß im nördlichen Teil des radioaktiv verseuchten Gebiets die Bedingungen für einen schnellen Übergang von Radionukliden in die Pflanzen günstig sind.

Heuwiesen und Weideland im natürlichen Zustand stellen die größte Quelle für strahlenbelastetes Futter dar. Hier hängt der Verseuchungsgrad der Pflanzen weitgehend vom Bodentyp, vom Feuchtigkeitsgehalt des Untergrunds und von der Intensität der Landbearbeitung ab. Folglich ist es unmöglich, «saubere» Milch auf sumpfigen Gley-Podsol-Böden zu gewinnen, selbst wenn die radioaktive Belastung nur 1 Ci/km^2 beträgt. «Sauberes» Fleisch kann nicht produziert werden, wenn die Bodenkontamination bei 4 Ci/km^2 liegt. Die entsprechenden Grenzwerte für feuchte Torfböden liegen bei 4 bis 12 Ci/km^2.

Sind die Weiden auf diesen Böden trockener, kann «saubere» Milch bis zu einer radioaktiven Bodenbelastung von 20 Ci/km^2 produziert werden und «sauberes» Fleisch bei einer Bodenbelastung bis zu 30 Ci/km^2. Im großen und ganzen und besonders, wenn man die Anwesenheit von Strontium-90 berücksichtigt, ist es jedoch unmöglich, auf Flächen mit einer Cäsium-134/137-Belastung von mehr als 15 bis 20 Ci/km^2 «sauberes» Futter oder unbelastete Nahrungsmittel aus Tierprodukten herzustellen.

Es sollte betont werden, daß sich alle Bestimmungen und Empfehlungen nur auf die Cäsium-137- und Cäsium-134-Werte beziehen. Die weißrussische Behörde für Agrochemie hat Karten mit der Verteilung der Strontium-90-Kontamination veröffentlicht. Danach umfassen die landwirtschaftlichen Flächen, auf denen der Strontium-90-Pegel 0,3 Ci/km^2 überschreitet, im Gebiet Mogiljow 77 000 Hektar und im Gebiet Gomel 386 000 Hektar.

Radioaktiv verseuchtes Futter führt automatisch zu einer sekundären Kontamination von Milch und Fleisch. Verbessert hat sich die Lage inzwischen hinsichtlich der Belastung von Milch. Im Gebiet Gomel und im Gebiet Mogiljow ist der prozentuale Anteil von «verschmutzter» Milch zwischen 1986 und 1988 deutlich zurückgegangen:

	Gomel	Mogiljow
1986:	86,3 %	46 %
1987:	29,6 %	8 %
1988:	17,0 %	7 %

In einzelnen stark kontaminierten Bezirken ist der prozentuale Anteil von «verschmutzter» Milch hoch: Er schwankt in vier Bezirken des Gebiets Mogiljow (Kortjukow, Tscherikow, Slawgorod und Krasnopolje) zwischen 14 und 50 Prozent, in den Bezirken Bragin, Wetka, Narowlja und Chojniki im Gebiet Gomel sogar zwischen 60 und 66 Prozent.

Die Produktion von radioaktiv belastetem Fleisch betrug in den Gebieten Gomel und Mogiljow: 1986 – 17 500 Tonnen; 1987 – 6900 Tonnen; 1988 – 1500 Tonnen.

Tiere, die auf strahlenverseuchtem Land gehalten wurden und Futter mit hoher Radionuklidkonzentration erhielten, neigen zu Anomalien verschiedener physiologischer Funktionen, zum Beispiel im Hormon-, Immun- oder Blutbildungssystem.

Mißbildungen bei Nutztieren

Nach den Daten der weißrussischen Agrarbehörde hat die Zahl der Erkrankungen bei landwirtschaftlichen Nutztieren in den kontaminierten Gebieten
seit 1986 zugenommen. Bei den Kühen treten zum Beispiel Trächtigkeitsano-
malien auf, bei den Kälbern angeborene Defektbildungen. Auch stieg die
Zahl der Kühe an, die trotz wiederholter Besamung über längere Zeit nicht
kalben. Zu den Ursachen gehören das Ausbleiben des Eisprungs, Gelbkör-
perpersistenz, die Unterfunktion der Eierstöcke, azyklische Blutungen oder
andere gynäkologische Störungen. Die Zahl der Fehlgeburten stieg ebenfalls
an, und in einer Reihe von Fällen löste sich die Plazenta nach dem Kalben
nicht ab.

Untersuchungen des Blutbilds von Rindern ergaben eine deutlich erhöhte
Leukämie-Anfälligkeit. Die Milchleistung von Tieren mit geschädigten Schilddrüsen war während der ersten achtzehn Monate nach dem Unfall zwei- bis
dreimal geringer als die einer Kontrollgruppe. Später besserte sich die Milchleistung dann wieder und erreichte im zweiten Jahr nach dem Unfall 70 bis 80
Prozent des Ertrags, der von der jeweiligen Zuchtlinie zu erwarten war.

Besonders beunruhigt die Menschen in den verseuchten Gegenden, daß
immer häufiger Tiere mit unterschiedlichen Anomalien, sprich Mutationen,
geboren werden. Die am häufigsten auftretenden Mißbildungen bei Ferkeln
sind das Fehlen der Augen oder der Hinterbeine, übermäßiges Wachstum verschiedener Körperteile und überwachsene Augenlider. Bei Kälbern und Fohlen waren die häufigsten Mißbildungen das Fehlen von Darmausgang, Ohren,
Augen oder Rippen, das Fehlen von bis zu drei Beinen, Mißbildungen von
Schädel, Rückgrat und Beinen, das Fehlen des Fells, unterentwickelte Verdau-
ungs- und Atmungsorgane sowie die Ausbildung von inneren Organen außerhalb ihrer angestammten Hohlräume. Die Zahl doppelköpfiger Kälber stieg
1989 auf neunzig an.

Tabelle 7 enthält Angaben über Anomalien bei Kälbern und Ferkeln aus den
Betrieben der Bezirke Naroditschi und Slawgorod (sie entsprechen im groben
dem Bild, das sich auch in den Bezirken Chojniki und Wetka im Gebiet Gomel
abzeichnet).

Zur Verdeutlichung der Lage in Weißrußland und in der Ukraine wäre es
sicherlich hilfreich, wenn eine internationale Untersuchung durchgeführt
würde. Doch bis jetzt ist der Weg für ein Vorwärtskommen in diese Richtung

| | 1987 | | 1988 | | 1989 | |
	insge-samt	Mißbil-dungen	insge-samt	Mißbil-dungen	insge-samt	Mißbil-dungen
Kälber	4588	4	4815	37	112	9
Ferkel	1550		1901	119	261	28
Gesamtzahl	6138	4	6716	156	373	37
%-Anteil der Miß-bildungen		0,07		2,3		9,9
Gesamtzahl der mißge-bildeten Tiere im Bezirk Slawgorod		39		84		50

Tabelle 7: Die Gesamtzahl der Geburten und die Zahl der mißgebildeten Tiere im Bezirk Naroditschi (Ukraine). Die Daten für 1989 beziehen sich nur auf die ersten drei bis vier Monate. Die Zeilen 1 und 2 geben die Zahlen für Kälber und Ferkel an. Die Zeilen 3 und 4 enthalten die Summen beider Gruppen und die prozentualen Anteile. Zeile 5 enthält die Gesamtzahlen für den Bezirk Slawgorod (Weißrußland); die Angaben für 1989 beziehen sich für diesen Bezirk auf die ersten sieben Monate.

blockiert. Natürlich trifft das auch auf die meisten anderen Fakten zu, über die in diesem Buch berichtet wird. Dennoch hoffe ich, zumindest einen gewissen Eindruck von den enormen Problemen vermitteln und dazu beitragen zu können, daß erneut Interesse geweckt wird und ein Bewußtsein für die Notwendigkeit, Lösungen zu finden. Allein die Wahrheit kann uns dabei helfen. Da Übersichtsstatistiken fehlen, möchte ich wieder auf Aussagen eines Fachmanns zurückgreifen, der sich tagtäglich mit den beschriebenen Problemen befaßt.

Anatolij Moshar, Amtsleiter des veterinärmedizinischen Dienstes von Naroditschi, berichtet:

Fälle von abnormen Jungtieren tauchen vor allem in Betrieben auf, wo die Hintergrundstrahlung zusammen mit der radioaktiven Verseuchung während der Lebenszeit der Elterntiere den zulässigen Höchstwert um das Fünf- bis Zwanzigfache überschritten hat. Rinder von solchen Höfen werden zur Mast auf «saubere» Weiden geschickt. 1988 waren es 1560 Rinder mit hoher Strahlenbelastung, die zur Mast auf «saubere» Weiden gebracht wurden; in den ersten vier Monaten des Jahres 1989 waren es bereits 1100. In den vergangenen Jahren stieg die

Zahl der strahlenverseuchten Rinder an. Das gleiche gilt für Schweine. Tierprodukte von privat betriebenen Bauernhöfen sind zunehmend kontaminiert. Die aus Leuten von unterschiedlichem Dienstrang und aus verschiedenen Ministerien zusammengesetzte Kommission, die unseren Bezirk besuchte, gab keine verbindlichen Erklärungen zu den Tiermißbildungen ab.

Experimentelle und empirische Untersuchungen

Um die Auswirkungen der radioökologischen Situation auf Lebewesen besser einschätzen zu können, untersuchten weißrussische Wissenschaftler einige Arten von Pflanzen und Wildtieren innerhalb der Sperrzone und verglichen deren Physiologie und Verhalten mit Kontrollproben von besonderen Versuchsflächen außerhalb der Zone.

In einer solchen Studie, die die Häufigkeit von Zellteilungsanomalien bei Sämlingen verschiedener von einer Versuchsstation im Bezirk Chojniki stammender Gersten-, Roggen- und Weizensorten untersuchte, wurden die genetischen Auswirkungen radioaktiver Strahlung auf das Chromatingerüst der Pflanzen gezeigt. Es wurde nachgewiesen, daß verschiedene Sorten unterschiedlich auf die Kontamination reagierten. Der Cäsium-134/137-Gehalt in Roggen- und Weizenkörnern aus Chojniki lag eine Größenordnung über dem von Korn im Gebiet Minsk. Bei Gerste hingegen war der Unterschied gering. Eine jährlich durchgeführte Analyse der Chromosomenaberrationen ergab, daß sich die Häufigkeit von Zellteilungsanomalien bei Pflanzen, die 1987 in der Sperrzone wuchsen, nur wenig von der Häufigkeit unterschied, die man in unbelasteten Gegenden feststellen konnte. Jedoch kam es 1988 bei allen beobachteten Pflanzenarten zu einer bemerkenswerten Zunahme der Chromosomenaberrationen.

Eine Untersuchung der zytogenetischen Auswirkungen des Unfalls auf wildlebende Nagetiere, Amphibien, Fruchtfliegen, landwirtschaftliche Nutztiere usw. bestätigte ebenfalls, daß Chromosomenaberrationen zwei- bis fünfmal häufiger auftreten als in den Kontrollgruppen. Darüber hinaus gab es in den letzten drei Jahren keinen Hinweis darauf, daß die Schädigung der Erbanlagen zurückging. Tatsächlich wurde bei einer Reihe von Arten ein tendenzieller Anstieg der Schädigung festgestellt. Bei anderen Arten hat sich das Wesen der

Chromosomenschäden verändert. Doppelte Zellteilungen stiegen ebenso an wie die durchschnittlichen Aberrationen pro Zelle.

Bei Versuchstieren in den kontaminierten Bezirken der Gebiete Gomel und Mogiljow stellte man fest, daß sie unter abnormen Veränderungen der Schilddrüsenfunktion litten. Auch liegen Hinweise auf eine Degeneration und Zerstörung der Bauchspeicheldrüse vor, Schädigungen, die eine zunehmende Durchlässigkeit der Blutgefäßwände und deren morphologische Veränderung sowie Leukozyten-Infiltrationen und Bindegewebswucherungen zur Folge haben. Zugleich wird das körpereigene Abwehrsystem stark geschädigt: die Zahl von differenzierten B-Lymphozyten im Knochenmark sinkt; Wachstum, Differenzierung und Bewegungsfähigkeit von T-Lymphozyten verringern sich; es herrscht ein Ungleichgewicht in der Verteilung von T-Helfer- und T-Suppressor-Zellen usw. Schäden an Bau und Funktion der Lymphozytenmembran sind ebenso nachzuweisen wie Schäden an den peripheren hormonellen Reaktionsmechanismen und an den radiolytisch veränderten Oxidationsbedingungen der Fettsäuren (Bildung von hochtoxischem Wasserstoffperoxid durch Auftreffen energiereicher Strahlung auf biologisches Material, *A. d. Ü.*). Gleichzeitig mit diesen Erscheinungen tritt eine zunehmende Belastung des Bluts mit Stoffwechsel-Endprodukten auf, mit einem Aktivitätsabfall der antioxidierenden Systeme als Begleiteffekt. Funktionale Veränderungen der zellulären Erbanlagen werden ebenfalls nachgewiesen.

Eine Untersuchung der funktionellen Bedingungen des Herz-Kreislauf-Systems förderte Fehler in den neurohormonellen Steuerungsmechanismen zutage, die zu Erkrankungen führen können. Morphologische Analysen zeigen strukturelle Veränderungen in vielen Organen und Geweben. Beispielsweise sind strukturelle Veränderungen aufgrund von Stoffwechselstörungen in den Lymphozyten der Milz nachgewiesen worden, die die Zellwände, Mitochondrien, Zellkerne, das endoplasmatische Retikulum und andere Zellstrukturen betreffen. Es ist wichtig festzuhalten, daß

- diese Veränderungen stärker bei Jungtieren auftreten;
- eine Untersuchung des peripheren Bluts nicht das ganze Ausmaß der Veränderungen erfassen kann, die in den Organen und Geweben, beispielsweise im körpereigenen Abwehrsystem, stattfinden;
- eine direkte Beziehung zwischen dem Ausmaß der beobachteten Veränderungen, der Aufenthaltsdauer in den radioaktiv verseuchten Gebieten und dem Grad der Strahlenbelastung in diesen Gebieten nachgewiesen wurde.

Abb. 46: Bau einer Anlage, die die weitere Ausbreitung der radioaktiven Isotope in das Stauseesystem verhindern soll (aufgenommen in Tschernobyl, Juni 1986).

Vergiftetes Wasser

Wasser ist Leben!

Ecclesiastes

Fast fünf Jahre nach der Katastrophe von Tschernobyl ist die ökologische Situation in einem großen Teil des Dnjepr-Flußbeckens weiterhin besorgniserregend. Das Einzugsgebiet des Dnjepr umfaßt 509 000 Quadratkilometer und enthält 44 Kubikkilometer (km^3) Wasser; es umfaßt Teile Weißrußlands, Rußlands und der Ukraine. Es versorgt fünfzig Großstädte und Industriezentren mit Wasser, außerdem etwa zehntausend Industriebetriebe und 53 große Bewässerungssysteme, die sich über eine Fläche von 1,2 Millionen Hektar erstrecken. 40 Millionen Menschen trinken Wasser aus dem Dnjepr, und insgesamt 10,5 km^3 Abwässer strömen jährlich in den Fluß zurück. Läßt man die Strahlenbelastung beiseite, so waren von den Schadstoffen, die allein im Jahr 1988 in den Dnjepr abgelassen wurden, 53 000 Tonnen organischen Ursprungs, 64 800 Tonnen bestanden aus unterschiedlichen Schlämmen; außerdem 334 000 Tonnen Sulfate, 336 600 Tonnen Chlorverbindungen, 3750 Tonnen Phosphate, 15 100 Tonnen Nitrate und 67 Tonnen Phenole. Ebenfalls im Jahr 1988 wurden dem Fluß 20 km^3 Wasser entnommen: 10,3 km^3 für die Industrie, 2 km^3 als Trinkwasser und 4,6 km^3 zur Bewässerung. Zusätzlich zu der anhaltenden chemischen Verschmutzung ist der Fluß jetzt noch mit radioaktiven Substanzen belastet.

Infolge der Katastrophe von Tschernobyl wurden nach offiziellen Erklärungen 50 Millionen Curie radioaktiver Stoffe an die Umwelt abgegeben. Nach inoffiziellen Schätzungen beläuft sich die Menge der freigesetzten Radioaktivität auf 6,5 Milliarden Curie. Eine besonders starke radioaktive Belastung ist in den Gewässern der 30-Kilometer-Zone festgestellt worden, sowohl im Unterlauf des Pripjat als auch im oberen Bereich des Kiewer Stausees.

Zwar errichtete man Dämme entlang der kleinen Flüsse innerhalb der
30-Kilometer-Zone, auch wurden unterirdische Wandkonstruktionen um
das Kernkraftwerk gelegt und der obere Teil des Kiewer Stausees teilweise ausgebaggert; doch blieben alle Versuche, das Wasser vor der
radioaktiven Verseuchung zu schützen, mehr oder weniger erfolglos.
Nach Schätzungen mehrerer weißrussischer Wissenschaftler beträgt die
Radioaktivität der Sedimente im Kiewer Stausee über 33 000 Curie.
Neben Strontium-90 und Cäsium-137 wurden noch weitere Isotope festgestellt: Ruthenium-106, Antimon-125, Cer-144 und Europium-154. Es
besteht kein Grund, in der näheren Zukunft mit einer grundlegenden Verbesserung der Lage zu rechnen. Ein großangelegtes staatliches Meß-
und Säuberungsprogramm für die Gewässer der belasteten Region ist
erforderlich.

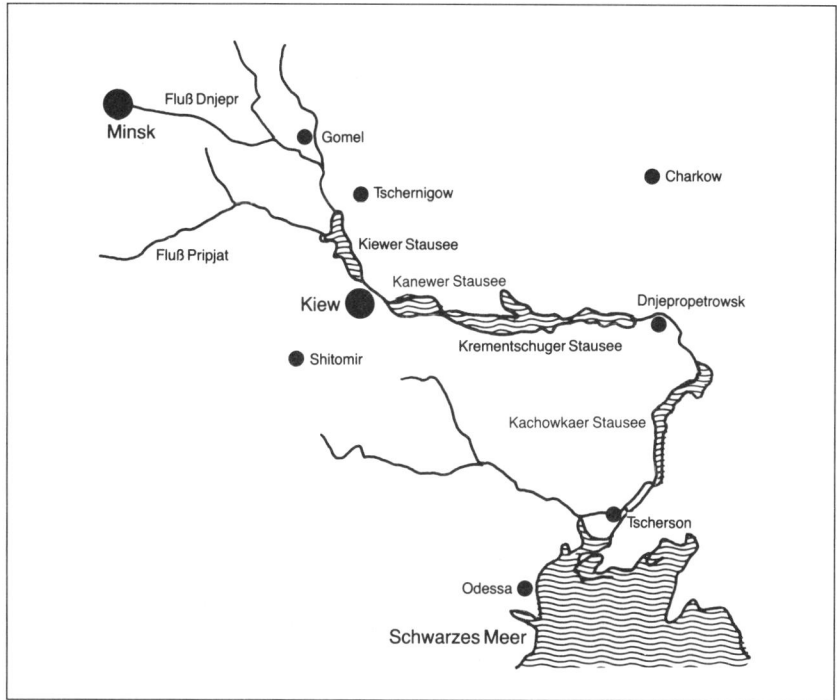

Abb. 47: Skizze der Hauptstauseen des Dnjepr von Weißrußland bis zum
Schwarzen Meer.

Das Problem

Der Grad der radioaktiven Verseuchung in den Flußarmen, die in den Kiewer
Stausee fließen, erreichte in den ersten Tagen nach dem Unfall eine Gesamt-
Beta-Aktivität von 10^{-7} Curie pro Liter; *der Strahlenpegel war damit zehntau-*
sendmal höher als vor dem Unfall.

Mit dem Zerfall der kurzlebigen Radionuklide ging die Radioaktivität ein
wenig zurück, doch wird die Strahlenbelastung, die wir jetzt in den Stauseen
vorfinden, durch die besonders schädlichen Radionuklide Strontium-90 und
Cäsium-137 verschlimmert.

Wir wissen, daß Radionuklide bis zum heutigen Tag aus den hochverstrahlten Landstrichen in die Staubecken gespült werden. Diesen Umstand spiegeln die Besonderheiten der radioaktiven Belastung des gesamten Gewässersystems wider. Heute liegt eine starke Kontamination von etwa 300 bis 400 Ci/km^2 in den Überflutungsgebieten des Pripjat bei Krasnensk vor. Ukrainische Wissenschaftler schätzen, daß im Frühling aus den überfluteten Flußauen der Gegend um Krasnensk ungefähr 40 Prozent der gesamten radioaktiven Belastung des Pripjat stammen.

Daten ukrainischer Wissenschaftler zufolge gibt es im Kühlwasserbecken des Kernkraftwerks von Tschernobyl eine Radionuklid-Konzentration von 960 Curie durch Cer-144, 4600 Curie durch Cäsium-137 und 770 Curie durch Strontium-90. Die spezifische Cäsium-137-Aktivität schwankt dort zwischen 1 und 7×10^{-10} Ci/Liter.

Die stärkste radioaktive Verseuchung ist in den Gewässern um das Kernkraftwerk Tschernobyl zu finden. Die Strontium-90-Belastung im Wasser der Seen von Krasnensk und Semichodowsk, in den Seitenarmen des Pripjat und in einer Reihe stehender Gewässer der Überflutungsgebiete liegt mit 5×10^{-10} Ci/Liter um das Anderthalb- bis Zehnfache über den zugelassenen Grenzwerten der Strahlenschutzverordnung 76/87; an manchen Stellen werden sogar 7×10^{-9} Ci/Liter erreicht. In der überwältigenden Mehrzahl der stehenden und fließenden Oberflächengewässer schwankt die spezifische Cäsium-137-Aktivität zwischen 2 und 8×10^{-11} Ci/Liter.

Tabelle 8: Gesamtaktivität der Radionuklide in den Sedimenten der Dnjepr-Stauseen (in Curie)

| Stausee | Messungen von Fachleuten | | | |
| | aus der Ukraine | aus Weißrußland | | |
	Cäsium-137	Cäsium-137	Strontium-90	Plutonium
Kiew	2700	4619	5617	263
Kanew	500	290	40	12
Krementschug	450	2790	246	54
Dnjeprodsershinsk	75	65	10	10
Dnjeprowsker See	35			
Kachowka	200	108	7	41
Dnjeprowskij und Bugskij Liman		78	5	78
Gesamt	3960	7950	5925	398

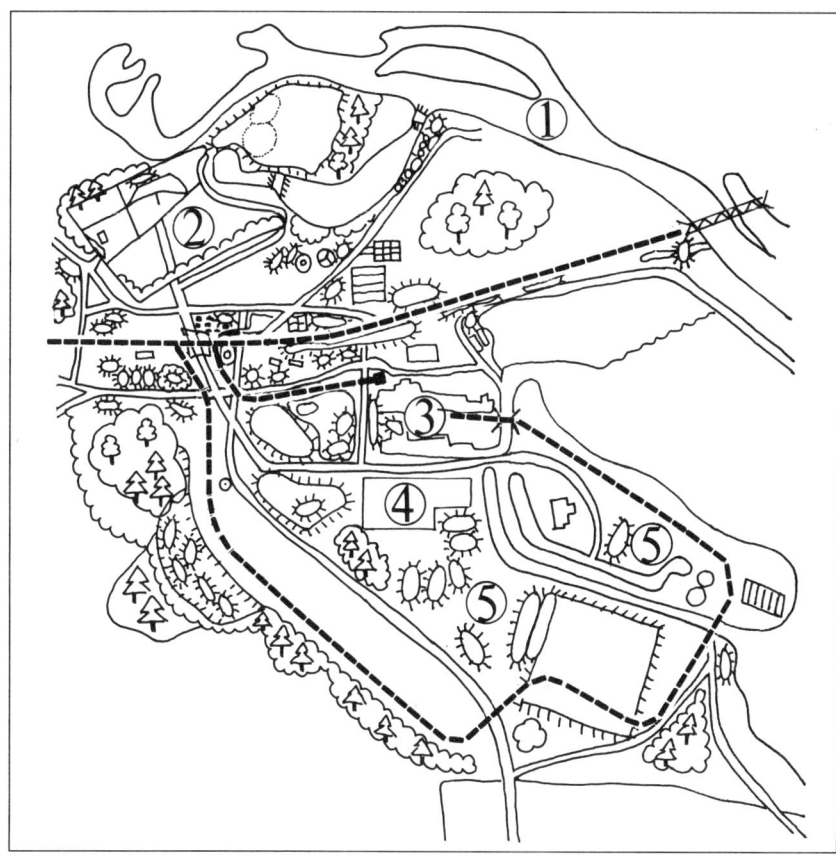

Abb. 48: Skizze des Kraftwerksgeländes und der nahen Umgebung mit einigen wichtigen Gebäuden, den Bahngeleisen und dem Fluß Pripjat. An den Stellen mit gestrichelten Umrandungen befinden sich die provisorischen «Gräber», die insgesamt über 500 Millionen Tonnen radioaktiven Schutt enthalten. 1 Fluß Pripjat, 2 Stadt Pripjat, 3 Reaktor, 4 Transformatorenwerk, 5 einige der «Gräber».

Seit der Zeit des Unfalls von Tschernobyl bis zum Jahr 1990 kam es auf den verseuchten Flächen zum Glück zu keinem sehr starken Hochwasser (alle Hochwasser blieben um mehr als 50 Prozent unter der Höchstmarke). Deshalb wurden keine großen Mengen radioaktiver Substanzen in den Dnjepr gespült. Wissenschaftler aus der Ukraine schätzen, daß im Zeitraum von 1986 bis 1989 radioaktive Substanzen mit einer Strahlung von 6300 Curie vom Fluß Pripjat in den Kiewer Stausee transportiert wurden. In Untersuchungen über die Anreicherung von Radionukliden im Treibsand und in den Bodenablagerungen der Stauseen entlang des Dnjepr sind die in Tabelle 8 wiedergegebenen Werte festgestellt worden. Berechnungen ukrainischer Experten legen nahe, daß das Strontium-90-Isotop vollständig aus den Ablagerungen ausgewaschen und ins Schwarze Meer geschwemmt wurde.

Meßreihen, die von verschiedenen ukrainischen Organisationen durchgeführt wurden, zeigen sowohl die spezifische Radioaktivität im Wasser des Pripjat und des Dnjepr als auch jene im Wasser der Dnjepr-Stauseen entlang des Flußverlaufs. Die radioaktive Belastung liegt zwei bis drei Größenordnungen unter dem Grenzwert, der von der Strahlenschutzverordnung 76/87 angegeben wird.

Es ist festzustellen, daß die Strontium-90- und Cäsium-137-Konzentrationen um das Zehn- bis Hundertfache über denen vor dem Unfall liegen.

Zu manchen Zeiten des Jahres, gewöhnlich im Sommer und Herbst, überschreiten die Radionuklidkonzentrationen im Wasser von praktisch allen Stauseen die Höchstgrenzen für Bewässerungswasser. Dadurch, daß die Strahlenbelastung in der Ukraine ziemlich ungleichmäßig auf viele größere und kleinere Flächen verteilt ist, wird auch die Wiederaufnahme der Landwirtschaft auf Bewässerungsflächen stark behindert. Dies gilt besonders für die südlichen Gegenden des Landes, wo die Verdunstung zur Anreicherung vor allem der leichtlöslichen Radionuklide (im Boden der bewässerten Flächen) führt, die dann von Pflanzen aufgenommen werden.

Das größte Gefahrenpotential für das Wasser des Dnjepr-Beckens stellen die Überschwemmungsgebiete um die Seen von Krasnensk und von Semichodowsk dar, aber auch die Seitenarme des Pripjat, der Kühlwassersee des Kernkraftwerks von Tschernobyl und die vorläufigen Lagerstätten für radioaktiven Abfall (Erde, Schutt, Maschinen) in der 30-Kilometer-Zone (die sogenannten «Gräber»; vgl. Abb. 48).

Die biologischen Auswirkungen

Aus den Forschungen ukrainischer Wissenschaftler geht hervor, daß praktisch alle jetzt im Wasser vorhandenen Radionuklide in die Nahrungskette übergehen. Von besonderer Bedeutung ist die ständig zunehmende Menge der Radionuklide im Schwemmsand.

Abb. 49: In den ersten Tagen nach der Katastrophe von Tschernobyl blieb kaum Zeit, Spezialausrüstung herbeizuschaffen. So sah man häufig Panzer auf dem Gelände, die bei den Räumungsarbeiten eingesetzt wurden.

Abb. 50: Dringend werden heute Maschinen gebraucht, um die Gefahren einzudämmen, die durch die 1986 hastig ausgehobenen «Gräber» mit radioaktiven Trümmerteilen (vgl. Abb. 48) entstanden sind.

Die «Anreicherungskoeffizienten» geben an, wievielmal größer oder kleiner die radioaktive Verseuchung im Schwemmsand, in pflanzlichen oder tierischen Organismen im Verhältnis zu Wasser sein wird, dessen angenommener Radionuklidgehalt gleich eins gesetzt wird. Lange Zeit wurden die entsprechenden Werte geheimgehalten. Erst kürzlich wurde bekannt, daß die Radioaktivität von Wasserpflanzen, zum Beispiel von Wasserthymian, Laichkraut oder Grünalgen, um das Achtzehn- bis Dreißigfache gestiegen ist.

Der Anreicherungskoeffizient von Cäsium-137 im Schwemmsand liegt zwischen 100 und 10 000, in Schalentieren zwischen 10 und 20, in Weichtieren zwischen 750 und 950, in Fischen bei 45, und in Grünalgen liegt er zwischen 62 und 1342. Die Anreicherungskoeffizienten von Zirkon und Antimon sind sogar noch größer. (Und es muß noch einmal betont werden, daß die Katastrophe von Tschernobyl neben Strontium-90 und Cäsium-137 auch Ruthenium-103, Zirkon-95, Antimon-106, Jod-131 und eine Vielzahl anderer Zerfallsprodukte des Urans freigesetzt hat.) Sie haben sich ungleichmäßig ausgebreitet und ihre eigenen örtlich begrenzten «heißen» Strahlungsflecken gebildet, die sich im Laufe der Zeit immer weiter in den Ökosystemen der Hydrosphäre verteilen werden.

Wissenschaftler haben beobachtet, daß Radionuklide besonders stark von den Organismen angereichert wurden, die das Flußbett bewohnen. Ausgedrückt in radioaktiver Belastung pro Gewichtseinheit ist die Radionuklidkonzentration in Weichtieren dreihundert- bis fünfhundertmal höher als in fließendem Wasser. Die Strontiumkonzentration in Weichtieren aus dem Stausee von Kiew liegt um das Zweihundertfache, ihre Cäsium-134- und Cäsium-137-Belastung um das Fünfhundertfache über den entsprechenden Werten vor dem Unfall. Die Radioaktivität von pflanzlichem und tierischem Plankton (zum Beispiel kleine Schalentiere und Mückenlarven) ist ebenfalls recht hoch. Plankton stellt das Grundnahrungsmittel auch der Fische dar, von denen sich wiederum Menschen ernähren. 1989 betrug die durchschnittliche Konzentration von radioaktivem Cäsium bei einer Stichprobe von Fischen $1{,}7 \times 10^{-8}$ Curie pro Kilogramm Lebendgewicht, während sie für Strontium-90 bei $8{,}0 \times 10^{-10}$ Ci/kg lag.

Lösungsvorschläge

Wasserschutzmaßnahmen zur Verminderung der radioaktiven Verseuchung des Pripjat wurden von den Ministerien für Wasserwirtschaft der UdSSR und der Republik Ukraine mit Unterstützung von Fachleuten anderer Behörden durchgeführt. Im Eilverfahren wurden 131 Dämme geplant und aufgeschüttet, um kleinere Flüsse zu stauen und ihr Wasser zu filtrieren und dadurch die Ausbreitungsgeschwindigkeit der Radionuklide zu verringern. Drei Anlagen wurden im Flußbett des Pripjat und im Kiewer Stausee gebaut, um radioaktive Ablagerungen aufzufangen. Im Kühlwasserbecken des Kernkraftwerks Tschernobyl errichtete man eine Drainagewand. Zur Zeit erarbeitet das ukrainische Ministerium für Wasserwirtschaft Pläne, die eine Abfangvorrichtung für das gefilterte Wasser aus dem Kühlbecken und für das Oberflächenwasser vorsehen. Dies will man durch ein zusätzliches Entwässerungssystem erreichen, das die Oberflächengewässer miteinander verbindet. Die Pläne sehen auch vor, Wasser mit Hilfe von Pumpstationen in das Kühlwasserbecken zu pumpen oder es mittels absorbierender Substanzen (Ionenaustauscher) zu reinigen und danach in den Fluß Pripjat zurückzuleiten.

Ein anderer Plan befaßt sich mit dem am stärksten kontaminierten Teil der Überschwemmungsgebiete am Krasnensker See. Die Dekontamination dieser Gebiete und der stehenden Gewässer dort wird auch eine Aufbereitung und die Endlagerung des radioaktiven Materials erfordern. Dies ist eine grundlegende Methode, um das Versickern von Radionukliden im Pripjat zu verhindern und die Strahlenbelastung am ganzen Flußlauf des Dnjepr zu verringern. Zur Durchführung dieses Dekontaminationsprojekts plant die wissenschaftlich-industrielle Organisation «Pripjat», das amerikanische Unternehmen «Ard» um Hilfe zu bitten, das über die notwendige Ausrüstung und die erforderlichen Kenntnisse verfügt («Scavenger»-Projekt).

Es wäre vermessen zu hoffen, daß sich bereits in naher Zukunft die Strahlenbelastung der hydrosphärischen Ökosysteme des Dnjepr-Beckens und speziell des Kiewer Stausees grundsätzlich verringern ließe. In den riesigen Kiewer Stausee ergießen sich alle Flüsse und Ströme, die mit Radionukliden aus den am stärksten kontaminierten Landstrichen der 30-Kilometer-Zone und aus den Überschwemmungsgebieten des Pripjat beladen sind. Diese Wassermassen fließen ins Schwarze Meer, das direkt mit dem Mittelmeer verbunden ist.

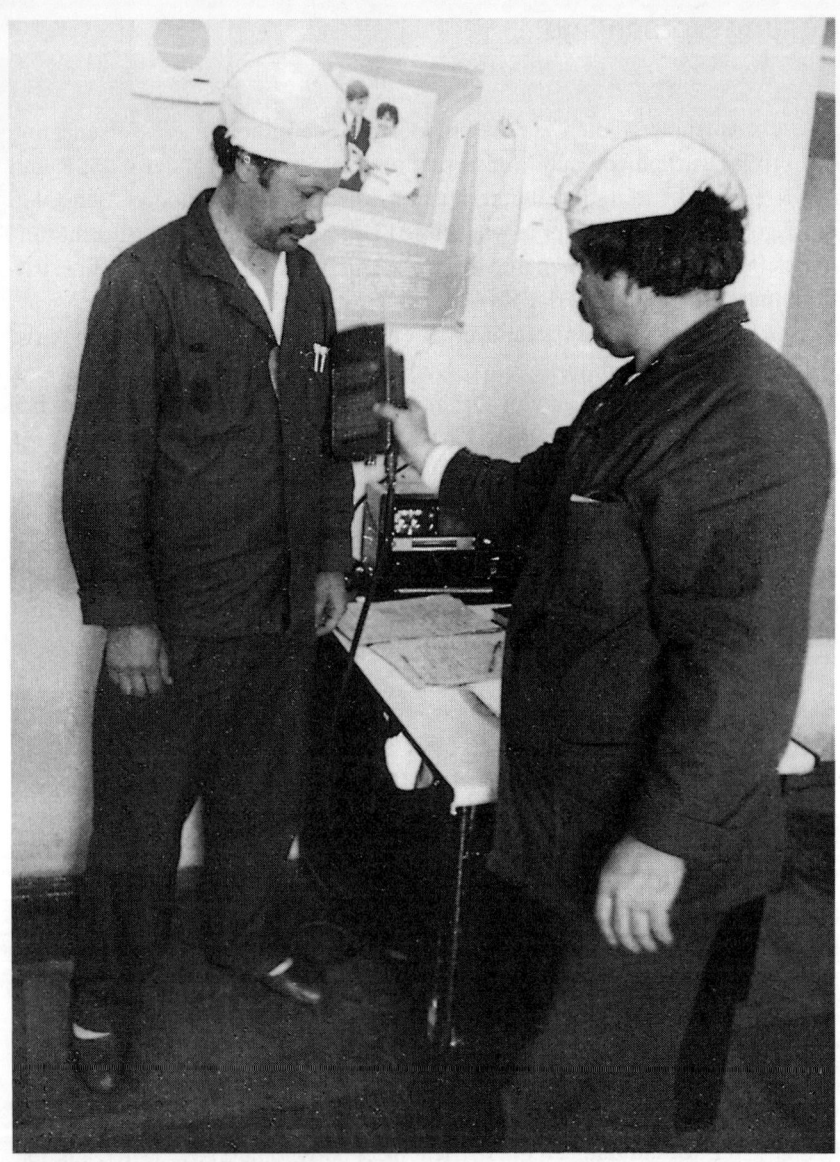

Abb. 51: Dosimetrische Routinekontrolle: Für Beschäftigte in der Atomindustrie ist die Möglichkeit einer Strahlenexposition stets präsent (aufgenommen in Tschernobyl, September 1986).

Risiko – oder: Wie sicher ist unser Strahlenschutz?

Vergebens, in Jahren der Wirrnis
Vergebung zu suchen.
Manche sind verdammt,
anderen Leid zu bringen
und Reue zu erleiden.
Für die anderen – ist Golgatha.

Boris Pasternak
Aus dem Poem «Leutnant Schmidt»

In Anbetracht all der Ereignisse seit 1986 lohnt es sich, die Entwicklung der Strahlenschutzbestimmungen in der UdSSR zu verfolgen. Wenn man alle relevanten Verordnungen und Richtlinien analysiert, die in den vergangenen dreißig Jahren und vor allem in der Zeit nach Tschernobyl veröffentlicht wurden, so wird deutlich, daß es noch immer keine wissenschaftlich fundierten Maßnahmen zum Schutz der Bevölkerung vor Strahlenexposition gibt.

Diese Tatsache hat in den betroffenen Gebieten Unfrieden und endlose öffentliche Diskussionen hervorgerufen; Wissenschaftler und Journalisten klagen an.

Wenn man die wachsende Zahl von Reaktorunfällen in Betracht zieht – und dies gilt im besonderen in der Ära nach Tschernobyl –, so kann und wird das Fehlen fundierter Schutznormen zu irreparablen Gesundheitsschäden bei den heutigen und kommenden Generationen führen.

Zur Geschichte der Strahlenschutznormen

Jeder Wirtschaftszweig und die jeweils für ihn zuständige «Wissenschaft» werden von ihren eigenen Regeln und Vorschriften gelenkt. Von der Sorgfalt der Bestimmungen in einem ökonomischen Bereich sollte man Rückschlüsse auf den Grad der Ausgereiftheit und auf die Entwicklungsrichtung der Wissenschaft ziehen, die ihnen zugrunde liegt.

Laut Gesetz mußten Arbeitsschutzregeln in der Sowjetunion nicht nur auf einem soliden wissenschaftlichen Fundament aufgebaut sein, sondern zudem von einer Reihe von Ministerien (Gesundheitsministerium, Bauministerium, Innenministerium) sowie den zuständigen Gewerkschaftsorganen gebilligt werden.

Ausgehend von diesen beiden Voraussetzungen – wissenschaftliche Basis und Annahme durch alle beteiligten Institutionen – wollen wir nun genauer betrachten, nach welchem Schema die Bestimmungen zum Strahlenschutz in der Sowjetunion entwickelt wurden. Dies ist eine Problematik, die heute praktisch jeden von uns betrifft, aber am meisten natürlich die Bewohner der Ukraine, Weißrußlands und Rußlands.

Es werden auch diejenigen zu Wort kommen, die die Strahlenschutznormen verfaßt haben.

Vor dreißig Jahren

1961, ein Jahr nach Festlegung der Grenzwerte für ionisierende Strahlung in der Sowjetunion, veröffentlichte N. G. Gusew, heute Professor der Ingenieurswissenschaften, sein Buch «Die Grenzwerte ionisierender Strahlung». Dieses Buch zählt, wie in seinem Vorwort herausgestellt wird, zur «grundlegenden Literatur» zu diesem Thema.

Professor A. W. Lebedinskij, Mitglied der Akademie der Medizinischen Wissenschaften, beschreibt in seinem Vorwort zu Gusews Buch Schwerpunkt und Entwicklung der Forschung auf diesem Gebiet:

«Das Ziel von Schutzmaßnahmen gegen ionisierende Strahlung ist es, unmittelbaren physischen Schaden abzuwenden und das Auftreten genetischer Schäden bei der Bevölkerung zu minimieren. Das Hauptaugenmerk liegt dabei weniger auf den unmittelbaren Auswirkungen ionisierender Strahlung als vielmehr auf den möglichen Langzeitfolgen wie kürzere Lebenszeit, verminderte Fortpflanzungsfähigkeit, Auftreten von Leukämie und anderen malignen Neoplasmen. Die genetischen Folgen einer Strahlenexposition zeigen sich erst bei den Nachkommen von radioaktiv belasteten Individuen und können über mehrere Generationen verdeckt bleiben.

Die besondere Schwierigkeit und Herausforderung dieses Problems [der Festlegung von Strahlennormen] besteht darin, unser gesamtes Wissen über die biologischen Auswirkungen ionisierender Strahlung richtig zu nutzen. Dies erfordert eine sorgfältige Synthese der Erkenntnisse sehr unterschiedlicher Wissenschaftsbereiche, die auf den ersten Blick nichts miteinander zu tun zu haben scheinen, wie zum Beispiel Radiobiologie und Meteorologie, Strahlenhygiene und Physik, Biochemie und Statistik usw.»

N. G. Gusew formuliert dies konkreter. Bezugnehmend auf die Forschungsergebnisse von Lebedinskij und J. I. Moskalew[1] schreibt er: «In der Arbeit dieser Autoren finden sich verblüffende Beweise für die hohe Strahlenempfindlichkeit lebender Organismen. Die diversen somatischen Auswirkungen treten bei Menschen und Tieren bereits bei Dosiswerten unterhalb der zulässigen Höchstwerte, ja sogar in der Größenordnung der natürlichen Strahlung auf.»

Gusew legt dar, daß gerade die geringen Strahlendosen das größte Problem darstellen, womit nicht nur ihre Auswirkungen auf die Gesundheit, sondern auch die Schwierigkeit gemeint ist, sie festzustellen und zu messen. Beispielsweise ist die zulässige Konzentration von Strontium-90 in der Atmosphäre auf 0,00000000002 Milligramm pro Kubikmeter festgesetzt. Dazu schreibt er (S. 175): «Die Bewohner von London sind daher weniger besorgt über die 250 Tonnen Ruß und Staub, die pro Jahr auf jeden Quadratkilometer ihrer Stadt fallen, als über die 0,0002 Milligramm pro Quadratkilometer (3 Millicurie pro Quadratkilometer) Strontium-90, die jährlich als Fallout der Atomexplosionen niedergehen. Abgesehen davon, daß solch geringe Mengen nur schwer meßbar sind, ist es auch äußerst schwierig, sie zu lokalisieren und auszufiltern.»

Die 1960 festgelegten zulässigen Höchstwerte basierten im wesentlichen auf den Empfehlungen der Internationalen Strahlenschutzkommission (ICRP, München 1959):

«Jede Veränderung der Umweltbedingungen, unter denen Menschen leben, kann potentiell schädliche Folgen haben. Es ist daher davon auszugehen, daß eine konstante, langfristige Belastung durch ionisierende Strahlung zusätzlich zur Wirkung der natürlichen Strahlung eine Gefahr darstellt.

Da die Menschheit jedoch nicht völlig auf die Nutzung ionisierender Strahlung verzichten kann, besteht das praktische Problem darin, die Strahlendosen auf Werte zu begrenzen, die keine unannehmbaren Folgen für den einzelnen oder die Bevölkerung im ganzen mit sich bringen.

Man spricht hier von der höchstzulässigen Dosis. Für das Individuum ist dies die über einen langen Zeitraum akkumulierte oder in einer singulären Bestrahlung erhaltene Dosis, die – soweit heute bekannt – mit einer zu vernachlässigenden Wahrscheinlichkeit zu gesundheitlichen oder genetischen Schäden führt.»

Gusew entwickelt diesen Ansatz in seinem Buch weiter und gibt eine Reihe von Beispielen. Er vermerkt, daß bei der Explosion einer thermonuklearen Bombe mehr als hundert verschiedene Radionuklide entstehen. Man geht gemeinhin davon aus, daß dabei die langlebigen Isotope Strontium-90 (Halbwertszeit 28 Jahre) und Cäsium-137 (Halbwertszeit 30 Jahre) am gefährlichsten sind. Anhand von UNO-Daten legt Gusew dar, daß der gesamte weltweite Fallout von Cäsium-137 bis 1958 den Wert von 7 Megacurie ($25,9 \times 10^{16}$ Becquerel) erreicht hatte.

Den offiziellen sowjetischen Zahlen zufolge, die nach der Reaktorexplosion an die Internationale Atomenergie-Organisation (IAEO) in Wien übermittelt wurden, setzte Block 4 in Tschernobyl 50 Megacurie Radioaktivität frei, davon 13 Prozent (6,5 Megacurie) in Form von Cäsium-137. Obwohl einige Spezialisten diesen Wert anzweifeln (nämlich für zu niedrig halten; vgl. Kapitel 1), wollen wir ihn hier akzeptieren, um einen Größenvergleich der offiziellen Zahlen zu ermöglichen. Es sei jedoch hervorgehoben, daß die 7 Megacurie Cäsium-137, die bis 1958 auf die gesamte Erdoberfläche niedergingen, weit mehr Besorgnis erregten als die 6,5 Megacurie, die später die relativ kleine Fläche dreier Sowjetrepubliken belasteten.

Nach Angaben zur Wirkung atomarer Strahlung, die das Sekretariat des UNO-Wissenschaftsrates vorgelegt hat (New York 1960), beträgt in den USA die durchschnittliche Strontium-90-Konzentration in den Knochen, gemessen in Strontium-Einheiten (SE)[2]:

Zeitraum	Erwachsene	Kinder
1955/56	0,07	0,56
1957/58	0,19	1,38

In der UdSSR betrug die Konzentration in den Knochen bei Kindern in den Jahren 1954/55 2,4 SE.

In den USA lag zu dieser Zeit die Verstrahlung des Bodens durch das Strontium-90 der Atomwaffentests bei 0,019 mCi/km^2. Der vom sowjetischen Gesundheitsministerium zugelassene Grenzwert für die Kontamination durch Strontium-90 nach dem Reaktorunfall in Tschernobyl beträgt 3 Ci/km^2 (1,11 × 10^{11} Bq).

Zur Frage der Verseuchung Weißrußlands mit Strontium-90 äußert sich die Weißrussische Akademie der Wissenschaften in folgender Stellungnahme: «Untersuchungen über Ausmaß und Art der Verseuchung der Gebiete Weißrußlands mit Strontium-90 zeigen, daß davon hauptsächlich die evakuierte Zone betroffen ist: Dort übersteigen die Konzentrationen in der Oberschicht des Bodens den zulässigen Höchstwert. Auch außerhalb gibt es einige Stellen, an denen der Kontaminationsgrad von Strontium-90 über 3 Ci/km^2 liegt, vor allem im Süden des Bezirks Narowlja. Mit 1 bis 3 Ci/km^2 kontaminiert sind unter anderem die Gebiete um die Städte Chojniki, Bragin, Narowlja und um die Ortschaft Buda-Koschelewo. In der restlichen Weißrussischen Republik liegt die Kontamination durch Strontium-90 unter dem zulässigen Höchstwert.»

Schön, nur beträgt die zugrunde gelegte «Norm» 3 Ci/km^2, *also das 200- bis 250fache jener Strahlenbelastung, die in den frühen sechziger Jahren die Welt in Angst und Schrecken versetzte!*

Die Kontamination durch Cäsium-137 rief damals ebensoviel Besorgnis hervor. Gusew betont, daß Cäsium-137, im Unterschied zu Strontium-90, ein starker Gammastrahler ist, dessen Akkumulation im Boden zu einem ständig zunehmenden, durchdringenden Gamma-Strahlenhintergrund führen kann. Seine Berechnung der zu erwartenden Dosis durch den globalen Fallout für die Bewohner des Gebiets St. Petersburg ergab einen Wert von 16 Millirem = 0,016 rem über dreißig Jahre.

Mit Hilfe von Gusews Daten und Methoden kann man die Dosis bestimmen, welche die Organe der Gruppe 1 (Gonaden, Knochenmark) beim Aufenthalt in einer mit 15 Ci/km^2 Cäsium-137 kontaminierten Umwelt erhalten, bei dem Niveau also, bis zu dem ein Gebiet nach den Richtlinien des sowjetischen Gesundheitsministeriums für bewohnbar befunden wurde. Wir erhalten 14,1 rem im Laufe von dreißig Jahren und 32,9 rem im Laufe von siebzig Jahren. Aber dies ist ja nur die externe Strahlung!

Bereits in den fünfziger Jahren wurden Untersuchungen durchgeführt, die sich mit den Auswirkungen von Strahlen auf den Fötus und den daraus resultierenden Krebserkrankungen bei Kindern unter zehn Jahren befaßten. Britische Wissenschaftler stellten fest, daß sich die Wahrscheinlichkeit einer Krebserkrankung bei Kindern pro 0,02 Röntgen um 1 Prozent erhöht.

Wir können also abschließend feststellen, daß unsere Wissenschaftler die Gefahren der Strahlung recht gut kannten, als sie 1960 die Grenzwerte veröffentlichten. Sie hatten das Wesen und die Schwere des Problems erkannt und wußten, was es zu beachten galt.

Die achtziger Jahre

Seitdem sind über dreißig Jahre vergangen. Die Wissenschaft vom Strahlenschutz ist in dieser Zeit natürlich nicht stehengeblieben. L. A. Ilin von der sowjetischen Akademie der Medizinischen Wissenschaften veröffentlichte 1985, nicht lange vor Tschernobyl, einen Artikel mit dem Titel «Strahlenhygiene: Probleme und Aufgaben im Lichte der Beschlüsse des 27. Parteitags der KPdSU» zum gegenwärtigen Stand der Forschung in diesem Bereich. Darin erklärt er:

«In der Radiobiologie müssen wir uns auf die vorrangige und schwierige Frage der Auswirkungen sogenannter ‹niedriger Strahlendosen› konzentrieren. Denn eben solchen Niedrigdosen, also Gesamtäquivalentdosen bis zu 100 rem oder Dosisleistungen bis zu 5 rem pro Jahr, sind die meisten Menschen sowohl in der Industrie als auch in anderen Umgebungen ausgesetzt.

Von enormen, ja fast unüberwindlichen Schwierigkeiten begleitet ist die Erforschung der Beziehung zwischen geringen Strahlendosen und der Wahrscheinlichkeit des Auftretens von Krebs und angeborenen Fehlbildungen. Die Gesetze der Statistik sowie das Auftreten spontaner Krebserkrankungen und natürlicher genetischer Anomalien erschweren epidemiologische Studien und Tierversuche. Es ist offensichtlich, daß wir erst das grundsätzliche Wesen von Krebs und die Mechanismen seiner Entstehung gründlicher erforschen müssen, bevor wir diese Schwierigkeit überwinden können.

Eine präzise Bestimmung des mit geringen Dosen verbundenen Risikos würde es ermöglichen, den Schutz der allgemeinen Bevölkerung und der in Kernkraftwerken Beschäftigten zu optimieren.»

Auf den ersten Blick liegt der Schluß nahe, daß die Probleme noch genau dieselben sind. Es hat keine großen Fortschritte gegeben. Gleichzeitig haben sich jedoch die Umstände drastisch zum Schlechteren gewandelt. Anstelle einer aus Atomtests resultierenden Kontamination durch Strontium-90 und Cäsium-137, die im Millicurie-Bereich pro Quadratkilometer lag und in den sechziger Jahren so große Besorgnis auslöste, haben wir es heute mit Werten bis zu $3\,Ci/km^2$ für Strontium-90 und bis zu $15\,Ci/km^2$ (oder gar $40\,Ci/km^2$ nach J. I. Israel) für Cäsium-137 zu tun, die für unbedenklich erklärt werden. Mit anderen Worten, die Werte sind heute hundert- bis tausendmal höher, doch das scheint niemanden besonders zu beunruhigen.

Wie passen diese beiden Entwicklungen zusammen: die Stagnation der Wissenschaft vom Strahlenschutz und die Ruhe der Wissenschaftler angesichts der immer stärkeren Verseuchung der Erde mit Radionukliden? Die Antwort wird sicher nicht bei der Strahlenmedizin zu suchen sein, sondern bei anderen Disziplinen, die leichter durch soziale Veränderungen beeinflußbar sind – in den Bereichen Politik, Philosophie und Logik.

Für die Wissenschaft stellte sich die Frage der Priorität: Was geht vor – die Erfordernisse der Kernkraft oder die Bedürfnisse der Bevölkerung? Die Gesundheit der Menschen oder die Prosperität der Atomindustrie? Zu wessen Gunsten diese Frage entschieden wurde, wird jedem deutlich, der die Entwicklung unserer Strahlenschutzbestimmungen genauer betrachtet.

Strahlenschutz heute

Die gesetzlichen Grundlagen des Strahlenschutzes in der ehemaligen UdSSR sind die «Strahlenschutzbestimmungen 76/87» und die «Gesundheitsrichtlinien 72/87». Die Bestimmungen 76/87 waren nicht das erste Dokument zum Strahlenschutz, ihre Vorgänger waren die Bestimmungen Nr. 76 (1976), Nr. 69 (1969) und die bereits erwähnten Normen für die «Grenzwerte ionisierender Strahlung» aus dem Jahr 1960.

Die Bestimmungen von 1960 entstanden auf der Grundlage der Empfehlungen der Internationalen Strahlenschutzkommission von 1959, in deren Präambel es heißt: «Das Ziel des Schutzes vor ionisierender Strahlung ist es, physische Schäden zu verhindern und Schädigungen der genetischen Struktur der allgemeinen Bevölkerung auf ein Minimum zu begrenzen. Zu den schwerwiegendsten physischen Auswirkungen einer Strahlenexposition zählen Leukämie und Tumore, Verminderung der Fortpflanzungsfähigkeit, Linsentrübungen (grauer Star) und Verkürzung der Lebenszeit. Genetische Schäden zeigen sich erst bei den Nachkommen bestrahlter Personen und können über Generationen unentdeckt bleiben. Selbst wenn nur ein begrenzter Personenkreis der Strahlung ausgesetzt ist, können sich die genetischen Folgeschäden durch Heirat von strahlenbelasteten und nicht strahlenbelasteten Individuen auf weitere Bevölkerungskreise ausbreiten.»

Die Internationale Strahlenschutzkommission stellt fest, daß es im Falle genetischer Schäden keine Schwellendosis gibt, unterhalb derer kein Effekt auftritt, das heißt, der genetische Effekt ist direkt proportional zur Dosis. Wie gering die Dosis auch sein mag, sie hat in jedem Fall eine Wirkung.

Eine lineare Beziehung zwischen Dosis und genetischem Effekt ist in allen bisherigen Experimenten an Viren, Mikroorganismen, mehrzelligen Pflanzen sowie Tieren festgestellt worden.

1961 kommentierte Gusew (S. 105) die Empfehlungen der Internationalen Strahlenschutzkommission und die Bestimmungen von 1960 so: «Im Unterschied zu einigen kapitalistischen Ländern haben solche Normen und Bestimmungen in der UdSSR nicht nur Empfehlungscharakter, sondern Gesetzeskraft. Sie sind für Konstruktionsbüros gleichermaßen bindend wie für die entsprechenden Unternehmen, Institute, Ministerien und andere Institutionen.»

Somit sollte das Dokument von 1960 tatsächlich nicht nur gefährdete Berufsgruppen, sondern auch die allgemeine Bevölkerung vor radioaktiver Strahlung schützen. Ein Vergleich der entsprechenden Abschnitte und Regelungen in allen Dokumenten von 1960 bis zu den heute gültigen Bestimmungen 76/87 macht dies deutlich.

Alle vier Statuten definieren drei verschiedene Personengruppen A, B, C (vgl. S. 334, Anmerkung 3 des Kapitels «Geiseln») in Abhängigkeit von ihrer Nähe zu radioaktiven Substanzen. In allen vier Dokumenten sind höchstzulässige Jahresdosen für die verschiedenen, unterschiedlich strahlungsempfindlichen Organgruppen festgelegt. Die 76er und 76/87er Bestimmungen enthalten hier jeweils dieselben Grenzwerte. Jedoch, und dies spricht Bände, werden solche Werte nur in den Bestimmungen von 1960 auch für die Kategorie C angegeben: die allgemeine Bevölkerung.[3]

In den 76/87er Bestimmungen heißt es:

«§ 6.1 Die Strahlenbelastung der Bevölkerung (Kategorie C) wird einerseits begrenzt durch die Überwachung der Radioaktivität in der Umwelt (Wasser, Luft, Nahrungsmittel usw.); von technologischen Prozessen, die zu einer Kontamination mit Radionukliden führen können; von Strahlendosen durch medizinische Behandlung; erhöhter Hintergrundstrahlung durch die Verwendung bestimmter Baumaterialien, chemischer Düngemittel, das Verbrennen organischer Brennstoffe usw. sowie andererseits durch die in diesem Dokument festgelegten Grenzwerte für die Kategorien A und B.

Die Art der Regulierung oder Überwachung ist in den Gesundheitsrichtlinien 72/87 und anderen Gesetzesnormen definiert, die nach dem gesetzlich vorgeschriebenen Verfahren vom Ministerium für Gesundheit der UdSSR gebilligt oder beschlossen worden sind.

§ 7.1 Im Falle eines Unfalls, bei dem die Stahleneinwirkung auf die Bevölkerung außerhalb der direkten Schutzzone [eines Kernkraftwerks] die zulässigen Dosisgrenzwerte überschreiten kann, sind alle praktischen Maßnahmen zu treffen, um die Verstrahlung und Umweltverseuchung gemäß den Anforderungen der Gesundheitsrichtlinien 72/87 so gering wie möglich zu halten. Alle Gebiete, in denen die angegebenen Höchstwerte überschritten werden können, gehören zur Strahlenunfallzone.

§ 7.2 Bei der Realisierung geeigneter Maßnahmen kann das Ministerium für Gesundheit der UdSSR in Abhängigkeit von Ausmaß und Art des Unfalls für die Bevölkerung Basisgrenzwerte und zulässige Höchstwerte festsetzen und Schutzmaßregeln ausarbeiten, die ein normales Weiterleben in den kontaminierten Gebieten ermöglichen.»

Die sowjetische Bevölkerung wurde also schon 1976 gegenüber Unfällen in Kernkraftwerken schutzlos gemacht. Alle früheren Normen und Grenzwerte wurden abgeschafft beziehungsweise verschwanden einfach. Das Gesundheitsministerium erhielt das Recht, die Normen für Kategorie C nach eigenem Ermessen festzusetzen. Selbst die in den Bestimmungen Nr. 76 noch erwähnten «möglichen Langzeiteffekte und genetischen Folgen» fielen in den neuen Bestimmungen unter den Tisch.

Welch unglaubliches Konglomerat aus Scheinheiligkeit und Bürokratenchinesisch! Was haben die Dosisgrenzwerte für die Kategorien A und B mit der übrigen Bevölkerung, mit Frauen und Kindern zu tun? Was kann im Falle eines Unfalls für die Bevölkerung festgesetzt werden? Wenn man sich die Gesundheitsrichtlinien 72/87 vornimmt, so stellt man mit Erstaunen fest, daß dort die Regulierung und Überwachung der Strahlenbelastung der Bevölkerung nach einem Unfall mit keinem Sterbenswörtchen erwähnt ist. Und von Zahlenangaben ist natürlich auch keine Spur zu entdecken.

Beim Lesen der Bestimmungen 76/87 drängt sich unwillkürlich der Eindruck auf, die Wissenschaft habe die Folgen von Strahlung für die Kategorien A und B nachgewiesen, während Kategorie C (die Bevölkerung) unverwundbar zu sein scheint. Dies ist offenbar die Grundlage unserer derzeitigen Gesetzgebung zum Schutz der Bevölkerung vor Radioaktivität. Anders jedenfalls läßt sich jene im November 1988 vom Gesundheitsministerium der UdSSR herausgegebene Verordnung nicht erklären, die den Grenzwert der Lebenszeitdosis der Bevölkerung in den durch den Reaktorunfall in Tschernobyl kontaminierten Kontrollgebieten Rußlands, Weißrußlands und der Ukraine festlegt. Paragraph 1 dieser Verlautbarung setzt den Grenzwert der Lebenszeitdosis für externe und interne Bestrahlung auf 35 rem fest. Aber 35 rem über siebzig Jahre bedeuten 0,5 rem pro Jahr, also der höchstzulässige Normwert für Kategorie B gemäß sämtlichen seit 1960 erlassenen Strahlenschutzbestimmungen! Dann folgt ein Paragraph, dessen Zynismus geradezu unglaublich ist:

«§ 3. Es ist angemessen, die Bevölkerung der [kontaminierten] Kontrollgebiete der Kategorie B zuzuordnen, da es sich gemäß der Ausgangsdefinition dieser Kategorie um Personen handelt, die aufgrund ihrer Lebensumstände erhöhter Strahlung ausgesetzt sind und sich deswegen unter medizinischer Beobachtung befinden.»

Aber selbst das Limit von «35 rem über siebzig Jahre» stand nicht unangefochten da: Bereits im September 1988 hatte das Gesundheitsministerium ein Dokument mit dem Titel «Der Dosisgrenzwert für 1988 und 1989 nach dem Reaktorunfall im Kernkraftwerk Tschernobyl» erlassen, in dem es heißt (§ 1): «Der Dosisgrenzwert für die gesamte externe und interne Strahlenbelastung wird auf 2,5 rem pro Jahr festgesetzt.»

Somit haben wir eine Situation, in der vier verschiedene Verordnungen in Kraft sind: die Strahlenschutzbestimmungen 76/87 und die Gesundheitsrichtlinien 72/87, die überhaupt keine Normen für die Bevölkerung fixieren, das Dokument des Gesundheitsministeriums vom 22. November 1988, in dem für das Jahr 1989 ein Grenzwert von 35 rem über siebzig Jahre für die Kategorie B gesetzt und die allgemeine Bevölkerung dieser Kategorie gleichgeordnet wird, und schließlich das Dokument des Gesundheitsministeriums vom September

Abb. 52: Die Einschätzung der Strahlenrisiken ist ohne gewissenhafte Messung und Überwachung unmöglich (Foto vom Mai 1986).

1988, das als höchstzulässige Dosis 2,5 rem pro Jahr für 1988 und 1989 nennt.

Wenn man den Entwurfs- und Annahmeprozeß der gültigen Strahlenschutzbestimmungen (76/87) verfolgt, so fällt auf, daß an diesem Dokument, das die Normen für den Strahlenschutz der gesamten Bevölkerung setzt, niemand außerhalb des Staatlichen Gesundheitsministeriums beteiligt war: Es wurde von einer Arbeitsgruppe des Nationalen Strahlenschutzkomitees ausgearbeitet, welches selbst Teil des Ministeriums ist, ging dann zur Überprüfung an das Strahlenschutzkomitee und wurde schließlich vom Obersten Gesundheitsbeauftragten der UdSSR, G. N. Chljabitsch, abgesegnet.

Es ist einfach unglaublich, daß der gesamtsowjetische Gewerkschaftsrat, mit seinem Ruf als wachsamer Hüter der Interessen der Arbeiterschaft und all den ihm zur Verfügung stehenden Instituten und technischen Inspektoren, die Strahlenschutznormen offenbar einfach «übersehen» hat. Sicher, die Gesundheitsrichtlinien 72/87 hat er offiziell gebilligt, doch dies sind schließlich keine Strahlenschutzbestimmungen. Zudem ist offenbar niemandem aufgefallen, daß die Richtlinien 72/87 so gehalten sind, daß sie automatisch die Bestimmungen der Strahlenschutznormen 76/87 anerkennen, die wiederum niemals dem Gewerkschaftsrat vorgelegt worden sind. Während sich die Gesundheitsrichtlinien ebenfalls mit den Kategorien A und B befassen, ist die Kategorie C mit keinem Wort erwähnt.

Wir müssen daraus schließen, daß es in der UdSSR keinerlei wissenschaftlich fundierte Gesetze gegeben hat, die den Schutz der Bevölkerung vor Strahlung hätten gewährleisten können.

Das Pflichtversäumnis des Gewerkschaftsrats hat dazu geführt, daß die Standardwerte für Frauen und Kinder nun um ein Vielfaches höher liegen als die Belastungen, denen Beschäftigte von Kernkraftwerken ausgesetzt sind: 1986 – 10 rem; 1987 – 3 rem; 1988 – 2,5 rem; 1989 – 2,5 rem. Demgegenüber beträgt die durchschnittliche Dosis für Beschäftigte in Kernkraftwerken etwa 1 rem pro Jahr.

Abb. 53: Trotz der Warnungen, Verbote und ihrer Angst sind einige der Ausgesiedelten in ihre verstrahlten Häuser und Wohnungen zurückgekehrt. Das Leben dort ist anders als früher, aber es bietet die Gewähr, in vertrauter Umgebung zu sterben.

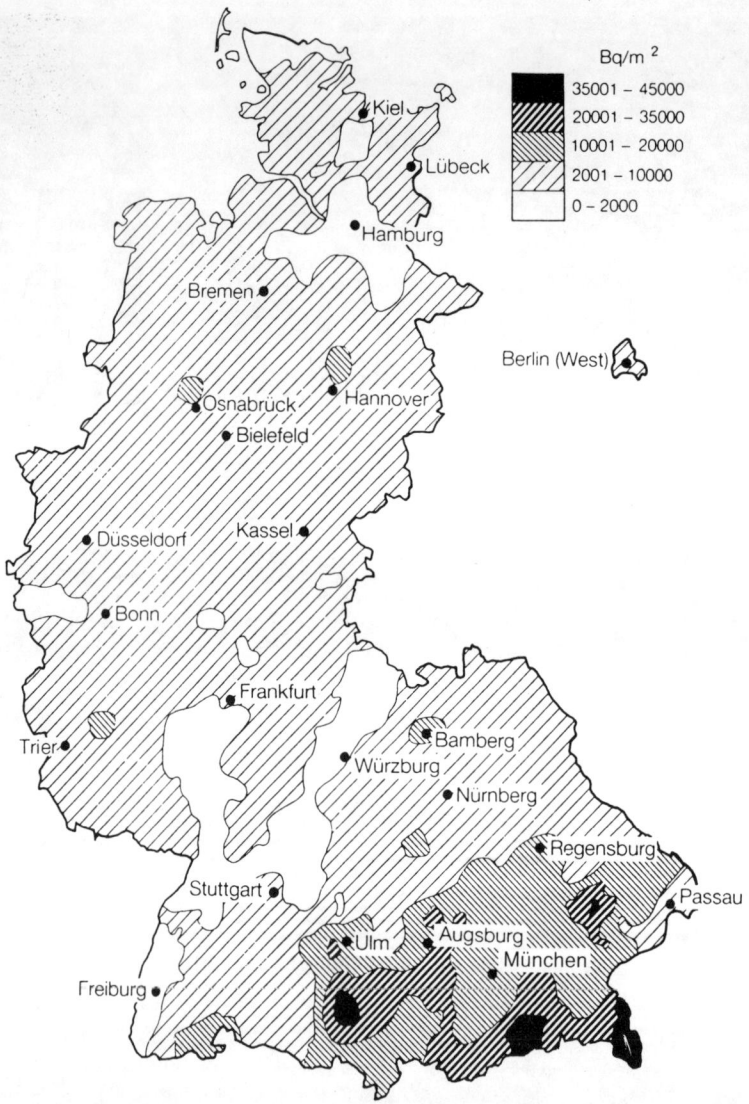

Abb. 54: Kontamination des Erdbodens durch Cäsium-137 in der Bundesrepublik Deutschland im Mai 1986. Aus: «Auswirkungen des Reaktorunfalls in Tschernobyl auf die Bundesrepublik Deutschland». Zusammenfassender Bericht der Strahlenschutzkommission. Stuttgart 1987, S. 47.

Das Erbe von Tschernobyl

Analysiert man die gegenwärtige Situation in und um Tschernobyl, so zeigt sich, daß wir es offenbar irgendwie geschafft haben, uns selbst zu beruhigen und vom scheinbar korrekten Gang der Dinge zu überzeugen. Es werden Programme ausgearbeitet, Entscheidungen und gelegentlich Maßnahmen getroffen. Wirklich beängstigend ist, daß dabei viel zu viel geredet wird und die Kompetenzen in diversen Fragen auf derart viele verschiedene Ministerien und Organisationen verteilt sind. Man spürt, wie sich allmählich alle mit dem Gedanken abfinden, daß uns die Zone auf ewig erhalten bleibt. Aber die radioaktive Verseuchung breitet sich weiter aus, und die radioaktiven Trümmer des vierten Blocks sind längst noch nicht so abgesichert, wie es die Strahlenschutzbestimmungen Nr. 76 verlangen. Mit wachsender Sorge sieht die Öffentlichkeit, wie überaus zäh es mit der Lösung all dieser Probleme vorangeht. Im Grunde stecken wir heute in der gleichen Situation wie unmittelbar nach dem Unfall. Das Geschehen hat sich lediglich verlangsamt und eine andere ökologische Bewegungsrichtung genommen.

Und eben darum müssen wir die Dinge organisatorisch wieder so angehen wie 1986!

Tschernobyl muß Vorrang vor allen anderen Fragen erhalten – in der Ukraine, in Weißrußland und in Rußland ...

Akademiemitglied Wiktor Barjachtar
Vorsitzender der Tschernobyl-Kommission
der Ukrainischen Akademie der Wissenschaften

Einige Jahre sind seit dem Reaktorunfall vergangen, doch das Leben in der Zone hat sich nicht geändert. Entgegen jeglicher Vernunft bleiben drei Blöcke des Atomkraftwerks Tschernobyl in Betrieb, auch wenn immer wieder Beschlüsse gefaßt werden, sie stillzulegen.

Das 1986 in der Zone geschaffene Unternehmen «Kombinat» wurde in die Produktionsvereinigung «Pripjat» umgewandelt. Zehntausende arbeiten noch immer dort, in Schichten von fünfzehn Tagen pro Monat. Es ist nicht recht zu erkennen, warum es so wichtig ist, den Betrieb aufrechtzuerhalten; um so klarer ist dafür, daß sich die Strahlenbelastung auf die Gesundheit dieser Menschen auswirkt und daß das Unternehmen den Staatshaushalt mit etwa 500 Millionen Rubel jährlich belastet.

Es ist deutlich geworden, daß die nukleare Katastrophe von Tschernobyl hinsichtlich ihrer geographischen Ausmaße und des radioaktiven Verseuchungsgrades ohne Beispiel ist. Die Zone sollte zu einem internationalen Wissenschaftszentrum erklärt werden, das der Erforschung der unzähligen Probleme dient, vor die uns die Katastrophe gestellt hat: Probleme der Dekontamination, der Wiederaufbereitung von Millionen Kubikmetern radioaktiven Abfalls, des Einflusses der Radionuklide auf das Ökosystem der Umgebung.

Das zweifellos wichtigste Problem ist jedoch, die Gesundheit der Menschen, die noch in den riesigen verseuchten Gebieten leben, zu erhalten und zu überwachen, das heißt die Auswirkungen niedriger Strahlendosen von 0,3 bis 0,5 rem pro Jahr zu erforschen, die Messung akkumulierter Radionuklide zu verbessern sowie medizinische Behandlungsmethoden zu entwickeln.

In diesem Kapitel konzentriere ich mich auf den gegenwärtigen Stand des Regierungsprogramms zur «Beseitigung der Folgen des Reaktorunfalls in Tschernobyl»[1]. Dies betrifft nicht nur die durch die Katastrophe geschädigten Regionen, sondern jedes Land, das Kernkraftwerke betreibt, ebenso wie die Nachbarn solcher Staaten. Reaktoren sind nach etwa dreißig Jahren «ausgebrannt». Dann müssen die Überreste des Kraftwerks isoliert oder anderweitig unschädlich gemacht werden. Hierzu sind ähnliche technologische Probleme zu überwinden wie in Tschernobyl – wenn auch, glücklicherweise, in geringerem Umfang.

Kommentare zum Regierungsprogramm

1. Das Programm enthält keine umfassende Beurteilung der Situation in den radioaktiv verseuchten Gebieten. Es finden sich keine Prognosen über die sozialen Auswirkungen. Es liefert keine Abschätzung der durch den Unfall entstandenen finanziellen Verluste (inoffizielle Schätzungen sprechen von 200 Milliarden Rubel bis zum Jahr 2000). Das Programm hat keine Gesetzeskraft. Es enthält keine klaren Aussagen über Ziele oder Zeitabläufe der Operationen, über die Aufbringung der erforderlichen wissenschaftlichen, personellen, finanziellen und materiellen Ressourcen. Bislang hat die Regierung nur folgendes erreicht:
   - die Versiegelung der stärksten Strahlungsquellen in der Unfallzone;
   - die Wiederinbetriebnahme der drei übrigen Blöcke des Kernkraftwerks Tschernobyl;
   - die Umsiedelung der Tschernobyl-Belegschaft in die Stadt Slawutitsch.
2. Die wichtigste Frage von allen ist nicht befriedigend gelöst: Was wird aus den Menschen? Aus der Bevölkerung, den Katastrophenhelfern und den Soldaten? Sinn und Zweck des Programms scheint zu sein,
   - die Öffentlichkeit zu beruhigen;
   - die wahren Schuldigen zu entlasten;
   - die Kosten zu minimieren.
3. Die Richtlinie «35 rem über siebzig Jahre» des Gesundheitsministeriums kann auch als Entscheidung darüber betrachtet werden, wie viele Menschen man sterben lassen will.
4. Es ist falsch, anstelle sauberer Nahrungsmittel einfach Geld zum Kauf von sauberen Nahrungsmitteln zu verteilen. Denn unbelastete Nahrungsmittel werden nicht in die verstrahlten Gebiete gebracht, jedenfalls nicht in ausreichender Menge.
5. Man sollte nicht über Privilegien für die «Liquidatoren» und die Bevölkerung diskutieren. Privilegien sind eine Erfindung der Bürokratie, um sich von der restlichen Gesellschaft abzuheben. Nicht um Almosen, sondern um eine gesetzlich abgesicherte Kompensation für den erlittenen Schaden an Gesundheit, Leben und Lebensgrundlagen muß es gehen. Diese Kompensation muß in verschiedener Form erfolgen: medizinische Behandlung, finanzielle Hilfe, Arbeitsplätze, Renten, Hilfe im Haushalt.

6. Es werden keine Richtlinien für die Dekontamination genannt. Das Ausmaß der erforderlichen Dekontaminationsarbeiten wird nicht konkretisiert. Dabei verbraucht die Armee täglich bereits eine Million Rubel für diese Arbeiten.

Pläne zur Dekontamination der Dörfer, Seen, Flüsse und des Kiewer Stausees existieren nicht, obwohl sich in den Reisfeldern an der Dnjepr-Mündung bereits Radioaktivität ansammelt.

Lediglich Weißrußland plant bislang den Bau von Endlagern für den radioaktiven Abfall. Und auch dort ist nur ein Lagervolumen von 300 000 Kubikmeter geplant, was, bei einer Abtragung von 10 Zentimetern, bei weitem nicht ausreicht, um eine umfassende Dekontamination des Bodens zu gewährleisten. Tatsächlich sind allein 3 Millionen Hektar mit 15 Ci/km^2 kontaminiert, die stärker verstrahlte 30-Kilometer-Zone und das Zentrum des Unfalls noch gar nicht mitgerechnet. Überhaupt fehlt generell die Bereitschaft zu durchdachten, großangelegten Dekontaminationsmaßnahmen.

Es gibt nicht einmal ein Verbot für das Verbrennen von radioaktiv verseuchtem Torf. Die darin angesammelte Radioaktivität wird mit dem Rauch und der Asche weiter in die Umwelt getragen.

7. Es wird nicht mehr versucht, die weit verstreuten «heißen» Teilchen zu lokalisieren und zu isolieren.

8. Den Arbeitern in den verseuchten Gebieten stehen keine brauchbaren Karten mit Strahlungsverteilungen zur Verfügung, und es ist auch nicht geplant, diesen Mangel auszugleichen. Die vom Staatlichen Meteorologischen Dienst gelieferten Strahlungskarten haben einen fünf- bis achtmal größeren Maßstab als der eigentlich benötigte von 1 : 200 000. Daher ist die Arbeit mit solchen Karten zwangsläufig sehr unpräzise.

Ebensowenig geben die Karten Aufschluß über die vielen tausend vorläufigen Einlagerungsgräben mit radioaktiven Trümmerteilen, über deren weiteres Schicksal es im übrigen auch noch keine offiziellen Verlautbarungen gibt. Allein in der 30-Kilometer-Zone liegen achthundert dieser provisorischen «Gräber».

Weiterhin fehlen hydrologische Karten und Gutachten über die Ausbreitung der Kontamination.

9. Sämtliche agronomischen Maßnahmen basieren auf der Richtlinie «35 rem über siebzig Jahre». Das gestattet den Anbau auf Ackerflächen mit einer radioaktiven Verseuchung von 80 und mehr Ci/km^2. Vor dem Unfall durften

auf Böden mit einer Radioaktivität von 3 bis 4 Ci/km^2 lediglich Produkte angebaut werden, die zur Weiterverarbeitung vorgesehen waren. Oberhalb von 4 Ci/km^2 war die Bewirtschaftung gänzlich untersagt.

Heute erzeugen 1520 weißrussische Siedlungen Milch, die stärker belastet ist als die erlaubten 1×10^{-8} Ci/Liter. Knochen, die das Acht- bis Neunzigfache der zulässigen Kontamination aufweisen, werden gemahlen und als Lebensmittelzusatz verwendet. Erst 1990 hat die weißrussische Regierung beschlossen, den landwirtschaftlichen Anbau auf Böden zu stoppen, die mit 40 Ci/km^2 und mehr belastet sind.

Änderungsvorschläge und Alternativen

Das Programm sollte überarbeitet werden und sich an folgenden zwei Zielen orientieren:

1. Erstellung einer *kompletten Übersicht* sämtlicher Folgen des Reaktorunfalls und seiner möglichen lokalen und globalen Konsequenzen technologischer, ökologischer, medizinischer, sozialpolitischer, ökonomischer und psychologischer Art.

   Weiterhin sollten die Auswirkungen zwei Gruppen zugeordnet werden: voraussagbare und unmittelbare Folgen einerseits und nicht voraussagbare, aber wahrscheinliche Langzeitfolgen andererseits. Letztere können wir natürlich nicht erschöpfend bewerten, aber zumindest benennen müssen wir sie.

   Es muß der Gesamtschaden bemessen werden, der uns entstehen kann, wenn wir nichts zur Schadensbeseitigung unternehmen. Dies würde die Kosten in die richtige Perspektive rücken.

   Um das wahre Ausmaß des Unfalls einzuschätzen, brauchen wir zuverlässige Daten über Emission und Verbreitung der Radioaktivität, über Strahlendosen und ihre Auswirkungen. Wenn solche Daten nicht systematisch gesammelt und ausgewertet werden, hat das Programm keine vernünftige Basis. Das Zahlenmaterial, das in den letzten drei Jahren gesammelt wurde (auch das über Block 4), zeigt, mit welchem Maß an Radioaktivität wir es derzeit zu tun haben und wie sie verteilt ist.

   Ein weites Gebiet (100 Quadratkilometer) am Oberlauf des Dnjepr ist mit einer Riesenmenge radioaktiven Materials (500 000 Curie) verseucht. In diesem Gebiet befinden sich achthundert Einlagerungsgräben mit den radioaktiv verseuchten Trümmern, diverse Lagerstätten für gering strahlenden Abfall des Kernkraftwerks, der Sarkophag, das Lager für abgebrannte Brennelemente (mit mindestens 20 Milliarden Curie) und die drei noch in Betrieb befindlichen RBMK-Reaktoren von Tschernobyl. Ein Unfall in diesem Bereich könnte den Dnjepr in einen Todesfluß verwandeln und die Evakuierung von 10 Millionen Ukrainern erforderlich machen. Wir müssen uns endlich der ungeheuren Gefährlichkeit radioaktiver Strahlung für jeden lebendigen Organismus bewußt werden. Beispielsweise bedarf es lediglich 100 Gramm Cäsium-137 oder 10 000 Curie, um den Jahrestrinkwasserbedarf der gesamten GUS zu vergiften.

Die Ergebnisse all dieser Studien müssen veröffentlicht werden.

2. Schaffung und Umsetzung eines umfassenden *integrierten Programms zur Schadensbeseitigung* mit der gesamten erforderlichen wissenschaftlichen, organisatorischen, materiellen und technischen Unterstützung und einer langfristigen finanziellen Basis auf internationaler und lokaler Ebene.

Um ein solch umfassendes Programm zu schaffen, müssen nicht nur der Ministerrat und die Akademie der Wissenschaften der Ukraine, sondern auch informelle öffentliche Organisationen mit einbezogen werden. Wir müssen uns besonders auf die Maßnahmen konzentrieren, die sich mit den vorhandenen materiellen, technischen und wirtschaftlichen Ressourcen durchführen lassen.

Ein derartiges Programm muß die Aufgaben für jedes einzelne Glied der Kette genau festlegen – von der wissenschaftlichen Erforschung der Probleme bis hin zur praktischen Ausführung der Maßnahmen und zur Auswertung der Ergebnisse.

Bestimmte Personen sollten für den Vollzug der einzelnen Programmbestandteile verantwortlich sein. Die Öffentlichkeit muß den Fortgang der Schadensbeseitigung überwachen können.

Technische Probleme

1. Das radioaktive Material, das aus dem Reaktor geschleudert und über weite Landstriche verteilt wurde, muß unschädlich gemacht werden. Es gibt keinen technischen Prozeß, der Radioaktivität zerstören könnte. Daher bleibt

uns als einzige Möglichkeit, das verstrahlte Material zu sammeln und in sicheren, dichten, dauerhaften Lagerstätten zu isolieren. Die spezielle Anlage («Vektor») in der 30-Kilometer-Zone wird nicht alle Probleme lösen können. Kein Land der Welt hat Erfahrung mit der Aufbereitung von Millionen Kubikmetern radioaktiv verseuchten Materials. Wenn wir keinen Weg finden, mit einfachen Techniken die provisorischen Halden in dauerhafte Lagerstätten zu verwandeln, ohne ihren Inhalt über lange Strecken zu transportieren, so können wir sicher sein, daß wir noch Milliarden in die Entwicklung neuer Aufbereitungstechnologien stecken müssen. Das Problem wird sich noch über Jahrzehnte hinziehen.

2. Was geschieht mit den abgebrannten Brennelementen aus den Kernkraftwerken? Allein in Tschernobyl sind es 30 000 Brennstabbündel mit Milliarden Curie an Radioaktivität. Die GUS verfügt weder über eine geeignete Wiederaufbereitungsanlage noch über die erforderlichen Transportmöglichkeiten. Die maximale Belastbarkeitsdauer des Lagers für abgebrannte Brennelemente in der Sperrzone ist bislang nicht genau bestimmt worden. Wenn man von den bisherigen Erfahrungen mit Lagerbecken für abgebrannte Brennelemente in Kernkraftwerken ausgeht, so läßt sich prognostizieren, daß die ersten Lecks zehn bis fünfzehn Jahre nach Beginn der Lagerung (1986) auftreten werden.

Unklar bleibt ferner, wie die hochradioaktiven Abfälle aus der «Vektor»-Anlage gelagert werden sollen. In den Ländern der ehemaligen UdSSR werden hochradioaktive Abfälle üblicherweise in Containern mit bis zu einigen hundert Kubikmetern Fassungsvermögen gelagert. Da diese Lagerungsmethode jedoch sehr große Gefahren in sich birgt (wie es der Vorfall in Tscheljabinsk 1957 gezeigt hat[2]), darf sie allenfalls als Überbrückungsmaßnahme angesehen werden.

Die Dauer der Lagerung in solchen Containern sollte auf maximal zwanzig bis dreißig Jahre begrenzt sein. Man muß sich vergegenwärtigen, daß an dem Problem der Verfestigung solcher Abfälle schon seit über dreißig Jahren gearbeitet wird, ohne daß bislang eine praktikable Lösung gefunden werden konnte. Wenn dieses Problem nicht gelöst wird, können weder das Lager für abgebrannte Brennelemente noch der Sarkophag noch die Reaktorblöcke des Kernkraftwerks demontiert werden.

Selbst wenn man eine entsprechende Anlage am oberen Dnjepr bauen würde, wäre sie eine enorme potentielle Gefahr für die Region.

3. Es müssen alternative Energiequellen entwickelt werden. Dies ist sicherlich eine internationale Herausforderung.

Ökologische Probleme

Bislang sind wir noch nicht über Reden und gute Ratschläge hinausgelangt. Es ist dringend erforderlich, einen Forschungs- und Operationsstützpunkt in der Ukraine zu schaffen, von dem aus die ökologischen Probleme angegangen werden können.

1. Erste Aufgabe ist, das Dnjepr-Becken vor weiterer radioaktiver Verseuchung zu schützen. Sodann muß ein praktikables Dekontaminationsprogramm für den Dnjepr ausgearbeitet und umgesetzt werden.
2. Nach den Plänen soll die Zone in den Zustand vor dem Unfall zurückversetzt werden. Diese Aufgabe ist nicht einmal theoretisch lösbar. Wir werden einen Kompromiß zwischen Ökologie und Ökonomie finden müssen. In jedem Fall muß umgehend eine umfassende Bewertung der vorhandenen Möglichkeiten stattfinden und die Öffentlichkeit darüber informiert werden.

Medizinische Probleme

1. Die Bevölkerung muß vor der Strahlung, die durch den Reaktorunfall freigesetzt worden ist, geschützt werden. Ein wirksamer Schutz der Bevölkerung ist nicht möglich, solange es keine Gesetze gibt, die den Umgang mit ionisierender Strahlung in Industrie, Medizin und Transportwesen regeln. Der Schutz der Bevölkerung vor Strahlung muß gesetzlich verankert und durch ein wirksames Kontrollsystem sichergestellt werden. Es müssen Dosimeter verfügbar gemacht werden, um dem einzelnen die Überwachung absorbierter Strahlendosen zu ermöglichen.
   Das Zulassen einer zu hohen Strahlenbelastung für die Menschen muß als krimineller Tatbestand definiert und unter Strafe gestellt werden.
2. Der irreführenden Praxis des Gesundheitsministeriums, die durchschnittlich aufgenommene Strahlendosis der Einwohner in verschiedenen Regionen zu ermitteln, muß ein Ende gesetzt werden. Denn die Strahlendosen sind nicht gleichmäßig verteilt, und so etwas wie eine unbedenkliche Dosis

gibt es nicht. Es ist wichtig, die individuelle Dosis jedes einzelnen zu kennen.

3. Es genügt nicht, nur ein einziges nationales Register über die Personen zu führen, die infolge des Unfalls radioaktiv belastet wurden. Die Erfahrung der letzten Jahre hat gezeigt, daß ein solches Register sehr schwerfällig und nur von beschränktem Nutzen ist. Da die Kommunikation mit den Gebieten, in denen die Betroffenen leben, nicht systematisch aufrechterhalten wird, sinkt die Zuverlässigkeit des Registers ständig. Etwa 10 Prozent der gespeicherten Informationen veralten jedes Jahr, da die Menschen umziehen, ihre Namen ändern oder sterben.

Das Gesundheitsministerium muß sich an die Bestimmungen des Paragraphen 7.3 der Strahlenschutzverordnung 76/87 halten, demzufolge die individuellen Dosen aus externer *und* interner Bestrahlung zu ermitteln sind, und dafür sorgen, daß entsprechende Register auf allen Verwaltungsebenen geführt und ständig aktualisiert werden.

(In Japan erhielten die Atombombenopfer spezielle Ausweise und waren dank eines effektiven Überwachungssystems unter ständiger Beobachtung der staatlichen Gesundheits- und Sozialdienste.)

4. Wir müssen die wissenschaftlichen Grundlagen der Strahlenmedizin in der Ukraine voranbringen. Es sollte ein Spezialfonds für die Beschaffung von Medikamenten und Diagnostikgeräten eingerichtet werden. Ferner muß in der Ukraine ein System von spezialisierten Polikliniken, Krankenhäusern und Behandlungszentren geschaffen werden.

Es sollte eine ständige, aktive internationale Zusammenarbeit mit medizinischen Einrichtungen vereinbart werden, die über eine hochentwickelte Strahlenmedizin verfügen.

5. Innerhalb des ukrainischen Gesundheitsministeriums sollte eine nationale Strahlenschutzkommission geschaffen werden, die zur Ausarbeitung, Genehmigung und Überwachung von Strahlenschutzbestimmungen berechtigt ist.

Sozialpolitische Probleme

1. Die herrschende Zensur, die eine Verbreitung der Wahrheit über die Reaktorkatastrophe von Tschernobyl und ihre Folgen sowie über Fragen der

Atomenergie im allgemeinen verhindern soll, muß sofort aufgehoben werden.

2. Das Verbot der Weiterverbreitung ökologischer Daten muß abgeschafft werden. Wenn wir die Gefahren nicht kennen und es versäumen, sie zu bekämpfen, kann dies die schlimmsten Folgen haben, bis hin zur Degeneration der Bevölkerung.

3. Unabhängige öffentliche Sachkenntnis in ökologischen Fragen ist wichtig und muß gefördert werden. Dafür stehen die Organisationen «Selenyj Swet» und «Narodnyj Ruch»[3]. Der Öffentlichkeit muß in diesen Belangen ein Vetorecht eingeräumt werden.

4. Sämtliche Daten über die Lagerung radioaktiven Materials auf ukrainischem Gebiet sind zu veröffentlichen.

5. Die ukrainische Akademie der Wissenschaften sollte das exklusive Recht erhalten, die Durchführung wissenschaftlicher Forschungsprojekte in der 30-Kilometer-Zone zu planen und in- und ausländischen wissenschaftlichen Organisationen die Genehmigung dazu zu erteilen.

6. Es müssen sämtliche Organisationen und Betriebe, ja die gesamte Bevölkerung an den Anstrengungen beteiligt werden, die kontaminierten Gebiete wieder zum Leben zu erwecken.

7. Man sollte ein auf die Beispiele «Selenyj Swet» und «Narodnyj Ruch» gestütztes Koordinationskomitee zur Leitung und Organisation der öffentlichen Aktivitäten einrichten. Diesem Komitee sollte die Verantwortung für einen neuen internationalen Fonds übertragen werden, aus dem die Mittel zur Durchführung der geplanten Maßnahmen bereitgestellt würden. Dieser Fonds würde aus freiwilligen Beiträgen aus aller Welt gespeist werden («Fonds für den Wiederaufbau»).

8. Das derzeitige Wohnungsbauprogramm der Ukraine («Wohnungen 2000») müßte erheblich erweitert werden, um die Umsiedlung von mehr Menschen aus den kontaminierten Gebieten zu ermöglichen.

Ökonomische Probleme

1. Die Tschernobyl-Reaktoren müssen endgültig abgeschaltet werden. Die RBMK-Konstruktionen der ersten und zweiten Bauabschnitte des Kernkraftwerks (Block 1 und 2) genügen nicht einmal den Anforderungen der

zur Zeit ihrer Planung gültigen Sicherheitsbestimmungen. Die zahlreichen schwerwiegenden Verstöße gegen die Sicherheitsanforderungen habe ich im Kapitel «Die Zone» ausführlich dargelegt. Der Unfall in Block 4 war angesichts der schwerwiegenden Konstruktionsmängel des Reaktors, einschließlich seines Steuerungs- und Schutzsystems, sowie aufgrund der mangelhaften Bedienungsvorschriften gleichsam vorprogrammiert, und es ist kein Zufall, daß bis heute kein umfassender, einvernehmlicher Bericht über den Reaktorunfall vorliegt.

In Anbetracht der Tatsache, daß die RBMK-Reaktoren über kein zuverlässiges System zur Begrenzung von Störfällen verfügen und somit eine sehr große potentielle Gefahr darstellen, ist es dringend erforderlich, unverzüglich einen Zeitplan für ihre Stillegung zu erstellen und in das Programm zur Schadensbeseitigung aufzunehmen. Ihre Energieleistung läßt sich durch kleinere Heizkraftwerke, die jetzt gebaut werden, oder andere Energieerzeuger ersetzen.

2. Die tatsächlichen langfristigen Kosten der Schadensbeseitigung (bis zum Jahr 2000 und darüber hinaus) müssen ermittelt werden. Ausgaben für diesen Zweck sollten als gesonderter Posten im Finanzhaushalt der Ukraine ausgewiesen sein.

Psychologische Probleme

Es ist lebenswichtig, alle erdenklichen Mittel zu nutzen, um den Menschen den Ernst der Lage klarzumachen und ihnen zu vermitteln, wie tragisch die Folgen der Reaktorkatastrophe von Tschernobyl noch werden können, wenn nicht alles Menschenmögliche unternommen wird, um sie rechtzeitig abzuwenden.

Ausblick

In diesem Buch haben wir uns mit den Auswirkungen eines einzigen Unfalls befaßt. Seine schrecklichen Dimensionen zwingen uns, das Für und Wider unserer Energieerzeugungstechnologien sorgfältig gegeneinander abzuwägen.

In der Theorie läßt sich mit Hilfe der Nukleartechnik billige und ökologisch saubere Energie erzeugen – vorausgesetzt, man löst alle Probleme der Abfallbeseitigung. Tatsache ist, daß Kraftwerke, die mit fossilen Brennstoffen arbeiten, und Wasserkraftwerke auch nicht uneingeschränkt umweltverträglich sind – man denke nur an den Treibhauseffekt, die Zerstörung der Ozonschicht oder die weiten Landstriche, die von angestauten Flüssen überflutet, und die Gebiete, die weiter flußabwärts in Wüstenlandschaften verwandelt werden.

Zudem darf man nicht vergessen, daß Kohlekraftwerke durch die in der Kohle vorkommenden radioaktiven Kerne jährlich bestimmte Mengen an Radioaktivität freisetzen, die manchen Schätzungen zufolge die geringfügigen Mengen, die normalerweise von Kernkraftwerken abgegeben werden, sogar übersteigen.

Die unmittelbaren Gefahren dieser konventionellen Technologien, die Wahrscheinlichkeit also, mit der bei einem Unfall Menschen *unmittelbar* verletzt oder getötet werden, dürften etwa dieselben sein wie bei einem Kernkraftwerk. Aber die räumlichen und zeitlichen Dimensionen der Folgen eines vergleichbaren Unfalls in einem Kernkraftwerk sind unverhältnismäßig viel größer. Ein einziger Unfall in einem Kernkraftwerk kann so viel Schaden anrichten, daß die theoretischen Vorteile dieser Technologie mit einem Schlag zunichte gemacht werden.

Somit sind wir sowohl mit methodischen als auch mit prinzipiellen Problemen konfrontiert. Was die Methoden anbelangt, so stellt sich die Frage, ob es möglich ist, einen Sicherheitsgrad zu erreichen, der den Ansprüchen der Gesellschaft genügt, und ob sich dies mit vertretbarem finanziellem Aufwand realisieren läßt. Dies gilt gleichermaßen für alternative Formen der Energiegewinnung wie Wind-, Gezeiten- und Sonnenenergie. Prinzipiell stehen wir, grob gesprochen, vor der Wahl zwischen «billiger Energie mit größerem Risiko» oder «teurerer Energie mit größerer Sicherheit».

Die wichtigsten Schlußfolgerungen lauten: Das Gebiet, das von sämtlichen Aspekten der gewählten Energieerzeugungsform betroffen wäre, darf den Rechtsprechungsbereich der jeweiligen Entscheidungsträger niemals überschreiten. Entscheidungen über potentiell gefährliche Technologien dürfen nicht ohne eine offene, faire und qualifizierte öffentliche Diskussion getroffen werden.

Gedanken und Bilder[1]

Die heutige Geisterstadt Pripjat liegt an den Ufern des gleichnamigen Flusses im Norden der Ukraine. Diese Luftaufnahme zeigt die funktionalen Hochhaussiedlungen und ein Stück des Flusses. Etwas weiter südlich fließt der Pripjat, gemeinsam mit dem Dnjepr, dem Ush und weiteren Flüssen, in den Kiewer Stausee. Die erste Stadt am Südzipfel des Stausees ist Kiew, die Hauptstadt der Ukraine, 130 Kilometer von Pripjat entfernt. Das Wasser durchfließt von hier aus weitere Reservoirs und mündet schließlich ins Schwarze Meer. Auf dem Weg dorthin versorgt es eine Vielzahl von Städten und Dörfern.

Nicht wenige der 40 000 Einwohner von Pripjat waren im nahe gelegenen Kernkraftwerk Tschernobyl beschäftigt. Sie sorgten dafür, daß das «gezähmte Atom» auch zahm blieb. Das Kraftwerk liegt nahe der kleinen Stadt Tschernobyl am nördlichen Ende des Kiewer Stausees.

In einer Nacht im April 1986 wurde ein Alptraum Wirklichkeit: Eine plötzliche Explosion in Block 4 zertrümmerte die Wände, hob das Dach in die Luft, ließ es kippen und in die Reaktorhalle zurückstürzen. Schon im konventionellen Maßstab wäre dieses Ereignis schrecklich genug gewesen: Flammen, Dampfexplosionen, Heißwasser, niederbrechender Stahl und Beton . . . Aber im Falle eines Kernreaktors wird daraus eine globale Katastrophe. Radioaktive Strahlung tötet die Menschen in der unmittelbaren Umgebung; gelangt sie unkontrolliert in die Atmosphäre und die Gewässer, so kann sie Mensch und Umwelt über weite Landstriche vergiften.

Aufgrund der hohen Strahlenwerte waren Flugzeuge und Hubschrauber am ehesten geeignet, um sich ein Gesamtbild vom zerborstenen Reaktor zu machen. Später wurden Hubschrauber auch eingesetzt, um zu verhindern, daß sich die Strahlung weiter ausbreitet: Auf den offenen Reaktor wurden Polymerflüssigkeiten gesprüht, die dort einen dünnen Film zur Einschränkung der Staubbewegung bildeten. Dieser Staub, vom Wind verteilt, war nämlich eine weitere Quelle radioaktiver Verseuchung neben den aus der Reaktorhöhle herausgeschleuderten «heißen» Teilchen, die die Strahlung über weite Teile der Sowjetunion und Europas verbreiteten.

Dekontaminierung in Tschernobyl: Die radioaktiven Substanzen werden in den Abfluß gespült.

Es besteht die Gefahr, daß verseuchtes Kühl- und Waschwasser ins Grundwasser gelangt und so alle Gewässer weiter flußabwärts vergiftet. Das Bild oben links zeigt den sinnlosen, ja lächerlichen Versuch eines Soldaten, den Kiewer Stausee mit Dekontaminationsflüssigkeit aus einem Tanklaster abzuspritzen.

Strahlung können wir nicht spüren, daher müssen wir sie messen. Zwar läßt sich dadurch die Gefahr nicht ausschalten, aber es hilft zumindest, sie zu minimieren, denn die Meßwerte diktieren die erforderlichen Vorsichtsmaßregeln.

Strahlenverseuchte Bodenschichten und Trümmer werden gesammelt und vergraben. Danach müssen die Maschinen für die Erdräumarbeiten sowie sämtliche Fahrzeuge, Konstruktionen und Menschen dekontaminiert werden.

Drei Mitglieder der Regierungskommission für die «Liquidierung der Folgen des Reaktorunfalls» (von links: Wosnek, Vorsitzender Schtscherbina und Alexow).

Nach einem Erkundungsflug über Block 4: die Leiter des Katastrophenstabs
mit ihrer Hubschraubermannschaft.
Diese Crew fiel am darauffolgenden Tag, am 10. Oktober 1986, den
Aufräumungsarbeiten zum Opfer: Als sie sehr dicht über Block 4 flogen, schlug
der Heckrotor ihres Helikopters gegen eine Kette, die von einem beim Bau des
Sarkophags eingesetzten DEMAG-Kran herabhing. Der Hubschrauber stürzte
etwa fünf Meter neben dem Sarkophag ab. Die Mannschaft wurde getötet.

Unmittelbar nach dem Reaktorunfall wurden einige der zu Hilfe geholten Soldaten in dürftigen Zelten inmitten hochverstrahlter Regionen untergebracht.

Ein Warnschild mit der Aufschrift: «Radioaktivität – GEFAHRENZONE! Weiden von Vieh, Heuschneiden, Pilze- und Beerensammeln VERBOTEN!»

Der Lüftungsschornstein von Block 3, einer der gefährlichsten hochradioaktiven Bereiche. Bei den verseuchten Materialbrocken handelt es sich um radioaktives Graphit aus dem Reaktorkern, das von der Explosion auf die Schornsteinplattformen und auf das Dach von Block 3 geschleudert wurde.

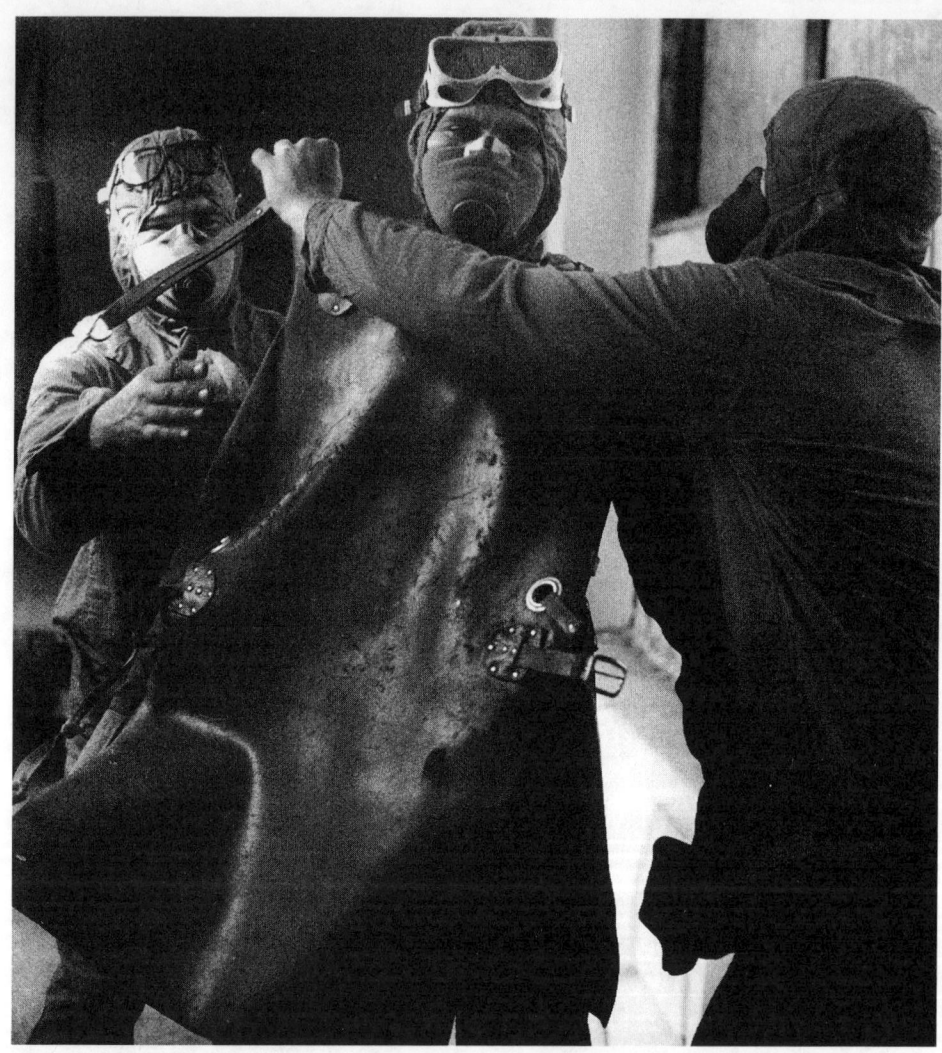

Die extrem starken Strahlenfelder auf dem Dach von Block 3 ruinierten die Elektronik
der eingesetzten Roboter und setzten diese außer Gefecht. Da die Politiker keinen
Aufschub der Arbeiten duldeten, wurden sie von Hand zu Ende geführt. Um die Strahlendosen in Grenzen zu halten, wurde die Einsatzdauer pro Mann auf 15 bis 90 Sekunden begrenzt. Bei alledem stand nur dürftige Schutzausrüstung zur Verfügung.

Die Schornsteinplattformen und das Dach des benachbarten Block 3 wurden von den radioaktiven Trümmern geräumt, die in den Rachen des ausgebrannten vierten Reaktorblocks geworfen wurden. Gleichzeitig wurden die Überreste des Unglücks-blocks von einem Beton-Containment umschlossen. Hier eine Ansicht des fertigen «Sarkophags».

Um das Containment auch von unten her zu sichern, wurde ein Tunnel unter der Reaktorruine durchgezogen. Schon unter «normalen» Bedingungen ein schwieriges Unterfangen, war es dies um so mehr bei der unter dem zerstörten Reaktorkern herrschenden ultrahohen Strahlung. Wie bei den Räumungsarbeiten auf dem Dach mußte auch hier wieder die meiste Arbeit von Hand, mit Schaufeln und Schubkarren, getan werden. Schutzkleidung und Atemschutzmasken behinderten die Arbeiter so sehr, daß man sie oft zwingen mußte, sie überhaupt anzulegen.

Seit einiger Zeit erfährt die Welt
von den ersten Spätfolgen
radioaktiver Verseuchung:
Störungen der Hormon-
produktion und Mutationen.
Im Bild: Fehlbildungen von
Blättern und Tannennadeln.

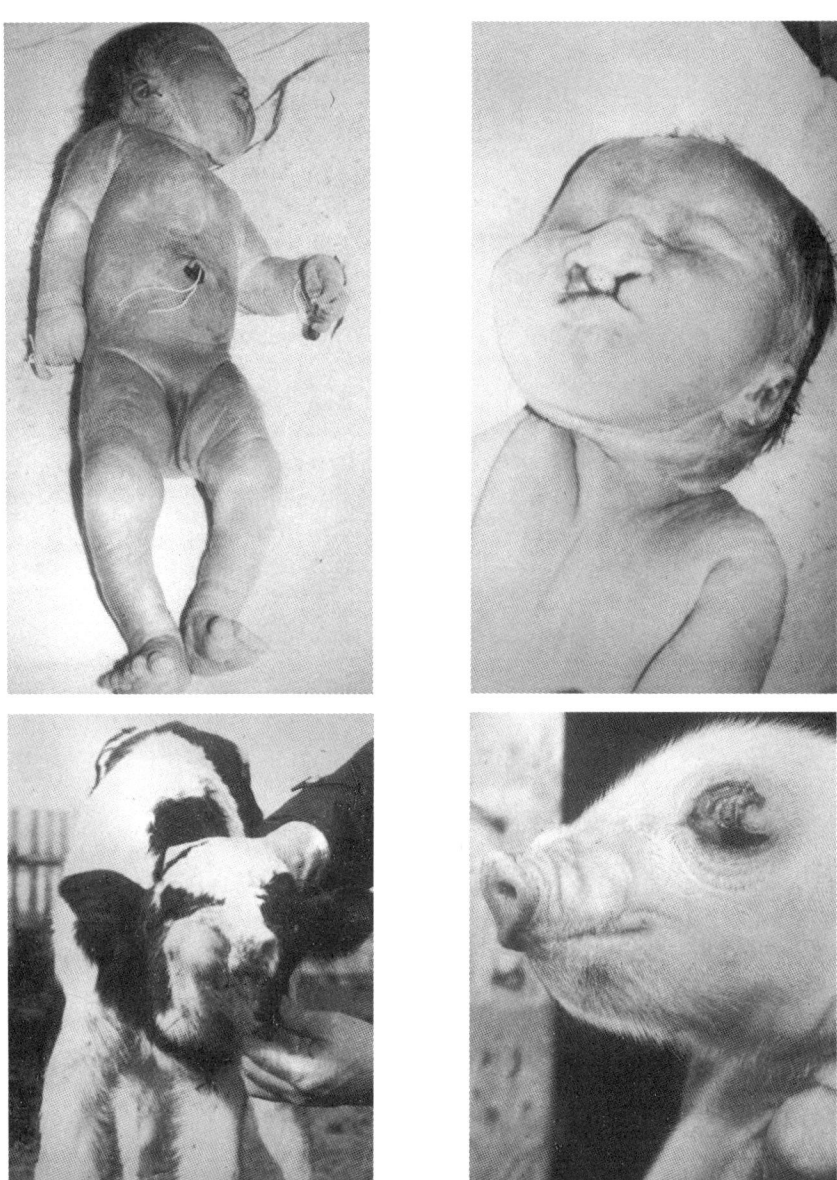

Es kommen immer mehr mißgebildete Kinder und Tiere zur Welt.

Dieser Baum war ein Denkmal für sowjetische Partisanen, die im Zweiten Weltkrieg hier gehängt wurden. Trotz seiner starken Verstrahlung durfte er zunächst stehenbleiben, bis er 1990 bei einem Sturm so stark beschädigt wurde, daß er nicht mehr erhalten werden konnte.

Anhang

Anmerkungen

Schwarzer Regen

1 Die Bombe war 3 Meter lang, hatte einen Durchmesser von 0,7 Metern und wog 4 Tonnen.

2 Auf meine Bitte hin war der Korrespondent der *Komsomolskaja Prawda* so freundlich, im August 1989 dieses und das folgende Interview in Nordkorea aufzuzeichnen.

3 Diese Bombe hatte eine Länge von 3,2 Metern, einen Durchmesser von 1,5 Metern und ein Gewicht von 4,5 Tonnen. Sie war eigentlich für die Stadt Kokure bestimmt, doch Kokure lag im Nebel, deshalb drehten die amerikanischen Bomber nach Nagasaki ab.

4 Mit einem RBMK-Reaktor betrieben. RBMK steht für «Reaktor Bolschoi Moschtschnosti Kanalnij» (leichtwassergekühlter graphitmoderierter Druckröhrenreaktor). Der Reaktor ist in einem Betonschacht von 21,6 x 25,5 Metern untergebracht. Er ist mit 192 Tonnen Uran-Brennelementen bestückt. Zu weiteren Einzelheiten vgl. Kapitel 3.

5 Starowoitow war im dritten Bauabschnitt des Kernkraftwerks Tschernobyl beschäftigt (Block 5 und 6). Das Interview mit ihm habe ich am 26. April 1990 auf der Isolierstation 2 der Abteilung für Strahlenkrankheit in Kiew aufgezeichnet.

6 Ministerium für Mittleren Maschinenbau.

7 Die Energiedosis gibt die wirksame Energie pro Masse des bestrahlten Materialvolumens an. Sie wird in Gray (Gy) gemessen. Bis 1985 wurde die Einheit rad (radiation absorbed dose) verwendet. 1 Gy = 100 rad; entsprechend 1 rad = 0,01 Gy. Zu weiteren Einheiten und ihrer Beziehung untereinander vgl. S. 341 f.

8 1000 R/h, in wissenschaftlicher Schreibweise. Diese Größe gibt die Ionendosis (der äußeren Bestrahlung) an. Seit 1985 ist Coulomb pro Kilogramm (C/kg) die offizielle Einheit. Zu weiteren Einzelheiten vgl. S. 341.

9 Die 10-Kilometer-Zone rund um das Kraftwerk.

10 Im Mai 1986 betrug die Strahlenbelastung dort 10 bis 20 Röntgen pro Stunde.

11 Direktor des Instituts für Biophysik in Moskau.

12 Chefärztin jener Station der Klinik 6 in Moskau, die langjährige Erfahrung in der Behandlung von Strahlenopfern hat. Auch die ersten Opfer der Tschernobyl-Katastrophe wurden nach Moskau geflogen und in diesem Krankenhaus behandelt.

13 Die alte Einheit für die Aktivität war Curie (Ci); sie ist durch Becquerel (Bq) ersetzt worden; $1 Bq = 1/s$, was einen Zerfall pro Sekunde bedeutet. $1 Ci = 3,7 \times 10^{10} Bq$ und $1 Bq \approx 2,7 \times 10^{-11} Ci \approx 27 pCi$. Vgl. S. 341.

14 Damals entsprach ein Rubel ungefähr 3 DM.

15 1 MW = Megawatt = 1 Million Watt.

16 Die russische Bezeichnung lautet «Wegetososudistaja distonija» und beschreibt einen Effekt der Strahlung, der zu Gefäßkrämpfen führt. Die Folgen sind Herzrhythmusstörungen, allgemeine Müdigkeit und Apathie.

17 Der Autor (T) führte das folgende Interview mit W. Omeltschenko (O) im Februar 1989 in Tschernobyl.

18 Die ukrainischen «Grünen», eine Umweltgruppe.

19 Nach einer groben Schätzung, die auf der Annahme beruht, daß die Strahlung auf Cäsium 137 zurückgeht (unterschiedliche Kerne geben unterschiedliche Strahlungen ab), erhält jemand, der in einer Umwelt mit einer Belastung von 15 Ci/km^2 lebt, in einem Jahr eine Dosis von 3 rem externer Strahlung. Nach internationalen Normen gelten 0,1 rem in einem Jahr als zulässige Höchstdosis für die Normalbevölkerung.

20 Die Einheit Bq/m^3 bezeichnet die Aktivität pro m^3, wobei 1 Bq für einen Zerfall pro Sekunde steht.

21 Das heißt Chromosomenaberrationen auf zellulärer Ebene.

22 Aus diesen Daten scheint zu folgen, daß Kinder, die in ökologisch unbelasteten Regionen außerhalb des Gebiets Gomel leben, aber kontaminierte Lebensmittel essen, ungefähr die gleiche Strahlendosis erhalten wie Kinder, die in einer strahlenbelasteten Umwelt leben, aber zumindest teilweise «saubere» Lebensmittel essen.

23 Der Ausdruck «unspezifisch» bedeutet in diesem Zusammenhang, daß die Ärzte Schwierigkeiten haben, die beobachteten Erscheinungsformen der Lungenentzündung im Rahmen der traditionellen Diagnostik und Ätiologie zu verstehen.

24 Der Autor hat das folgende Interview am 6. Mai 1989 in Naroditschi geführt.

25 Der Augenspezialist war lange Zeit krank; während dieser Zeit wurden die Kinder nicht untersucht.

26 Anfang 1990 übergab W. Jakowenko dem Autor eine Kopie dieses offenen Briefes.

27 Der Autor erhielt 1990 in Mogiljow eine Kopie dieses Briefes von Vertreterinnen der weißrussischen Sektion des Verbandes «Kinder von Tschernobyl».

28 mR/h = Milliröntgen pro Stunde; 20 mR/h entspricht also 0,02 R/h.

29 Lepin bezieht sich auf den Besuch, den Michail und Raissa Gorbatschow Tschernobyl am 23. Februar 1990 abgestattet haben. Er dauerte vierzig Minuten. Nachdem Gorbatschow den Schutzschild von Block 2 in Augenschein genommen hatte, fuhr er in die Stadt Slawutitsch, von der aus der Fernsehbericht über seinen Besuch gesendet wurde.

Die Explosion

1 Dieses Interview führte W. M. Tschernousenko (T), als er O. Genrich (G) im April 1990 in Moskau besuchte.

2 Das folgende Interview mit Smargin (S) führte der Autor (T) im April 1990 in Moskau.

3 Zu weiteren Einzelheiten dieser Tests vgl. Kapitel 3.

4 Es handelt sich um die Fortsetzung des auf S. 79 begonnenen Interviews.

Wer ist schuld?

1 Die russischen Abkürzungen sind PBJa-04-74 und OPB-73. Die Endzahlen bezeichnen die Jahre, in denen die Vorschriften verabschiedet wurden.

2 Gemeint sind die Steuer- und zusätzlichen Absorberstäbe, die bei Schnellabschaltung in die Stabkanäle einfahren und dabei Wasser aus ihnen verdrängen, was zu einer Leistungsexkursion führt, bevor die moderierende Wirkung einsetzt. *Anm. d. Red.*

3 Es stand bei dieser Konstruktion vielmehr das Interesse im Vordergrund, Plutonium für militärische Zwecke zu gewinnen. *Anm. d. Red.*

4 «TÜV»-Vorschriften. *Anm. d. Red.*

5 Dieser Abschnitt ist ein «Summary», eine kurze Zusammenfassung der Ergebnisse der im Originaltext enthaltenen detaillierten Auseinandersetzung des Autors mit den gegen die Operateure erhobenen Vorwürfen. *Anm. d. Red.*

6 Die Abschaltung des Notkühlsystems für den Reaktorkern.

7 International Nuclear Safety Advisory Group (INSAG), «Summary Report on the Post-Accident Review Meeting on the Chernobyl Accident», Wien 1986.

Die Zone

1 «Wasser-Wasser-Energie-Reaktor», Druckwasserreaktor einer anderen sowjetischen Baulinie. *Anm. d. Red.*

2 Das Gespräch fand im April 1990 in Moskau statt.

Der Sarkophag

1 Dieses Gespräch fand im April 1990 in Moskau statt.

2 Das neue Ministerium für Atomkraftwerke übernahm im Juli 1986 alle Funktionen, die zuvor vom Ministerium für Energie und Elektrifizierung und anderen Ministerien und Staatskomitees ausgeübt worden waren. *Anm. d. Red.*

Die «Liquidatoren»: damals und heute

1 Aus einem Brief an den «Tschernobyl-Bund» vom Dezember 1989. Um die Anonymität des Verfassers zu wahren, wurde der Name geändert. Dieser Brief, ebenso wie andere Schreiben, die weiter unten zitiert werden, hat der Tschernobyl-Bund dem Autor zur Veröffentlichung in diesem Buch überlassen.

2 Der frühere Gesundheitsminister der Ukraine ist Vorsitzender der Schiedsgerichtskommission, die sich mit Bittgesuchen befaßt.

3 So lautet die typische bürokratische Antwort auf Anfragen dieser Art. Dem Autor liegen Dutzende solcher unterzeichneter Briefe vor, in denen der übliche Bescheid «Kein Zusam-

menhang mit Ihrem Aufenthalt in Tschernobyl», «nichts Ungewöhnliches» und besonders der Standardsatz «Kein Zusammenhang mit radioaktiver Strahlung» auftaucht.

4 Die sowjetischen Behörden unterschieden *Zonen gelegentlicher Kontrolle* (1–15 Ci/km^2), *Zonen ständiger Kontrolle* (15–40 Ci/km^2) und *Zonen strikter Kontrolle* (über 40 Ci/km^2). *Anm. d. Red.*

«Strahlenphobie»

1 Dieses Interview fand am 20. März 1990 in Naroditschi statt. Zur geographischen Orientierung vgl. Abbildung 3 (S. 21) und 10 (S. 41).

2 Im weiteren wird die gebräuchliche wissenschaftliche Schreibweise für diese Einheiten benutzt: «R/h» für Röntgen/Stunde, «mR/h» für Milliröntgen/Stunde und μR/h für Mikroröntgen/Stunde. Dabei steht «Milli» für $\frac{1}{1000}$ und «Mikro» für $\frac{1}{1000000}$.

3 Dieses Interview wurde am 15. April 1991 in Chojniki geführt.

4 Dieses Gespräch fand im April 1990 in Moskau statt.

5 Akimow bezieht sich auf den offiziellen Standpunkt, daß eine Dosis von 35 rem über eine Lebenszeit von siebzig Jahren durchaus hinnehmbar sei.

6 1990 waren das etwa 20 Dollar.

Geiseln

1 Die durchschnittliche Jahresdosis der natürlichen Hintergrundstrahlung liegt zwischen 0,1 und 0,2 rem. Das ergibt in dreißig Jahren eine zusätzliche Belastung von 3 bis 6 rem. *Anm. d. Übers.*

2 J. I. Tschasow, L. A. Ilin, A. K. Guskow, «Die Gefahren eines Atomkriegs» (russisch), Moskau 1982, S. 121.

3 Dieser Begriff bezieht sich auf die Einteilung der Bevölkerung hinsichtlich der Höhe der Strahlenbelastung. *Kategorie A:* Personen, die beruflich direkt mit Quellen ionisierender Strahlung zu tun haben. *Kategorie B:* Personen, die zwar nicht direkt mit Strahlenquellen arbeiten, aber in dosimetrisch überwachtem Gebiet wohnen, die also aufgrund ihres Arbeitsplatzes, der Art ihrer Arbeit oder der Lage ihres Wohnortes gesundheitsschädigenden Wirkungen radioaktiver Substanzen ausgesetzt sein können. *Kategorie C:* Die allgemeine Bevölkerung. *Kritische Gruppe:* Personen, die wegen ihres Gesundheitszustandes oder Alters bei Strahlenexposition besonders gefährdet sind.

Jenseits des Grenzwerts

1 Das Gespräch wurde im Februar 1990 in Naroditschi geführt.

2 Romanenko war Gesundheitsminister der Ukraine. Lichtarew und Prisjashnjuk sind Vertreter ukrainischer Ministerien.

«Werde ich am Leben bleiben, Doktor?»

1 Der Autor führte das Gespräch mit T. Bjelookaja, aus dem der folgende Bericht entstanden ist, im Mai 1990 in Tschernobyl.

Wie sicher ist unser Strahlenschutz?

1 A. W. Lebedinskij, J. I. Moskalew, «Erfolge der modernen Biologie» (russisch), Moskau 1960.
2 1 SE entspricht etwa 3 Millirad/Jahr. Bei Erwachsenen entspricht 1 SE einer Strontium-90-Konzentration von $0,15 \times 10^{-12}$ Ci pro Gramm Knochenmasse oder 0,001 Mikrocurie im gesamten Skelett.
3 Die höchstzulässige Dosis externer und interner Strahlenbelastung für die Kategorie C betrug jeweils 0,05 rem/Jahr. *Anm. d. Übers.*

Das Erbe von Tschernobyl

1 Dieser 1990 ausgearbeitete, zwischen den Regierungen der drei betroffenen Republiken einerseits und der damaligen Zentralregierung andererseits abgestimmte Maßnahmenkatalog ist zunächst für den Zeitraum 1990–1995 angelegt und befaßt sich in fünf Einzelprogrammen mit allen Aspekten der Schadensbekämpfung. *Anm. d. Übers.*
2 In Kyschtym bei Tscheljabinsk (Südural) wurde spaltbares Material für die Atombombe hergestellt. 1957 explodierte dort ein Tank mit radioaktiven Abfallprodukten infolge zu starker Wärmeentwicklung beim natürlichen Zerfall radioaktiven Mülls. *Anm. d. Übers.*
3 «Selenyj Swet» oder «Grünes Licht» ist die Organisation der Grünen in der Ukraine. Sie befaßt sich mit ökologischen Fragen. «Narodnyj Ruch» ist eine politische Organisation, die sich für die Perestrojka und nationale ukrainische Belange einsetzt (gegründet Ende 1989).

Gedanken und Bilder

1 Die meisten Fotos dieses Schlußkapitels stammen von Alexander I. Salmygin. Er nahm ab August 1986 an den Aufräumungsarbeiten in der 30-Kilometer-Zone teil. Derzeit ist er in Pripjat als Mitarbeiter der Katastrophentruppe «SpezAtom» tätig, die speziell für die Bewältigung von Situationen wie in Tschernobyl geschaffen wurde – sollte sich so etwas jemals wiederholen.

Dank

Dieses Buch wäre ohne die Hilfe Hunderter von Menschen nicht möglich gewesen, denen ich zu meinem großen Glück in der Zeit der aktiven Mitwirkung an der Schadensbeseitigung begegnete. Die Fairness verlangt, ihre Koautorenschaft anzuerkennen. Leider kann ich sie nicht alle erwähnen. Aber ich möchte doch zumindest einige von denen ausdrücklich anführen, die mich bei diesem Projekt unterstützt oder unter ihm gelitten haben, weil es meine Zeit völlig in Anspruch nahm. Zu letzteren gehören vor allem meine Frau und meine Töchter. Mit meiner Leidenschaft für die Physik hatten sie sich wohl oder übel abgefunden, doch nun mußten sie erleben, daß ich über Nacht tief in die Probleme von Tschernobyl verstrickt wurde, was unser Familienleben sehr stark belastete.

Mein besonderer Dank gilt all den Leuten, mit denen ich in jenem heißen Sommer des Jahres 1986 in der Sonderzone zusammengearbeitet habe, insbesondere meinen Freunden Je. Akimow, I. Akimow, W. Golubew, W. Goluschtschak, A. Gurejew, W. Dedow, Ju. Andrejew, G. Dmitrow, D. Wasiltschenko, A. Nistrjan, W. Omeltschenko, Ju. Samoilenko, G. Nadjarnych, W. Starodumow, A. Schimin, W. Tschutschrin, W. Pschenitschnych, den Obersten A. Nosatsch, A. Sontnikow, A. Sauschkin, A. Grebenjuk, den Generalen K. Poluchin, N. Tarakanow, den Leitern der Dosimetrie-Spezialeinheit A. Jurtschenko und A. Kusnezow.

Ferner möchte ich allen Menschen danken, die in dieser tragischen Nacht des 26. April 1986 in Tschernobyl Dienst taten. Viele von ihnen haben ihr erfolgreiches Bemühen, die Explosion der anderen drei Reaktoren des Kernkraftwerks Tschernobyl zu verhindern, mit dem Leben bezahlt. Als wir gemeinsam Patienten der Klinik 6 in Moskau waren, habe ich mit einigen von ihnen lange Abende damit verbracht, diese schreckliche Nacht sekundengenau zu rekonstruieren. Vor allem möchte ich O. Genrich, W. Smagin, A. Nechajew, A. Uskow, A. Tormosin und A. Jurtschenko nennen.

Bei der Arbeit an dem Buch erhielt ich sehr umfangreiche Hilfe von den Mitgliedern des «Tschernobyl-Bundes», insbesondere von G. Lepin, N. Karpan, M. Melnikow, W. Tarasenko, W. Lomakin, W. Chalimtschuk und K. Sabadyr. Die Unterlagen, die sie mir zur Verfügung stellten, bildeten die Grundlage für die Kapitel 3, 9, 14 und 15. Teile des Berichts, den A. Jadrichinskij über die Ursachen des Unglücks geschrieben hat, habe ich in Kapitel 1 verwendet. Daten aus A. Nikitins Bericht sind in den Anhang C der englischen Ausgabe eingeflossen.

Dank schulde ich auch jenen Menschen, die seit 1986 in den verseuchten Gebieten leben und die mir geholfen haben, die Situation dort zu verstehen. Besonders erwähnen möchte ich T. Bjelookaja, T. Grudnizkaja, W. Jawlenko, A. Wolkow, I. Makarenko, A. Mosohar, M. Sisonenko, S. Woljenez, A. Newmershizkij, Ju. Afonin, N. Nikitenko, A. Budko und G. Mischtschij.

Für anregende Diskussionen über zahlreiche technische Fragen, die sich im Zusammenhang mit der Schadensbeseitigung ergaben, danke ich den Akademiemitgliedern A. Achieser, W. Barjachtar, A. Dawidow, R. Sagdejew, A. Sitenko, W. Trefilow, W. Kuchar, D. Grodsinskij, A. Dychnja, W. Legasow, E. Sobotowitsch, den Doktoren W. Nowikow, Ju. Zoglin, W. Schachowzow, G. Lisitschenko, I. Sadolko, Ju. Ochowik, A. Selwestrow. M. Schelesnjak, L. Bolschow, Ju. Saizew und W. Lisowenko, ferner meinen Kollegen am *Collège de France,* an den Forschungsinstituten in Karlsruhe, Jülich und München (hier besonders Professor A. M. Kellerer), an der Universität Ravensburg und den Wissenschaftlern des Pugwash Movement, besonders den Professoren J. Rotblat und F. Calogero.

Der Springer-Verlag hat mich unermüdlich unterstützt und die Bedingungen geschaffen, unter denen ich die Arbeit an der englischen Fassung dieses Buches abschließen konnte. Für ihre Hilfe während meines Aufenthalts in Paris bin ich M. Tovar zu großem Dank verpflichtet. N. Aristov, E. Hefter und S. von Kalckreuth vom Physiklektorat – später kam noch J. Willis hinzu – gilt mein ausdrücklicher Dank für ihre Unterstützung während meines Aufenthalts in Heidelberg, für die Diskussionen über erste Entwürfe und für ihre aktive Mitarbeit bei der Vorbereitung des Buches zur Veröffentlichung.

Radioaktivität und Strahlung*

Ionisierende Strahlung

Das Phänomen der Radioaktivität war 1896 von dem französischen Physiker Henri Becquerel bei Untersuchungen an Uranmineralien entdeckt worden. Durch Zufall stellte er fest, daß lichtdicht verpackte Photoplatten geschwärzt werden, wenn man Urangestein in ihre Nähe bringt. Er fand heraus, daß seine Uranpräparate eine durchdringende Strahlung emittieren, die wie die ein Jahr zuvor von Wilhelm Conrad Röntgen entdeckten «Röntgen»-Strahlen die Luft ionisiert. Die von radioaktiven Stoffen ausgehende Strahlung besteht jedoch nicht nur aus der zur Familie des elektromagnetischen Spektrums gehörigen Gamma-Strahlung. Je nach Element wird beim Zerfall instabiler – und daher radioaktiver – Atome meist ein Teil des Atomkerns in Form eines Alpha- (Heliumkern) oder Beta-Teilchens (Elektron) ausgesandt.

Mit der Röntgen- und Gamma-Strahlung hat diese Teilchenstrahlung eine wesentliche Eigenschaft gemeinsam: Durch ihre hohe Energie ist sie in der Lage, beim Durchgang durch Materie Atome zu ionisieren. Die elektromagnetische Röntgen- und Gamma-Strahlung sowie die Teilchenstrahlung beim radioaktiven Zerfall werden deshalb als ionisierende Strahlung bezeichnet. *ck.*

Strahlenarten

Je nach Art der Instabilität haben wir es mit unterschiedlichen Umwandlungsprozessen zu tun, die zur Aussendung unterschiedlicher Strahlenarten führen können.
1. Die zu großen Kerne verringern die Zahl ihrer Bausteine durch die Aussendung von Paketen aus je zwei Protonen und zwei Neutronen. Diese auf Grund ihrer zweifach positiven Ladung vom Restkern mit hoher Energie (im MeV-Bereich) abgestrahlten Heliumkerne werden als Alpha-Teilchen bezeichnet. Zu den

---

* Die folgenden Erklärungen einiger Grundbegriffe stammen von Ernst F. Hefter *(eh)* und aus dem Magazin *mensch + umwelt*, «Strahlung im Alltag», 7. Ausgabe, 1991; Autoren: Cordula Klemm *(ck)* und Werner Löster *(wl)*. Mit freundlicher Genehmigung des Forschungszentrums für Umwelt und Gesundheit (GSF), Neuherberg.

Alpha-Strahlern gehören die in der Natur vorkommenden Uran- und Thorium-kerne und ihre Folgeprodukte, unter anderem auch das für einen großen Teil der natürlichen Strahlenexposition verantwortliche Radon. In den Brennelementen eines Reaktors entsteht durch Neutroneneinfang der Urankerne das alphastrah-lende Plutonium.

2. Kerne mit einer zu großen Neutronenzahl im Vergleich zur Protonenzahl wan-deln sich in eine stabilere Konfiguration um durch Aussenden eines negativ gela-denen Elektrons und eines Antineutrinos. Das mit einem Teil der Umwand-lungsenergie versehene schnelle Elektron wird als Beta-Teilchen bezeichnet. Nach der Umwandlung hat der neue Kern ein Neutron weniger und ein Proton mehr, und oft hat er noch zuviel Energie.

3. Kerne mit einem zu hohen Energieinhalt geben das Zuviel an Energie als Wel-lenstrahlung ab, die Gamma-Strahlung genannt wird. Diese Strahlung tritt oft nach einem Alpha- oder Beta-Umwandlungsprozeß als Begleitstrahlung auf. Die Energie der Gamma-Strahlung hängt jeweils von der Art des Kerns, dem abgelaufenen Umwandlungsprozeß und der Stabilität des Folgekerns ab. Viele der radioaktiven Kernsorten kann man über die abgestrahlte Gamma-Energie identifizieren. *wl.*

Alpha-Strahlung

Die zweifach positiv geladenen Heliumkerne wirken über ihre Ladung auf die Elek-tronen in der Hülle von Atomen, an denen sie vorbeifliegen. Dies führt dazu, daß Elektronen auf weiter außen liegende Bahnen gebracht werden (Anregung) bezie-hungsweise an Elektronen so viel Energie übertragen wird, daß sie den Hüllenbe-reich des Atoms verlassen (Ionisation). Die Alpha-Teilchen geben in dichter Rei-henfolge schrittweise Energie ab. Ihre Reichweite beträgt in Luft nur wenige Zenti-meter und in Gewebe oder anderen kompakten Materialien nur weniger als ein Zehntel Millimeter. *wl.*

Beta-Teilchen

Die Beta-Teilchen haben als schnelle, energiereiche Elektronen ähnliche Wechselwirkungsarten wie die Alpha-Strahlung. Wegen ihrer geringen Masse und ihrer dadurch bedingten hohen Geschwindigkeit ist die Wechselwirkungswahrscheinlichkeit allerdings wesentlich geringer. Dies bedeutet, daß die einzelnen Wechselwirkungsakte weiter auseinanderliegen und daß damit ihre Reichweite in Materie wesentlich größer ist als die der Alpha-Teilchen: je nach Energie in Luft bis in den Meter-Bereich, im Gewebe bis in den Millimeter-Bereich. *wl.*

Gamma-Strahlen

Die Wechselwirkung der Wellenstrahlen unterscheidet sich primär von der der Teilchenstrahlung. Durch den Photo- oder Compton-Effekt werden aus den Atomhüllen Elektronen ausgelöst, und dabei wird die gesamte oder ein Teil der Energie der Welle verbraucht. Die Welle ist danach in ihrem ursprünglichen Zustand nicht mehr vorhanden. Die Wechselwirkungswahrscheinlichkeit der Wellen-Strahlung ist allerdings wesentlich geringer als die der Teilchen-Strahlung. Daraus ergibt sich, daß ihre Durchdringungsfähigkeit sehr viel größer ist. Sie hängt sehr stark ab von der Energie der Wellen und der Zahl der Elektronen, die zur Wechselwirkung angeboten werden, also von Dichte und Ordnungszahl des Absorbermaterials. Die von der Wellenstrahlung ausgelösten Elektronen wirken wie die Elektronen der Beta-Strahlung über Anregung und Ionisationen auf weitere Materie-Atome ein. Eine Angabe der Reichweite ist bei Wellenstrahlung nicht möglich. *wl.*

Strahlendosis

Mit Hilfe der Angabe einer Dosis versucht man die Schwere beziehungsweise die Wahrscheinlichkeit für eine Strahlenwirkung direkt oder indirekt zu beschreiben. Dabei kann die Strahlenwirkung auf unterschiedlichen Ebenen betrachtet werden. Dementsprechend gibt es auch unterschiedliche Dosisbegriffe.

Ionendosis

Eine häufig verwendete Beschreibung der Strahlenwirkung bezieht sich auf ihre
primäre physikalische Wirkung auf Materie – die Ionisation von Atomen. Als ein-
fachstes Wechselwirkungsmedium wird für die Strahlung dabei Luft angenommen.
Die Dosisgröße Ionendosis berücksichtigt als Strahlenwirkung nur die Zahl der
Ionisationen in einem bestimmten Luftvolumen. Die Einheit der Ionendosis ist das
C/kg (Coulomb/Kilogramm, Ladung pro Masse).

$$1\ C/kg = 3876\ R$$
$$1\ R = 2{,}58 \times 10^{-4}\ C/kg$$
$$= 0{,}000258\ C/kg,$$

wobei R für die alte Einheit Röntgen steht. *wl.*

Energiedosis

Aus der Größe der Ionendosis läßt sich nicht für alle Strahlenarten und alle Strah-
lenenergien direkt auf die biologische Wirkung schließen. Neben den Ionisationen
sind eben auch andere Wechselwirkungsmechanismen im Körpergewebe für die
biologischen Effekte verantwortlich. Über die Menge der von der Strahlung im
Gewebe deponierten Energie versucht man, diesen Effekten näherzukommen. Der
daraus abgeleitete Dosisbegriff ist die Energiedosis. Ihre Dimension ist Energie pro
Masseneinheit, also Joule pro Kilogramm. Man hat hierfür den speziellen Einheitennamen Gray (Gy) gewählt. Die früher verwendete Einheit für die Energiedosis
war das rad (radiation absorbed dose). Ein Gray entspricht dabei 100 rad. *wl.*

$$1\ Joule/kg = 1\ Gy$$
$$= 100\ rad$$
$$1\ rad = {}^{1}\!/_{100}\ Gy = 0{,}01\ Gy$$

Aktivität

Die Aktivität eines Stoffes ist definiert als die Anzahl der Zerfälle pro Sekunde und
wird in Becquerel (Bq) gemessen.

$$Aktivität = Zerfälle\ pro\ Sekunde$$
$$1/s = 1\ Bq$$
$$= 2{,}7 \times 10^{-11}\ Ci$$
$$1\ Ci = 3{,}7 \times 10^{10}\ Bq,$$

wobei Ci die Abkürzung der alten Einheit «Curie» ist, die sich auf die Aktivität von
einem Gramm Radium bezog, in dem $3{,}7 \times 10^{10}$ Zerfälle pro Sekunde stattfinden.
eh.

Äquivalentdosis

Auch bei der Energiedosis bezieht man die Wirkung der Strahlung, wie bei der Ionendosis, nur auf physikalische Effekte. Erst mit der Einführung der Äquivalentdosis wird versucht, die biologisch relevanten Vorgänge der Strahleneinwirkung zu berücksichtigen. So verursacht Alpha-Strahlung wegen ihrer dichteren Energiedeposition eine wesentlich höhere biologische Wirkung bei gleicher Energiedosis, zum Beispiel eine höhere Zahl von Doppelstrangbrüchen an der DNS, als die Beta- und die Gamma-Strahlung mit ihren relativ weit auseinanderliegenden Wechselwirkungsakten.

Durch die Einführung eines Qualitätsfaktors (Q) für die einzelnen Strahlenarten wird diese unterschiedliche biologische Wirkung für stochastische Strahleneffekte berücksichtigt. Die Äquivalentdosis ergibt sich aus der Energiedosis durch Multiplikation mit dem dimensionslosen Faktor Q. Diese Qualitätsfaktoren wurden von der Internationalen Strahlenschutzkommission (ICRP) festgelegt:

Q =   1 für Beta- und Gamma-Strahlen

Q = 20 für Alpha-Strahlen

Q = 10 für Neutronenstrahlen

Die biologische Wirkung von Alpha-Strahlen ist bei gleicher Energiedosis also 20mal höher als die von Beta-Strahlen. Die Dimension der Äquivalentdosis ist ebenfalls Energie pro Masseneinheit, also Joule pro Kilogramm. Als speziellen Einheitennamen hat man hier das Sievert (Sv) gewählt. Die alte Einheit für die Äquivalentdosis war das Rem (rem). Ein Sievert entspricht 100 rem. *wl.*

1 Sv   = 1 J/kg

        = 100 rem

1 rem = 0,01 Sv

Effektive Dosis

Epidemiologische Untersuchungen an strahlenexponierten Personen gestatten es, bei hohen Dosen oberhalb 0,3 bis 0,5 Sievert statistisch signifikante Aussagen über die Änderung des Krebsmortalitätsrisikos bei den betrachteten Bevölkerungsgruppen zu machen. Man kann daraus auf die Strahlenempfindlichkeit der einzelnen Gewebe und Organe schließen. Bei der Verwendung der effektiven Dosis wird diese unterschiedliche Strahlenempfindlichkeit berücksichtigt. Den einzelnen Organen werden unterschiedliche Wichtungsfaktoren, ihrer Strahlenempfindlichkeit entsprechend, zugeteilt. Die so gewonnenen gewichteten Äquivalentdosen der einzelnen Organe und Gewebe werden zur effektiven Äquivalentdosis aufsummiert. Da die Wichtungsfaktoren dimensionslos sind, wird die effektive Dosis ebenfalls in Sievert angegeben. *wl.*

Akute Wirkungen durch hohe Strahlendosis*

0– 50 rem	geringfügige Blutbildveränderungen, sonst keine nachweisbaren Wirkungen.
80–120 rem	Bei 5 bis 10 Prozent der Exponierten etwa einen Tag lang Erbrechen, Übelkeit und Müdigkeit.
130–170 rem	Bei etwa 25 Prozent der Exponierten etwa einen Tag lang Erbrechen und Übelkeit, gefolgt von anderen Symptomen der Strahlenkrankheit; keine akuten Todesfälle zu erwarten.
180–260 rem	Bei etwa 25 Prozent der Bestrahlten etwa einen Tag lang Erbrechen und Übelkeit, gefolgt von anderen Symptomen der Strahlenkrankheit. Einzelne Todesfälle zu erwarten.
270–330 rem	Bei fast allen Bestrahlten Erbrechen und Übelkeit am ersten Tag, gefolgt von anderen Symptomen der Strahlenkrankheit; etwa 20 Prozent Todesfälle innerhalb von zwei bis sechs Wochen; etwa drei Monate lange Rekonvaleszenz der Überlebenden.
400–500 rem	Bei allen Bestrahlten Erbrechen und Übelkeit am ersten Tag, gefolgt von anderen Symptomen der Strahlenkrankheit; etwa 50 Prozent Todesfälle innerhalb eines Monats; etwa sechs Monate lange Rekonvaleszenz der Überlebenden.
550–770 rem	Bei allen Bestrahlten Erbrechen und Übelkeit innerhalb vier Stunden nach der Bestrahlung, gefolgt von anderen Symptomen der Strahlenkrankheit. Bis zu 100 Prozent Todesfälle; wenige Überlebende mit Rekonvaleszenzzeiten von etwa sechs Monaten.
1000 rem	Bei allen Bestrahlten Erbrechen und Übelkeit innerhalb von ein bis zwei Stunden; wahrscheinlich keine Überlebenden.
5000 rem	Fast augenblicklich einsetzende schwerste Krankheit; Tod aller Bestrahlten innerhalb einer Woche.

---

* Aus: Mario Schmidt, Dieter Teufel und Ulrich Höpfner: «Die Folgen von Tschernobyl», IFEU-Bericht Nr. 43, Heidelberg 1986.

Schreibweise von Dezimalstellen

10^3	1.000	K = Kilo	Tausend
10^6	1.000.000	M = Mega	1 Million
10^9	1.000.000.000	G = Giga	1 Millarde
10^{12}	1.000.000.000.000	T = Tera	1 Billion
10^{15}	1.000.000.000.000.000	P = Peta	1 Billarde
10^{18}	1.000.000.000.000.000.000	E = Exa	1 Trillion

$$10^{-3} \quad \frac{1}{1.000} = 0,001 \qquad \text{m = Milli} \quad \text{1 Tausendstel}$$

$$10^{-6} \quad \frac{1}{1.000.000} = 0,000001 \qquad \mu = \text{Mikro} \quad \text{1 Millionstel}$$

$$10^{-9} \quad \frac{1}{1.000.000.000} = 0,000000001 \qquad \text{n = Nano} \quad \text{1 Millardstel}$$

$$10^{-12} \quad \frac{1}{1.000.000.000.000} = 0,000000000001 \qquad \text{p = Piko} \quad \text{1 Billionstel}$$

$$X^{-n} \quad = 0,(n\text{-}1)\text{Nullen } X$$

Bildquellen

Alexander I. Salmygin: S. 17, 25, 34, 52, 60, 73, 96, 137, 154, 165, 187, 188, 201, 204, 212, 221, 235, 236, 255, 276, 283, 286, 297, 299, 314, 315, 316, 317, 318, 319, 320, 322, 325, 326, 327, 328, 330.

Walerij Sufarow, Moskau; Igor Kostin, Kiew; Wladimir Schinkarenko, Kiew: S. 14, 37, 74, 124, 171, 185, 224, 236, 256, 268, 321, 323, 324, 329.

Gamma Presse Images: S. 223.

Die Karten und Skizzen wurden nach Vorlagen des Autors gezeichnet.

Weitere Bildquellenhinweise im Text.

Register